Hanspeter A. Mallot

Sehen und die Verarbeitung visueller Information

D1727504

Computational Intelligence

herausgegeben von
Wolfgang Bibel und Rudolf Kruse

Die Bücher dieser Reihe behandeln Themen, die sich dem weitgesteckten Ziel des Verständnisses und der technischen Realisierung intelligenten Verhaltens in einer Umwelt zuordnen lassen. Sie sollen damit Wissen aus der Künstlichen Intelligenz und der Kognitionswissenschaft (beide zusammen auch Intellektik genannt) sowie aus interdisziplinär mit diesen verbundenen Disziplinen vermitteln. Computational Intelligence umfaßt die Grundlagen ebenso wie die Anwendungen.

Das Rechnende Gehirn
von Patricia S. Churchland und Terrence J. Sejnowski

Neuronale Netze und Fuzzy-Systeme
von Detlef Nauck, Frank Klawonn und Rudolf Kruse

Fuzzy-Clusteranalyse
von Frank Höppner, Frank Klawonn und Rudolf Kruse

Einführung in Evolutionäre Algorithmen
von Volker Nissen

Neuronale Netze
Grundlagen und Anwendungen
von Andreas Scherer

Sehen und die Verarbeitung visueller Information
Eine Einführung
von Hanspeter A. Mallot

Titel aus dem weiteren Umfeld,
erschienen in der Reihe Künstliche Intelligenz des Verlages Vieweg:

Automatische Spracherkennung
von Ernst Günter Schukat-Talamazzini

Deduktive Datenbanken
von Armin B. Cremers, Ulrike Griefahn und Ralf Hinze

Wissensrepräsentation und Inferenz
von Wolfgang Bibel, Steffen Hölldobler und Torsten Schaub

Hanspeter A. Mallot

Sehen und die Verarbeitung visueller Information

Eine Einführung

Die Deutsche Bibliothek – CIP-Einheitsaufnahme

Mallot, Hanspeter A.:
Sehen und die Verarbeitung visueller Information /
Hanspeter A. Mallot. – Braunschweig; Wiesbaden:
Vieweg, 1998
   (Computational intelligence)
   ISBN 3-528-05659-2

http://www.vieweg.de

Höchste inhaltliche und technische Qualität unserer Produkte ist unser Ziel. Bei der Produktion und Verbreitung unserer Werke wollen wir die Umwelt schonen: Dieses Werk ist auf säurefreiem und chlorfrei gebleichtem Papier gedruckt. Die Einschweißfolie besteht aus Polyäthylen und damit aus organischen Grundstoffen, die weder bei der Herstellung noch bei der Verbrennung Schadstoffe freisetzen.

Druck und buchbinderische Verarbeitung: Hubert & Co., Göttingen
Printed in Germany

ISSN 0949-5665
ISBN 3-528-05659-2

Vorwort

Was wir über unsere Umwelt wissen, verdanken wir unseren Sinnen. Beim Sehen nehmen wir das von den Objekten einer Szenerie ausgehende Licht auf und ermitteln daraus eine Fülle von Informationen, die von der räumlichen Tiefe und Farbe von Oberflächen über die Einteilung und den Zusammenschluß von Bildbereichen zu Figuren und Objekten bis hin zur Einschätzung der Stimmungen und Gesichtsausdrücke eines Gesprächspartners reichen. Die Ausgangsdaten für alle diese Leistungen sind Bilder, d.h. zweidimensionale Verteilungen von Helligkeiten, die für sich genommen weder Tiefe, noch Form oder gar Stimmungen enthalten. Daß wir alles dies trotzdem „sehen" können, gehört zu den faszinierendsten Leistungen unseres Gehirns.

Das vorliegende Buch versucht, die angedeuteten Leistungen des Wahrnehmungsapparates auf dem Niveau der Informationsverarbeitung zu beschreiben. Dabei gehen Ansätze aus der Psychophysik und der quantitativen Neurobiologie ebenso ein, wie die Verfahren, die für das Maschinensehen und die Fotogrammetrie entwickelt worden sind. Die Grundidee der vorliegenden Darstellung ist es, eine Verbindung zwischen Wahrnehmungsforschung, Neurobiologie und Informatik herzustellen, wie sie im angelsächsischen Bereich unter der Bezeichnung *Computational Vision* bekannt ist. Dabei habe ich mich überwiegend auf den seit Bela Julesz und David Marr so genannten Bereich der *early vision* beschränkt, d.h. auf die ganz oder überwiegend datengetriebenen Verarbeitungsschritte, die keine Rückwirkung von übergeordneten Systemen erfordern. Einige wichtige Bereiche des aktiven Sehens, wie etwa Augenbewegungen als Voraussetzung für die aktive Auswahl geeigneter Blickpunkte oder die Auswertung des durch Eigenbewegung erzeugten optischen Flusses, werden im jeweiligen Zusammenhang angesprochen. Kognitive Aspekte der visuellen Wahrnehmung, also z.B. die Steuerung der Aufmerksamkeit, die Wahrnehmungsorganisation sowie die vielfältigen Erkennungsleistungen, werden nur am Rande berührt.

Dieses Buch ist aus Vorlesungen hervorgegangen, die ich seit 1987 an den Universitäten Mainz, Bochum und Tübingen gehalten habe. Es richtet sich zum einen an Studenten der Biologie und Psychologie, die über Grundkenntnisse in Mathematik verfügen und an der Wahrnehmung und ihrer mathematischen Modellierung interessiert sind. Gleichzeitig richtet sich das Buch an Studenten der Ingenieurwissenschaften, der Informatik und der Physik, die in den letzten Jahren ein großes und erfreuliches Interesse an Neuroinformatik und theoretischer Neurobiologie gezeigt haben.

Neben der Darstellung der biologischen und technischen Sachverhalte verfolgt das Buch noch ein zweites Ziel. So wurde versucht, in jedem Kapitel die jeweils relevante Mathematik exemplarisch einzuführen und damit gleichzeitig einen Einblick in die vielfältigen mathematischen Methoden, die in der Sehforschung Verwendung finden, zu geben. Dabei wurde großer Wert auf die Anschauung gelegt. Mathematische Zusammenhänge sind nicht nur in Formeln, sondern auch in Text und Abbildungen dargestellt. Lesern, die mit mathematischen Texten weniger Erfahrung haben, sei daher empfohlen, beim ersten Lesen über die Formeln hinwegzugehen. Zur Auffrischung von Schul- und Vordiplomwissen, wie auch als Einstieg in die Literatur wurde ein Glossar mathematischer Begriffe zusammengestellt.

Die Gliederung des Buches in Kapitel folgt im wesentlichen der Einteilung der Vorlesung. Jedes Kapitel enthält jedoch zusätzlichen Stoff, so daß für eine zweistündige Vorlesung eine Auswahl zu treffen wäre. Auf eine Reihe von Wahrnehmungseffekten, die sich für Demonstrationen im Rahmen einer Vorlesung eignen, wird im Text und in Abbildungen hingewiesen. Weitere Experimente und Demonstrationen findet man in den zitierten Büchern von Metzger (1975) und von Campenhausen (1993).

Mein Dank gilt den Kollegen und Mitarbeitern am Max–Planck–Institut für biologische Kybernetik in Tübingen, die mich in allen Phasen der Entstehung dieses Buches unterstützt haben. Die Fertigstellung des Manuskriptes wurde durch einen Aufenthalt am Wissenschaftskolleg zu Berlin ermöglicht. Für die Überlassung von Abbildungen danke ich Gerd–Jürgen Giefing, Walter Gillner, Holger Krapp und Roland Hengstenberg. Für Kommentare zu Text und Darstellung danke ich Matthias Franz, Karl Gegenfurtner, Sabine Gillner, Heiko Neumann sowie meiner Frau, Bärbel Foese–Mallot.

Tübingen, im November 1997

Hanspeter Mallot

Inhaltsverzeichnis

Teil I

Grundlagen

Unter den vielen Definitionen, die man für den Begriff „Sehen" angeben könnte, konzentriert sich die vorliegende Darstellung auf den Aspekt der Informationsverarbeitung, d.h. der Rekonstruktion von Eigenschaften der Umgebung aus Bildern. Das erste Kapitel dient der Verdeutlichung des Problems: Sehen geschieht nicht einfach dadurch, daß wir die Augen öffen und auf die Welt richten. Vielmehr ist es ein aktiver Prozeß, der in mancher Hinsicht der Überprüfung von Hypothesen anhand von Sinnesdaten ähnelt. Mit Hilfe einer Reihe von Demonstrationen wird gezeigt, daß der Zusammenhang zwischem dem Vorhandenen und dem Gesehenen nicht trivial ist.

Bevor in den folgenden Kapiteln der aktive Anteil des Sehvorganges, oder richtiger die durch ihn geleistete Informationsverarbeitung untersucht wird, werden in Kapitel 2 die wichtigsten Eigenschaften der Bildentstehung zusammengestellt. Die Natur der zur Verfügung stehenden Daten ist natürlich von großer Bedeutung für ihre spätere Auswertung. Einen großen Teil nehmen dabei Kameramodelle und Perspektive ein, doch werden auch die Reflexion an Oberflächen sowie Augenbewegungen besprochen.

Kapitel 1

Einleitung: Sehen als Informationsverarbeitung

1.1 Biologische Informationsverarbeitung

1.1.1 Der Informationswechsel

Lebewesen treten mit ihrer Umwelt in vielfältiger Weise in Beziehung. Man kann diese Interaktionen physikalisch und chemisch als Austauschprozesse von Stoffen und Energien betrachten und als *Stoff- und Energiewechsel* untersuchen. Obwohl alle Lebensäußerungen eine solche stoffliche oder energetische Grundlage haben, erweist sich diese Betrachtungsweise bei der Untersuchung von Sinnes- und Effektorleistungen als zu kurz gegriffen. So hat z.B. die physikalische Natur eines von einer Schrift ausgehenden Lichtreizes nur sehr indirekt mit dem erscheinenden Text zu tun; man kann z.B. die Wellenlänge, den Kontrast, die Größe oder die Intensität, d.h. alle physikalisch relevanten Größen, in weiten Grenzen variieren, ohne etwas an der *Bedeutung* eines solchen Reizes für den Leser zu ändern. Aufgrund derartiger Überlegungen stellt man dem Stoff- und Energiewechsel einen *„Informationswechsel"* (action–perception–circle) als wesentliche Lebensäußerung der Tiere gegenüber, den es mit eigenen, adäquaten Methoden zu untersuchen gilt (vgl. Abb. 1.1). Diese Wechselwirkung von Wahrnehmung und Verhalten spielt auch im Maschinensehen und der Robotik zunehmend eine Rolle (Brooks 1986); zur Abgrenzung von älteren, rein auf die Wahrnehmung ausgerichteten Ansätzen spricht man vom verhaltensorientierten Ansatz.

Der Begriff der *Information* ist dabei nicht scharf definiert und nicht auf die rein quantitative Theorie der technischen Informationsübermittlung (Shannon 1948) zu reduzieren. In gewisser Weise ist Information das, was auf den Pfeilen in Abb. 1.1 transportiert wird (Tembrock 1992). Die Bedeutung eines Reizes ist letztlich durch das von ihm hervorgerufene Verhalten des Organismus bestimmt, d.h. durch die Rolle dieses Reizes im Informationswechsel (von Uexküll 1956, Gibson 1979, Dusenbery

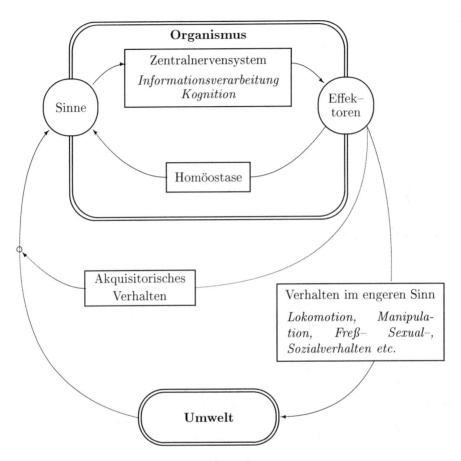

Abbildung 1.1: Der Informationswechsel. Die *Sinne* (Sehen, Hören, Riechen, Schmecken, Hautsinn, Lage und Gleichgewicht sowie Propriozeption) stellen Informationen über die Außenwelt und auch über innere Zustände des Organismus bereit. Über die *Effektoren* (Bewegungsapparat, endokrine Drüsen) und die damit erzeugten Verhaltensweisen tritt der Organismus mit der Umwelt in Verbindung. Die Effektoren koppeln mehrfach auf die Sensorik zurück: durch interne Regulation (Homöostase), Sensomotorik und akquisitorisches Verhalten (z.B. Augenbewegungen) sowie über Veränderungen der Umwelt, die durch weitere Verhaltensweisen bewirkt werden.

1992). Sehr geringe Informationsmengen im SHANNONschen Sinne können ausreichen, um komplexes Verhalten zu erzeugen und zu steuern. Dies zeigen z.B. die Gedankenexperimente von Braitenberg (1984), bei denen das Verhalten sogenannter Vehikel untersucht wird, kleiner Fahrzeuge mit zwei Punktsensoren und zwei Rädern, deren Antrieb je nach Sensoreingang verstärkt oder gebremst wird. Je nach dem, ob die Sensoren mit den Motoren auf der gleichen oder der gegenüberliegenden Seite verbunden werden, und ob die Kopplung positiv oder negativ ist, können verschiedene „Verhaltensweisen" erzeugt werden, die von außen betrachtet auf erhebliche Informationsverarbeitung schließen lassen könnten. Das Verhalten solcher Vehikel in Abhängigkeit von der internen Verschaltung wird im Rahmen der sogenannten *artificial life* Forschungen mit simulierten und realen Robotern intensiv untersucht (vgl. Langton 1995). Für eine ausführliche Diskussion des Informationswechsels und seiner Bedeutung für die theoretische Neurobiologie vgl. Mallot (1997a).

Der Begriff der Informationsverarbeitung, wie er hier eingeführt wurde, wird in ganz ähnlicher Weise in der Robotik und dem Maschinensehen verwendet. Die vorliegende Darstellung des Sehens behandelt daher technische und biologische Probleme gleichbereichtigt nebeneinander.

Zentrales Organ der Informationsverarbeitung ist das Gehirn. Bevor wir zum eigentlichen Thema, dem Sehen, kommen, seien kurz die wesentlichen Aufgaben des Gehirns zusammengefaßt; aus diesen Aufgaben ergeben sich die Teilgebiete der biologischen Informationsverarbeitung.

Wahrnehmung: Alle Sinnesmodalitäten (Sehen, Hören, Riechen, Schmecken, Tasten, Lage und Gleichgewicht, Propriozeption) werden im Gehirn ausgewertet und integriert. Störungen dieser Sinne können durch Fehlfunktion des Gehirns auch bei völlig gesundem Sinnesorgan auftreten. Ein Beispiel hierfür ist die Amblyopie („Seelenblindheit").

Verhalten: Mit Hilfe von Effektoren (Muskeln, Drüsen) kontrolliert das Gehirn das Verhalten des Organismus sowie sein inneres Milleu. Verhalten koppelt über die Umwelt auf die Sensorik zurück, so daß ein Regelkreis entsteht, in dem das Gehirn die Funktion eines Reglers übernimmt. Für viele Wahrnehmungsexperimente ist es von großer Bedeutung, ob sie mit oder ohne diese Rückkopplung durchgeführt werden (*open-* bzw. *closed-loop* Experimente z.B. bei optischer Navigation).

Gedächtnis: Man unterscheidet zumeist ein Kurzzeit– oder Arbeitsgedächtnis, das aktuell benötigte Informationen während der Verarbeitung bereithält, von einem Langzeitgedächtnis. Dieses dient der Speicherung von Inhalten (*„Deklaratives Gedächtnis"*, z.B. Gesichter), von Assoziationen (*„Assoziatives Gedächtnis"*, Zuordnung Gesicht ↔ Namen) oder von Handlungsabläufen (Geschicklichkeit; *„Prozedurales Gedächtnis"*).

Höhere Funktionen (Kognition, Motivation): Unter dem Begriff der Kognition faßt man Leistungen zusammen, die interne Modelle oder Repräsentationen der Umwelt voraussetzen. Beispiele sind latentes Lernen (spielerisches, nicht zielgerichtetes Erlernen von Zusammenhängen, die später genutzt werden können) und Problemlösen (vgl. Mallot 1997a).

Die Erforschung und Beschreibung dieser Leistungen als Prozesse der Informationsverarbeitung ist Gegenstand der theoretischen Neurobiologie. Im Rahmen des vorliegenden Buches wird lediglich die Wahrnehmung besprochen, d.h. gewissermaßen der linke obere Teil des in Abb. 1.1 dargestellten Informationskreislaufs.

1.1.2   Wie untersucht man Informationsverarbeitung?

In den biologischen Wissenschaften gibt es sehr verschiedene Arten von Erklärungen. In unserem Zusammenhang ist es wichtig, daß man zwischen den Leistungen des zentralen Nervensystems und seiner Physiologie und Anatomie unterscheiden kann. Auch wenn physiologische Erklärungen noch nicht vorliegen, ist doch die Frage nach den verwendeten Informationsquellen und der Logik ihrer Auswertung und Kombination sinnvoll und fruchtbar. Dieses Erklärungsniveau bezeichnet man nach D. Marr (1982) als Kompetenztheorie. Wir stellen hier zur Einordnung des Informationsverarbeitungsansatzes die Niveaus der Fragestellung zusammen. Die Einteilung stellt eine Erweiterung der Einteilung von D. Marr (1982) dar.

1. *„Hardware"-Implementierung:* Hier stehen Fragen nach der Anatomie und Optik des Auges, sowie nach der Anatomie der Sehbahn und der beteiligen neuronalen Netzwerke im Fordergrund. Während bei technischen Systemen meist davon ausgegangen wird, daß die Hardware „universell" ist (TURING–Maschine), d.h. für beliebige Aufgaben eingesetzt werden kann, besteht in biologischen Systemen eine durch die evolutionäre Anpassung begründete Abhängigkeit zwischen Struktur und Funktion.

2. *Repräsentation und Algorithmen:* Wie werden Bilder (d.h. Intensitäts- bzw. Erregungsverteilungen) und die gewonnene Information repräsentiert und welche neuronalen Operationen stehen zur Verfügung, die man als „Berechnung" interpretieren kann? Experimenteller Zugang zu dieser Frage ist vor allem die Elektrophysiologie.

3. *Kompetenztheorie (Computational Theory of Competence):* Dies ist die Informationsverarbeitung im engeren Sinne: Was muß überhaupt berechnet werden, um aus orts–zeitlichen Erregungsverteilungen die gewünschte Information zu erschließen? Auf diesem Niveau ist die unten vorgenommene Definition des Sehens als inverser Optik angesiedelt. Hier stellen sich für Computer und Gehirn die gleichen Probleme.

4. *Verhaltensorientierter Ansatz:* Bei der Kompetenztheorie wird meist nicht danach gefragt, weshalb eine bestimmte Information aus den Daten ermittelt werden soll. Vielmehr geht man davon aus, daß das Ziel der Informationsverarbeitung die Rekonstruktion einer möglichst vollständigen Beschreibung der abgebildeten Szenerie ist. In der Biologie, wie auch in technischen Anwendungen, ist das aber meist gar nicht der Fall. Vielmehr interessiert man sich nur für verhaltensrelevante Informationen, das heißt für solche, die wirklich benötigt werden, um mit einer gegebenen Umwelt zurecht zu kommen. Als Denkansatz kann hier die „ökologische" Theorie J. J. Gibsons (1950) dienen, die jedoch nur wenig formalisiert ist.

Die genannten Niveaus sind nicht völlig unabhängig voneinander. Heuristisch ist die Unterscheidung aber dennoch nützlich. Das Niveau der Kompetenztheorie bildet den Schwerpunkt dieses Buches; sie ist für technisches und biologisches Sehen weitgehend gleich.

1.2 Information in Bildern

1.2.1 Welche Informationen können in Bildern enthalten sein?

Damit Informationen mit Hilfe des optischen Sinnes aufgenommen werden können, muß das von einer Lichtquelle entsandte Licht überhaupt erst einmal solche Informationen enthalten. Dazu gibt es im Prinzip folgende Möglichkeiten:

1. *Lichtquelle:*
   Das Vorhandensein bzw. Verschwinden von Lichtquellen stellt in sich eine zwar höchst einfache, biologisch aber sehr wichtige Information dar (Schließreflexe u.ä. nach Beschattung, Biolumiszanz bei Leuchtkäfern oder Tiefseefischen, Navigation nach Sonnenstand). Zur Detektion und Ortung von Lichtquellen reichen Punktsensoren mit Richtcharkteristik aus, wie sie auch in vielen Robotern verwendet werden.

2. *Physikalische Interaktionen eines Lichtstrahls mit der sichtbaren Welt prägen diesem Informationen über die Welt auf.* Wir betrachten zunächst nur einen einzelnen Lichtstrahl.

   (a) *Undurchsichtige Oberflächen: Reflexion.* Das von einer Oberfläche ausgehende Licht enthält Informationen über Oberflächeneigenschaften wie Reflektivität („Farbe"), Albedo („Helligkeit") oder Glattheit („glänzend" oder „matt") sowie über die Oberflächenorientierung.

   (b) *Durchsichtige Medien: Streuung.* Durch Streuung können physikalische Eigenschaften des Mediums oder die Position (Entfernung) der Lichtquelle erschlossen werden.

   (c) *Trennflächen optischer Medien: Brechung.* Brechung ist als Informationsquelle von untergeordneter Bedeutung, spielt aber eine große Rolle bei der Bildentstehung.

3. *Information in Verteilungen von einfallenden Lichtstrahlen*

   (a) *Zeitlich:* Informationen über Eigenbewegungen, Bewegungen von Objekten, Veränderungen der Lichtquelle etc.

   (b) *Örtlich:* Die Gesamtheit der an einem Punkt eintreffenden Lichtstrahlen wird als der *ambient optical array* (Gibson 1950) dieses Punktes bezeichnet. Er charakterisiert gewissermaßen das im Idealfall an dieser Stelle aufnehmbare Bild. Zusätzliche Information steht beim binokularen Sehen zur Verfügung.

Orts–zeitliche Verteilungen von Lichtintensitäten, d.h. *Bildfolgen*, stellen die mit Abstand wichtigste visuelle Informationsquelle dar. Sie ermöglichen das Sehen von Formen und Bewegungen. Die Auffassung von Bildern als Intensitätsverteilungen (Grauwertgebirge) illustriert Abb. 1.2. Bild und Intensitätsverteilung enthalten (bis auf

Bild

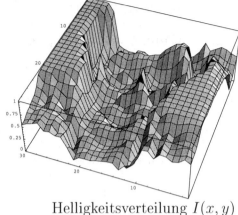

Helligkeitsverteilung $I(x, y)$

Abbildung 1.2: Bilder sind zweidimensionale Verteilungen von Intensitätswerten. **Links**: Grauwertbild. **Rechts**: Darstellung des gleichen Bildes als „Grauwertgebirge".

die in der Abbildung gewählte unterschiedliche Abtastung) genau die gleiche Information. Unser Wahrnehmungsapparat kommt jedoch mit dem Bild ungleich besser zurecht. Eine Vorstellung vom Ausmaß der Probleme, die die visuelle Informationsverarbeitung lösen muß, bekommt man, indem man versucht, das im Bild unmittelbar „sichtbare" Objekt aus der Grauwertverteilung zu ermitteln. Dies ist das Problem des Maschinensehens.

1.2.2   Welche Informationen kann man aus Bildern entnehmen?

Den genannten Informationsquellen steht eine Reihe von „Wahrnehmungsbedürfnissen" gegenüber, die unser visuelles System in der Regel befriedigen kann. Einige Beispiele sind im folgenden aufgeführt:

Oberflächenfarben.   Reflektivität (d.h. Farbe als Oberflächeneigenschaft) und Albedo (Helligkeit einer Oberfläche) sollen unabhängig von der Lichtquelle wahrgenommen werden. Psychophysisch handelt es sich um eine *Konstanzleistung**, deren Allgegenwart selten bewußt wird. Macht man etwa mit einem normalen Tageslichtfilm Fotoaufnahmen unter künstlicher Beleuchtung, so sind die resultierenden gelbstichigen

---

*Unter einer Konstanzleistung versteht man die Wahrnehmung des Gleichbleibens eines Objektes unter veränderten Betrachtungsbedingungen. Neben der Farbkonstanz gibt es z.B. auch eine Größenkonstanz oder eine Formkonstanz unter perspektivischer Verzerrung. Der Begriff der Konstanz ist dem in der technischen Mustererkennung verwendeten Begriff der „Invarianz" vorzuziehen, wenn die Veränderung des Bildes nicht einfach ignoriert, sondern je richtig interpretiert wird.

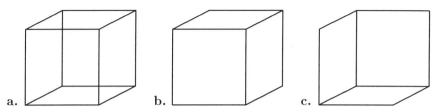

Abbildung 1.3: Die Neckersche Inversion des Kantenmodells eines Würfels zeigt die Mehrdeutigkeit der dreidimensionalen Interpretationen ebener Bilder. Der vollständige Würfel **a.** kann im Sinne von Abb. **b** oder **c** wahrgenommen werden; keine der beiden Interpretation kann beliebig lange konstant gehalten werden.

Farben nicht etwa falsch im Sinne der physikalischen Spektren des fotografierten Lichtes. Der gelbe Ton resultiert aus der spektralen Zusammensetzung der Beleuchtung, aus der bei der Reflexion lediglich bestimmte Farbanteile herausgefiltert werden. Eine weiße Oberfläche reflektiert Licht in der spektralen Zusammensetzung der Lichtquelle. Anders als der fotografische Prozeß kann das visuelle System vom Frequenzspektrum der Lichtquelle abstrahieren und sieht daher unter verschiedenen Beleuchtungsverhältnissen gleiche Farben. Das Wort „Farbe" bezeichnet also eine Wahrnehmung, die eher der Oberflächeneigenschaft, als dem physikalischen Spektrum entspricht (vgl. Kapitel 5). Auch bei der Unterscheidung zwischen matten und glänzenden Oberflächen werden unabhängig von der Ausdehnung der Lichtquelle die Reflexionseigenschaften der Oberfläche wahrgenommen.

Räumliche Tiefe. Der Abstand einzelner Punkte vom Beobachter sowie die Form von Oberflächen und Objekten soll aufgrund ebener Bilder erschlossen werden. Dazu kann eine Vielzahl von Tiefenhinweisen in Bildern herangezogen werden, von denen einige im weiteren Verlauf der Darstellung noch ausführlich besprochen werden. Neben Stereopsis und Bewegungsparallaxe, die auf mehreren Bildern beruhen, gibt es auch Tiefenhinweise in Einzelbildern (sog. *pictorial depth cues*). Beispiele sind die dreidimensionale Interpretation von Strichzeichnungen als Drahtobjekte (Abb. 1.3), Schatten und Schattierungen (Abb. 1.4), Texturgradienten (Abb. 8.1) und Verdeckungsrelationen. Viele dieser Hinweise erlauben von sich aus keine eindeutige Tiefenwahrnehmung. Das visuelle System benutzt daher „plausible" Vorannahmen über die Umwelt; stellen diese sich einmal als falsch heraus, treten Wahrnehmungsillusionen auf.

Größe und Sehwinkel. Um die wirkliche Größe von Objekten zu sehen, muß neben dem von ihnen bedeckten Sehwinkel auch ihr Abstand bekannt sein. Täuschungen über den Abstand führen somit zu Täuschungen über die Größe (sichtbar auch als Größenänderung bei der Inversion des NECKER–Würfels). Es gilt grob der als EMMERTsches Gesetz bekannte Zusammenhang: Wahrgenommene Größe ≈ Sehwinkel × geschätzte Entfernung. Auch hierbei handelt es sich um eine Konstanzleistung. Ein bekanntes Beispiel ist die Korridorillusion (Abb. 1.5).

Abbildung 1.4: Tiefenwahrnehmung aus Schattierungen ist immer nur bis auf eine konvex–konkav Inversion möglich. In diesem Muster kann man eine nach oben
zurückweichende Treppenstruktur sehen, die von oben beleuchtet wird, oder eine
überhängende, von unten beleuchtete Anordnung. Ähnlich wie beim NECKER–Würfel
wechseln beide Interpretationen ständig miteinander ab. Eine kunstvolle Variante
dieser konvex–konkav Inversion zeigt das bekannte Bild „Konkav und Konvex" von
M.C. ESCHER (vgl. Ernst 1982).

Abbildung 1.5: Die Korridorillusion. Die hintere und die rechte
vordere Figur haben genau die
gleiche Größe im Bild.

Eine weitere, sehr eindrucksvolle Demonstration des EMMERTschen Gesetzes benutzt ein sogenanntes Nachbild, das durch lokales Ausbleichen des Sehpigmentes entsteht. Blickt man möglichst ohne Augenbewegung in ein helles, scharf begrenztes
Licht (evtl. fotografisches Blitzgerät), so entsteht auf der Netzhaut ein solches Nachbild, das man durch Augenzwinkern deutlich sichtbar machen kann. Offensichtlich ist
der betroffene Netzhautbereich und damit der Sehwinkel des Nachbildes genau defi-

Abbildung 1.6: Subjektive Konturen. **a.** An der Texturgrenze zwischen den beiden schraffierten Regionen kann eine Kontur wahrgenommen werden. **b.** Die „fehlenden" Segmente der Kreise scheinen von einer über ihnen liegenden Platte verdeckt, deren Konturen man sieht. Für weitere Beispiele vgl. Kanizsa (1979).

niert. Man nimmt das Nachbild stets auf der Oberfläche wahr, auf die man gerade blickt. Betrachtet man ein nahes Objekt (etwa die eigene Handfläche), so erscheint das Nachbild viel kleiner als beim Betrachten einer weiter entfernten Wand.

Wahrnehmungsorganisation. Bilder werden in Regionen eingeteilt, von denen angenommen werden kann, daß sie zum gleichen Objekt gehören (Bildsegmentierung, Figur–Hintergrund–Unterscheidung). Die Einteilbarkeit der Welt in Objekte wird dabei vorausgesetzt. Diese Einteilung funktioniert auch dann, wenn Objekte nur teilweise sichtbar sind; die durch die Verdeckungsrelation definierte Abfolge stellt gleichzeitig einen sehr starken Tiefenhinweis dar. Demonstrationen dieser Segmentierung und Gruppierung sind in großer Zahl von der Gestaltpsychologie untersucht worden. Sie gehen häufig mit Hysterese-Effekten einher (vgl. Abb. 1.6, 1.7, 1.8).

Die Wahrnehmungsorganisation schließt nicht nur Bildteile zu einem wahrgenommenen Ganzen zusammen, sondern bestimmt auch die räumliche Interpretation von Strichzeichnungen wie etwa im Fall des NECKER–Würfels (Abb. 1.3). Sie darf daher nicht auf das Problem des Zusammenschlusses (sog. Bindungsproblem) verkürzt werden.

Bewegung. Bewegungen sind bestimmte Änderungen im Bild. Änderungen, die nicht als Bewegung interpretiert werden sollen, entstehen zum Beispiel durch Verdunklung der Lichtquelle oder durch Absuchen einer Szene mit einem Suchscheinwerfer. Echte Bewegungen zeichnen sich demgegenüber dadurch aus, daß Bildteile verschoben werden; sie erfordern also eine gleichzeitige Auswertung zeitlicher *und* örtlicher Änderungen im Bild. Besonders schwierig sind Bewegungen bei gleichzeitiger Verformung; so kann die Drehung elliptischer Konturen als pulsierender Kreis gesehen werden (vgl. Seite 192).

Durch Eigenbewegung des Beobachters entstehen großflächige Bewegungsmuster („optischer Fluß"), die Informationen über diese Eigenbewegung wie auch über die dreidimensionale Struktur der Außenwelt enthalten. Der Wahrnehmungsapparat reagiert dabei besonders auf Änderungen des Bewegungsfeldes im Ort (z.B. an Tiefendiskontinuitäten) wie auch in der Zeit. Dies wird durch örtliche und zeitliche Adaption

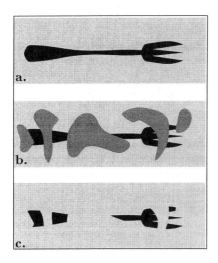

Abbildung 1.7: Zusammenschluß von durch Verdeckung getrennten Stücken zu einem Objekt. Die Bruchstücke einer Gabel sind in **b.** genauso enthalten wie in **c.** Anschaulicher Zusammenschluß und Ergänzung finden aber nur in **b.** statt, weil dort die unterbrechenden Linien „offen" sind, d.h. gar nicht zu der Gabel gehören und diese daher nicht in Stücke zerteilen. Vergleiche Metzger (1975), Seite 420.

Abbildung 1.8: Die Segmentierung dieses Bildes ist schwierig, aber möglich. Man erkennt einen Windhund (Mitte rechts) und einen Baumstamm. Nach R. C. JAMES aus Marr (1982).

erreicht, die sich wiederum in Nacheffekten wie der sogenannten Wasserfall–Illusion äußert.

Objekt– und Mustererkennung. Dies ist die Klassifikation von Objekten aufgrund einer vorher geleisteten Bildsegmentierung und bestimmter Eigenschaften der betrachteten Region. *Invarianzleistungen* ignorieren gewisse irrelevante Eigenschaften dieser Objekte (Abb. 1.9). Sinnvollerweise ist die Klassifikation auf Verhaltensweisen bezogen, für die das gesuchte Objekt eine Rolle spielt. Einfaches biologisches Beispiel hierfür ist der *Schlüsselreiz*.

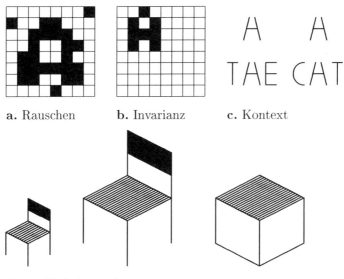

a. Rauschen   **b.** Invarianz   **c.** Kontext

d. zur Verhaltensrelevanz

Abbildung 1.9: Typen von Mustererkennungproblemen. **a.** Statistisch verrauschtes Muster (Buchstabe A). **b.** Größen– und Lageinvarianz. **c.** Gleiche Muster (oben) müssen je nach Kontext verschieden klassifiziert werden (unten). **d.** Objekte als „Utensilien" für eine Verhaltensweise („Hinsetzen"). Größeninvarianz führt zur Identifizierung der beiden linken Objekte (Puppenstuhl, Stuhl), während nur die beiden rechten (Stuhl, Kiste) zum Daraufsetzen geeignet sind.

Die Liste der „sehbaren" Informationen läßt sich noch fortsetzen. Im Rahmen dieses Buches werden wir uns aber auf die o.a. Bereiche beschränken. Sie gehören überwiegend zum Bereich der *„early vision"*.

1.2.3   Wahrnehmungstheorien

Für diese Darstellung definieren wir den Begriff „Sehen" nach Poggio et al. (1985) als „inverse Optik", d.h. als einen informationsverarbeitenden Prozeß, der aufgrund von optischen Reizen (Bildern) eine Beschreibung der Umwelt rekonstruiert. Es handelt sich also tatsächlich um ein inverses Problem, da die Optik die Entstehung von Bildern aus dreidimensionalen Szenenbeschreibungen erklärt.

Offensichtlich ist die Inversion im allgemeinen nicht eindeutig möglich. Es ist daher notwendig, Vorwissen oder Annahmen über die Umwelt einzubeziehen, damit sinnvolle Lösungen entstehen. Viele sogenannte Sinnestäuschungen oder „Illusionen" betreffen Fälle, in denen diese Annahmen irreführend sind. Trotzdem ist die „illusorische" Information meist die beste, die aus dem gegebenen Bild erzielt werden kann. Solche Illusionen sind also nicht als vergnügliche Anekdoten über Fehlleistungen des visuellen Systems aufzufassen, sondern geben Einblick in die für das normale Funktionieren

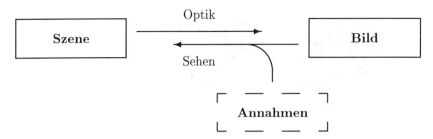

Abbildung 1.10: Sehen als inverse Optik

des Systems benutzte Heuristik.

Die Auffassung des Sehens als „inverse Optik" entstammt den eher technischen Fragestellungen des Maschinensehens, kann aber auch als eine Theorie der Wahrnehmung aufgefaßt werden. Sie beschreibt den Tatbestand, daß Sehen (und Wahrnehmen überhaupt) ein aktiver Prozeß ist, bei dem die Umwelt in gewisser Weise konstruiert wird. Der Gedanke, daß die Sinneseindrücke nicht in naiver Weise die Wahrnehmung bestimmen, liegt auch älteren Ansätzen zugrunde. So geht die „Urteilstheorie" der Wahrnehmung davon aus, daß das Sehen eine Art unbewußter Denkprozeß ist (H. VON HELMHOLTZ), während die Gestalttheorie annimmt, daß sich die Sinneseindrücke nach einer Reihe von „Gestaltgesetzen" zur Wahrnehmung formen (vgl. Metzger 1975). Der Begriff der Informationsverarbeitung vermeidet die Festlegung auf eine eher kognitive (Urteilstheorie) oder eher neurophysiologische (Gestalttheorie) Natur des aktiven Anteiles an der Wahrnehmung und erlaubt eine konsistente Beschreibung seiner Gesetzmäßigkeiten.

1.2.4   Komplexitätsniveaus

Wie schon aus der Liste der von der Wahrnehmung befriedigten Informationsbedürfnisse zu entnehmen, enthält das Problem der visuellen Wahrnehmung viele Teilprobleme unterschiedlicher Komplexität. Obwohl eine Einteilung schwierig ist, hat sich die folgende Liste eingebürgert. Die Stufen 1 bis 3 sind dabei durch die Idee der inversen Optik motiviert, während die Stufen 4 und 5 eher aus der Verhaltensbiologie und der Psychologie stammen. Diese beiden letzten Stufen werden zunehmend auch in der Robotik beachtet.

1. *Early vision*: Mehr oder weniger lokale Operationen zur Erstellung von „Karten", d.h. punktweisen Verteilungen von Schätzwerten verschiedener Größen. Beispiele: Lokale Kantenelemente, Bewegungs– (Verschiebungs–) felder, Tiefenkarten, Farbkonstanz.

2. *Middle vision und Integration*: Zusammenführung der lokalen Informationen verschiedener Bildorte oder aus verschiedenen am gleichen Ort durchgeführten Operationen. Z.B.: Bildsegmentierung und Konturvervollständigung, Integration von Tiefenhinweisen. Ziel ist die Rekonstruktion der sichtbaren Oberflächen und ihrer Eigenschaften.

3. *Szenenanalyse*: Erkennung der Objekte in einer Szenerie. Einfachste Verhaltenssteuerung wie z.B. Pfadplanung und Hindernisvermeidung.

4. *Aktives Sehen*: Optimaler Einsatz der verwendeten Hardware (Bildauflösung, Rechenkapazität) durch Augenbewegungen und exploratives Verhalten. Einfachste Beispiele sind „Meßbereichsverstellungen" für Schärfe, binokulare Disparität und Bewegung durch Akkommodation sowie Vergenz– und Folgebewegungen der Augen.

5. *Zweckgerichtetes Sehen*: Steuerung von Verhaltensweisen aufgrund visueller Information. Während die Idee der inversen Optik die vollständige Rekonstruktion der Szene nahelegt, reichen für die Durchführung bestimmter Verhaltensweisen oftmals wenige ausgewählte Informationen aus. Dies bietet insbesondere dann Vorteile, wenn die Spezialinformation direkt, d.h. unter Umgehung des durch die Punkte 1 bis 3 charakterisierten systematischen Weges, ermittelt werden kann. Abb. 1.9 illustriert die Problematik am Beispiel der Mustererkennung.

1.3   Weiterführende Literatur

Die zitierte Originalliteratur wird am Ende des Buches zusammengefaßt. Hier sollen lediglich einige wichtige Lehrbücher angegeben werden.

Bildverarbeitung und Computer Vision

Faugeras, O.: *Three–Dimensional Computer Vision. A Geometric Viewpoint.* Cambridge, Massachusetts (The MIT Press), 1993
Stark mathematisiertes Lehrbuch der räumlichen Aspekte des Maschinensehens. Ausführliche Darstellung der projektiven Geometrie und ihrer Anwendung.

Haralick, R.M. & Shapiro, L.G.: *Computer and Robot Vision.* Reading, Massachusetts (Addison–Wesely) 2 Bände, 1992, 1993.
Modernes Lehrbuch des Maschinensehens und der Bildverarbeitung. Ausführlicher und anwendungsnaher Überblick über die aktuellen Verfahren. Durch allzu umfangreiche Mathematisierung zuweilen schwer lesbar.

Horn, B.K.P.: *Robot Vision.* Cambridge, Ma. (The MIT Press), 1986.
Lehrbuch des Maschinensehens mit besonders klarer Darstellung der Bezüge zur Physik (Optik) und Mathematik.

Jähne, B.: *Digitale Bildverarbeitung.* Heidelberg (Springer Verlag), 3. Auflage 1993.
Deutschsprachiges Lehrbuch der technischen Bildverarbeitung, das auch viele Aspekte der „Kompetenztheorie" diskutiert.

Marr, D.: *Vision.* San Francisco (W. H. Freeman), 1982.
Klassische Darstellung des Sehens als Problem der Informationsverarbeitung. Als grundlegende Einführung und begleitende Lektüre immer noch sehr zu empfehlen.

Wahrnehmung und Physiologie

Boff, K. R., Kaufman, L & Thomas, J. P. (Hrsg.): *Handbook of Perception and Human Performance.* 2 Bände, New York (John Wiley and Sons), 1986.
Umfangreiches Nachschlagewerk über alle Gebiete der Psychophysik. Band I behandelt die Wahrnehmungsleistungen, Band II eher kognitive Aspekte.

von Campenhausen, C.: *Die Sinne des Menschen.* Stuttgart (G. Thieme Verlag), 2. Auflage 1993.
Reichhaltige Übersicht über die klassische Psychophysik (nicht nur visuell). Beschreibt viele Experimente und Demonstrationen zu Themen, die auch hier behandelt werden.

Dusenbery, D. B.: *Sensory Ecology. How Organisms Acquire and Respond to Information.* New York (W. H. Freeman and Company), 1992.
Darstellung der Bedeutung von sensorischer Information aller Sinnesmodalitäten im Leben der Organismen. Die Informationsverarbeitung selbst steht nicht im Mittelpunkt dieses Buches.

Rock, I.: *Perception* New York (W. H. Freeman und Scientific American Books, Inc.), 1984.
Leicht lesbare Darstellung grundsätzlicher Probleme und Ergebnisse. Betont den "konstruktivistischen" Aspekt von Wahrnehmung als Konstruktion eines Modells der Außenwelt.

Spillmann, L. & Werner, J.S. (Hrsg.): *Visual Perception. The Neurophysiological Foundations.* San Diego (Academic Press) 1990.
Gelungene Zusammenstellung des gegenwärtigen Kenntnisstandes der Neurophysiologie der visuellen Wahrnehmung.

Optik und Computergrafik

Foley, J.; van Dam, A.; Feiner, S.; Hughes, J. *Computer Graphics, Principles and Practise.* Addison-Wesley Publishing Company 1990.
Lehrbuch der Computergrafik mit ausführlicher Behandlung von Schattierungsmodellen, Ray-tracing, Oberflächenrepräsentation etc.

Klein, M. V. & Furtak, T. E.: *Optik.* Berlin etc. (Springer Verlag), 1988.
Lehrbuch der klassischen Optik, das vergleichsweise ausführlich auf geometrische Optik und optische Instrumente eingeht. Grundlagen findet man natürlich auch in dem bewährten Lehrbuch „Physik" von Gerthsen, Kneser & Vogel (1982).

Pareigis, B.: *Analytische und projektive Geometrie für die Computer–Graphik.* Stuttgart (B. G. Teubner), 1990.
Ausführlichere Darstellung der projektiven Geometrie mit Anwendungen im Maschinensehen und Computergraphik.

Penna, A. & Patterson, R.R.: *Projective Geometry and its Application to Computer Graphics.* Englewood Cliffs NJ (Prentice-Hall), 1986.
Sehr empfehlenswerte Darstellung der projektiven Geometrie auf mittlerem mathematischem Niveau.

Allgemeine Grundlagen

Arbib, M.A.: *The Handbook of Brain Theory and Neural Networks.* Cambridge, Massachusetts (The MIT Press) 1995.
Zahlreiche Einzelartikel über alle Aspekte neuronaler Informationsverarbeitung.

Görz, G. (Hrsg.): *Einführung in die künstliche Intelligenz.* Bonn (Addison–Wesley), 2. Auflage 1995.
Deutschsprachiges Lehrbuch der künstlichen Intelligenz in Einzelartikeln. Insbesondere die Kapitel über Kognition, Bildverstehen und Neuronale Netze sind im Rahmen dieser Darstellung von Interesse.

Kandel, E.R., Schwartz, J.H., Jessell, T.M. (Hrsg.): *Principles of neural science.* New York, Amsterdam, Oxford (Elsevier), 3. Auflage 1991.
Nachschlagewerk über alle Aspekte der Neurophysiologie und Neuroanatomie.

Russel, S.J., Norvig, P.: *Artificial Intelligence. A Modern Approach.* Englewood Cliffs, New Jersey (Prentice Hall), 1995.
Modernes Lehrbuch der künstlichen Intelligenz.

Kapitel 2

Bildentstehung

In Abschnitt 1.2.3 wurde das Sehen als die Umkehrung der optischen Abbildung einer Szenerie auf die Netzhaut des Auges definiert. Zum Verständnis dieses Inversionsproblems ist es erforderlich, die Bildentstehung selbst etwas genauer zu betrachten. Dies ist zunächst die Frage, welche Grau- bzw. Farbwerte einem einzelnen Strahl des „optical array" zuzuordnen sind (Bildintensitäten, Abschnitt 2.1), dann die nach der geometrischen Anordnung dieser Stahlen (abbildende Systeme, Abschnitt 2.2) und schließlich die nach den Konsequenzen dieser Abbildung für die Struktur des Bildes (Perspektive, Abschnitt 2.3). Zum Schluß dieses Kapitels werden wir kurz auf Augenbewegungen eingehen.

2.1 Bildintensitäten

2.1.1 Physikalische Größen

Der Grauwert an einem gegebenen Bildpunkt wird durch die „Intensität" des Lichtstrahls bestimmt, der die Bildebene an dieser Stelle trifft. Allgemein ist diese Intensität durch die physikalische Leistung der Strahlung bestimmt, die man je nach Bedarf auf die betrahlte Fläche bzw. den Raumwinkel bezieht, in den die Leistung abgestrahlt wird. Die physikalisch relevanten Größen, bei denen nicht zwischen Licht unterschiedlicher farblicher Zusammensetzung unterschieden wird, sind:

1. *Strahlungsfluß:* Φ, gemessen in Watt.
2. *Irradianz (Bestrahlungsstärke):* Dies ist die eingestrahlte Leistung, bezogen auf die Fläche A.

$$E = \frac{d\Phi}{dA}, \ [E] = \frac{W}{m^2}. \tag{2.1}$$

Die Irradianz bestimmt z.B. die Erregung eines Fotorezeptors in der Netzhaut oder die Schwärzung eines fotographischen Films. Irradianzen beschreiben sowohl die Bildintensität, als auch die Stärke der Beleuchtung einer Oberfläche in der Szene durch die Lichtquelle.

3. *Radianz (Strahlungsdichte):* Dies ist die pro Fläche A in einen Kegel vom Raumwinkel* Ω in Richtung θ abgestrahlte Leistung. Im Gegensatz zur Irradianz ist sie gerichtet:

$$L = \frac{d^2\Phi}{\cos\theta\, d\Omega\, dA}, \; [L] = \frac{W}{m^2 sr} \; (\text{sr} = \text{Steradian}). \tag{2.2}$$

Zu jeder dieser Größen gibt es ein psychophysisches Gegenstück, bei dem die Leistung mit der spektralen Empfindlichkeitskurve des menschlichen Augen gewichtet wird; diese Empfindlichkeitskurve ist in Abb. 5.6a ($\bar{y}(\lambda)$) gezeigt. Physikalische und psychophysische Größen sind in Tabelle 2.1 zusammengestellt.

Tabelle 2.1: Übersicht über einige wichtige fotometrische Größen und ihre Einheiten (vgl. Gerthsen et al. 1982).

Physikalisch: Strahlung		Psychophysisch: Licht	
Größe	Einheit	Größe	Einheit
Strahlungsfluß	Watt = W	Lichtstrom	Lumen = lm
Irradianz	W / m^2	Beleuchtungsdichte	Lux = lx = lm/m^2
Radianz	W / (m^2 × sr)	Leuchtdichte	lm / (m^2 × sr) = Candela / m^2

2.1.2 Reflektivität als Funktion von Einfalls– und Ausfallsrichtung

Bei der Reflektion an einer Oberfläche wird die als Irradianz eingestrahlte Leistung zumindest teilweise wieder als Radianz abgegeben. Diese Radianz ist im wesentlichen von folgenden Faktoren bestimmt:

1. *Beleuchtungsfaktoren (Irradianz):*

   (a) Lichtquelle (Stärke, spektrale Zusammensetzung, Ausgedehnung)

   (b) Beschattung durch andere Objekte

   (c) Orientierung der Oberfläche zur Lichtquelle (Schattierung)

2. *Reflektivität der Oberfläche:*

   (a) Albedo (Anteil des reflektierten Lichtes) und Farbe (Pigmentierung)

---

*So wie man ebene Winkel durch die Bogenlänge mißt, die sie aus dem Einheitskreis herausschneiden (Vollwinkel = Kreisumfang = 2π Radian), mißt man Raumwinkel durch die Fläche, die ein Kegel aus der Einheitskugel herausschneidet. Die Einheit heißt „Steradian" (sr), der Vollwinkel beträgt $4\pi sr$.

    (b) Glattheit (matt, glänzend, Spiegel)

    (c) Orientierung der Oberfläche zum Beobachter

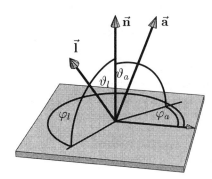

Abbildung 2.1: Die Reflektivität einer Oberfläche mit Normale $\vec{n}$ ist im allgemeinen eine Funktion der Einfallsrichtung des Lichtes $\vec{l}$ und der Richtung des ausfallenden Strahles $\vec{a}$. Diese Richtungen gibt man zweckmäßig in Kugelkoordinaten um die Oberflächennormale $\vec{n}$ an (Gl. 2.3). Zur Definition der Azimuth–Winkel φ_l und φ_a muß man eine x–Achse in der Ebene festlegen.

Die Radianz ist der Irradianz proportional:

$$\text{Intensität} = \text{Irradianz} \times \text{Reflektivität}.$$

Der Proportionalitätsfaktor, die Reflektivität, hängt außer von Materialkonstanten vor allem von der Orientierung von Lichtquelle und Beobachter im Verhältnis zur abgebildeten Oberfläche ab. Für einen festen Punkt auf der Oberfläche führen wir ein Koordinatensystem ein, dessen z-Achse durch die Oberflächennormale $\vec{n}$ an dieser Stelle gegeben ist (Abb. 2.1). Dabei soll die Normale so gewählt werden, daß sie eine positive Komponente in Richtung des Betrachters aufweist, d.h. $\vartheta_a < 90°$. Wir können dann die Richtungen im Raum in Polarkoordinaten durch den Azimuth φ und der von $\vec{n}$ aus gemessenen „Höhe" ϑ parametrisieren. Für die in Abb. 2.1 angegebenen Vektoren $\vec{l}$ (Lichtquelle, Einfallrichtung des Lichtes) und $\vec{a}$ (Auge, Ausfallrichtung) erhält man somit:

$$\vec{l} = \begin{pmatrix} \cos\varphi_l \sin\vartheta_l \\ \sin\varphi_l \sin\vartheta_l \\ \cos\vartheta_l \end{pmatrix} ; \quad \vec{a} = \begin{pmatrix} \cos\varphi_a \sin\vartheta_a \\ \sin\varphi_u \sin\vartheta_a \\ \cos\vartheta_a \end{pmatrix} ; \quad \vec{n} = \begin{pmatrix} 0 \\ 0 \\ 1 \end{pmatrix} . \tag{2.3}$$

Im Falle ausgedehnter Lichtquellen trifft an jedem Punkt einer Oberfläche Licht aus vielen Richtungen ein; die Beleuchtung des Punktes ist dann durch eine Verteilung $E(\vartheta_l, \varphi_l)$ gegeben. Im Falle punktförmiger Beleuchtung aus der Richtung (ϑ_l, φ_l) verschwindet E an allen anderen Richtungen. Die von der Oberfläche ausgehende Radianz hat ebenfalls eine richtungsabhängige Verteilung $L(\vartheta_a, \varphi_a)$. Allgemein kann man also eine Verteilungsfunktion f („bidirektionale Reflektivitätsfunktion") für die Reflektivität angeben, die von vier Winkeln abhängt, welche die Richtungen des Lichtein- und -ausfalls charakterisieren:

$$f(\vartheta_l, \varphi_l; \vartheta_a, \varphi_a) = \frac{L(\vartheta_a, \varphi_a)}{E(\vartheta_l, \varphi_l)} . \tag{2.4}$$

Von dieser allgemeinsten Darstellung gibt es eine Reihe von Vereinfachungen und Spezialisierungen:

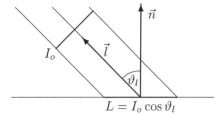

Abbildung 2.2: Zum LAMBERTschen Kosinusgesetz. Erklärung siehe Text.

1. *Symmetrie:* Wegen der Umkehrbarkeit des Lichtweges muß gelten:

$$f(\vartheta_l, \varphi_l; \vartheta_a, \varphi_a) = f(\vartheta_a, \varphi_a; \vartheta_l, \varphi_l).$$

   Diese Bedingung kann man auch für das thermodynamische Gleichgewicht zweier sich gegenseitig beleuchtender Oberflächen herleiten (VON HELMHOLTZ).

2. *Isotropie:* Wir betrachten in der Regel nur isotrope Oberflächen, d.h. solche, bei denen die Azimuth-Winkel nur durch ihre Differenz $\varphi_a - \varphi_l$ eingehen. Drehen isotroper Oberflächen um ihre Normale hat also keinen Effekt auf ihre Radianz.

3. *Parallele Beleuchtung:* Die gesamte Irradianz ist entlang einer Richtung $\vec{l}$ konzentriert; diese Richtung ist für alle beleuchteten Punkte dieselbe. Parallele Beleuchtung tritt z.B. bei sehr weit entfernten, effektiv punktförmigen Lichtquellen auf.

4. *Lambertscher Strahler:* Bei perfekt matten Oberflächen (z.B. Stuck) hängt die Radianz L nicht von der Ausfallrichtung ab; es wird in jede Richtung gleich viel Licht reflektiert. Die Reflektivitätsverteilung f ist in diesem Fall konstant.

5. *Spiegel:* Beim perfekten Spiegel wird alles Licht in die der Einfallrichtung gegenüberliegende Richtung reflektiert. f verschwindet also für alle anderen Richtungspaare ($\vartheta_a = \vartheta_l, \varphi_a = -\varphi_l$).

2.1.3 Einfache Reflexion

Im folgenden werden einige Spezialfälle einfacher Reflexion mit paralleler Beleuchtung behandelt. Parallele Beleuchtung kann durch unendlich weit entfernte Punktlichtquellen entstehen, wie sie etwa die Sonne darstellt. Da nur eine einzige Reflexion auftritt, genügt es, zwei Strahlen zu betrachten, nämlich die Richtung zur Lichtquelle $\vec{l}$ und die zum Betrachter $\vec{a}$, die hier die einzige interessante Ausfallrichtung darstellt.

Lambertscher Strahler

Eine matte Oberfläche, z.B. eine Gipsplatte, wird mit parallelem Licht bestrahlt. Geht man nun um die Platte herum, ändert sich ihre Helligkeit nicht. Bewegt man dagegen die Lichtquelle, so erscheint die Platte am hellsten, wenn die Beleuchtung senkrecht einfällt ($\vartheta_l = 0°$), und geht auf Null zurück, wenn die Lichtrichtung parallel zur Platte verläuft ($\vartheta_l = 90°$). Dies ist der Fall einer ideal diffusen oder LAMBERTschen Reflexion.

Eine genauere Beschreibung der Verhältnisse bei der LAMBERTschen Reflexion erhält man in zwei Schritten. Zunächst betrachtet man die einfallende Lichtmenge I_o, die durch einen Querschnitt der Fläche 1 senkrecht zur Lichtrichtung durchtritt. Diese Lichtmenge wird auf einer Oberfläche verteilt, die um den Faktor $1/\cos\vartheta_l$ größer ist (Abb. 2.2); die Irradianz als Leistung pro Fläche ist daher $E = I_o \cos\vartheta_l$. Dieser Zusammenhang erklärt die Veränderung der Helligkeit bei Bewegung der Lichtquelle. Im weiteren spielt die Einfallsrichtung des Lichtes keine Rolle mehr.

Durch die Reflexion wird ein Anteil c_d des eingestrahlten Lichtes wieder abgegeben und zwar in alle Raumrichtungen gleichmäßig („diffus"). Die Oberfläche sieht also aus jeder Betrachtungsrichtung gleich hell aus. Insgesamt ergibt sich damit folgender Zusammenhang:

$$L = c_d I_o \cos\vartheta_l = c_d I_o (\vec{n} \cdot \vec{l}) \quad \text{für } \vec{n} \cdot \vec{l} \geq 0. \tag{2.5}$$

Die Reflektivitätsfunktion f aus Gl. 2.4 ist in diesem Fall konstant. Ist $(\mathbf{n} \cdot \mathbf{l}) < 0$, d.h. $\cos\vartheta_l < 0$, so steht die Lichtquelle hinter der Oberfläche und diese ist daher unbeleuchtet; L nimmt dann den Wert 0 an. In Computer-Grafik Anwendungen muß man dabei darauf achten, daß die Oberflächennormale stets zum Betrachter hin orientiert ist. Der Anteil des reflektierten Lichtes c_d (Albedo) ist eine von der Wellenlänge abhängige Materialkonstante der Oberfläche, die deren Farbe und Helligkeit charakterisiert. Enthält die Lichtquelle mehrere spektrale Anteile, so ist die LAMBERT–Regel unabhängig für jeden anzuwenden; der Albedo geht dann in ein Absorptionsspektrum über. Bei weißer Beleuchtung hat das reflektierte Licht die Farbe der Oberfläche.

Reale Oberflächen erfüllen die LAMBERT–Regel oft nur näherungsweise oder gar nicht. Insbesondere metallische, polierte oder von Wasser benetzte Flächen glänzen und erscheinen somit aus unterschiedlichen Betrachtungsrichtungen unterschiedlich hell. Für die Computer–Grafik stellt die LAMBERTsche Reflexion einen besonders einfachen Fall dar, weil die Helligkeit von Oberflächen nicht vom Standpunkt des Betrachters abhängt; sie können daher immer auch „aufgemalt" sein.

Beispiel: Matte Kugel unter paralleler Beleuchtung
In einem beobachterzentrierten Koordinatensystem sei eine Kugeloberfläche durch die Punkte $\vec{p}$ gegeben. Die Beobachtungsrichtung sei die z–Richtung des Koordinatensystems. Da die Oberflächennormale der Kugel gleich den Radien ist, hat man:

$$\vec{p} = \begin{pmatrix} x \\ y \\ \sqrt{1 - (x^2 + y^2)} \end{pmatrix} = \vec{n}.$$

Die parallele Beleuchtung habe die Stärke I_o. Wir berechnen die Intensität als Funktion von x, y, d.h. das Bild einer schattierten Kugel unter Parallelprojektion (vgl. unten Gl 2.19).

a. Sei $\vec{l} = (0, 0, 1)^\top$, d.h. frontale Beleuchtung aus der Beobachtungsrichtung. Man hat:

$$L = I_0(\vec{l} \cdot \vec{n}) = I_0\sqrt{1 - (x^2 + y^2)}.$$

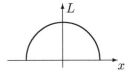

b. Sei $\vec{l} = (1,0,0)^\top$, d.h. Beleuchtung von der Seite senkrecht zur Beobachtungsrichtung. Man hat:

$$L = \left\{ \begin{array}{ll} I_o\, x & x \geq 0 \\ 0 & \text{sonst} \end{array} \right. .$$

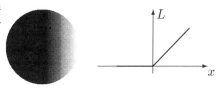

Bild und Intensitätsverlauf für beide Fälle zeigen die Abbildungen auf der rechten Seite.

Spiegel

Während bei der ideal diffusen Reflexion in alle Richtungen die gleiche Radianz abgegeben wird, ist bei spiegelnden Oberflächen die gesamte Radianz entlang einer Raumrichtung $\vec{s}$ konzentriert (Abb. 2.3a). Der „Spiegelvektor" $\vec{s}$ liegt in einer Ebene mit $\vec{n}$ und $\vec{l}$, und zwar so, daß Einfalls– und Ausfallswinkel gleich sind. In Vektorschreibweise bedeutet das, daß die Projektionen von $\vec{l}$ und $\vec{s}$ auf $\vec{n}$ gleich sind. Daraus ergibt sich:

$$\begin{aligned} \vec{s} &= 2(\vec{n}\cdot\vec{l})\vec{n} - \vec{l} \quad \text{bzw.} \\ \vartheta_s &= \vartheta_l; \quad \varphi_s = -\varphi_l \end{aligned} \tag{2.6}$$

und für die ausgestrahlte Irradianz:

$$L(\vartheta_a, \varphi_a) = \left\{ \begin{array}{ll} I_o & \text{für } \vartheta_a = \vartheta_s, \varphi_a = \varphi_s;\ (\vec{a} = \vec{s}) \\ 0 & \text{sonst} \end{array} \right. . \tag{2.7}$$

Die Helligkeitsverteilung eines Spiegels kann nicht „aufgemalt" werden, da sie von der Betrachterposition abhängt. Das reflektierte Licht hat die Farbe des einfallenden Lichtes.

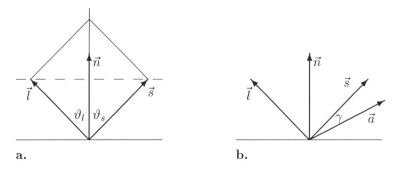

a. **b.**

Abbildung 2.3: Reflexion am Spiegel (**a.**) und an glänzenden Oberflächen (**b.**). $\vec{n}$ Oberflächennormale. $\vec{l}$ Einheitsvektor zur Lichtquelle. $\vec{s}$ Spiegelvektor. $\vec{a}$ Einheitsvektor zum Auge des Betrachters.

Glänzende Oberflächen

Natürliche Oberflächen reflektieren in der Regel weder rein diffus noch rein spiegelnd. Es gibt verschiedene Modelle für glänzende Oberflächen, von denen das von COOK & TORRANCE (vgl. Foley et al. 1990) das physikalisch befriedigendste ist. Es modelliert Oberflächen statistisch, d.h. durch viele kleine Spiegelfacetten, und berechnet die Radianzverteilung aus der Verteilung der Orientierungen der einzelnen Facetten. Für eine ausführliche Darstellung der Physik der Reflexion, vgl. Nayar et al. (1991).

Ein für einfache Grafik–Anwendungen hinreichendes Modell ist das von PHONG, bei dem das einfallende Licht in einen um $\vec{s}$ zentrierten Raumwinkel emittiert wird. Während beim idealen Spiegel die gesamte Radianz in Richtung $\vec{s}$ abgestrahlt wurde, erhält die Richtung $\vec{a}$ jetzt ebenfalls einen Anteil, der vom Kosinus des Winkels zwischen $\vec{s}$ und $\vec{a}$, γ, abhängt (Abb. 2.3b). Man setzt:

$$L = I_o \cos^n \gamma = I_o (\vec{s} \cdot \vec{a})^n. \tag{2.8}$$

Realistische Glanzlichter entstehen etwa für $10 \leq n \leq 100$; für $n = \infty$ geht Gl. 2.8 in die Gleichung für den Spiegel über. Für $n = 1$ entsteht allerdings *nicht* die LAMBERT-Regel, sondern ein physikalisch unrealistisches Beleuchtungsmodell.

Das vollständige PHONG–Modell enthält neben dem Glanzterm noch einen Term für diffuse (LAMBERTsche) Reflexion und einen für ambientes (ungerichtetes) Hintergrundlicht:

$$L = \underbrace{I_a c_d}_{\text{ambient}} + I_p (\underbrace{c_d(\vec{n} \cdot \vec{l})}_{\text{diffus}} + \underbrace{c_g(\vec{s} \cdot \vec{a})^n}_{\text{glänzend}}). \tag{2.9}$$

Dabei bezeichnet c_d die Reflektivität (Albedo) für die diffuse Reflexion. Sie hängt von der Wellenlänge des Lichtes ab, so daß der LAMBERTsche Term ggf. als Summe verschiedener Farbbereiche angesetzt werden muß. Der Faktor c_g ist die Reflektivität des Glanzterms, der nicht von der Wellenlänge abhängt, da Glanzlichter die Farbe der Lichtquelle haben. I_a ist der Anteil des ambienten (ungerichteten) Lichtes an der Beleuchtung und I_p der Anteil parallelen, gerichteten Lichtes.

2.1.4 Verteilte Lichtquellen und mehrfache Reflexion[*]

Bei der einfachen Reflexion betrachtet man nur zwei Strahlen, einen von der Lichtquelle zur Oberfläche und einen von der Oberfläche zum Beobachter. Diese Beschreibung erweist sich als problematisch, wenn mehrfache Reflexionen (indirekte Beleuchtung) oder ausgedehnte Lichtquellen auftreten. In der Computergrafik wurden Verfahren entwickelt, die zumindest für LAMBERTsche Oberflächen eine vollständige Modellierung aller Reflektionen ermöglichen (sog. *Radiosity*–Verfahren, vgl. Greenberg 1989, Foley et al., 1990).

Im Falle verteilter Lichtquellen oder mehrfacher Reflexion ist die Irradianz eine echte Funktion der Raumrichtung (ϑ_l, φ_l). Die Irradianz aus einem Raumwinkel $\Delta\omega =$

---

[*]Dieser Abschnitt kann beim ersten Lesen übersprungen werden

$\sin \vartheta_l \Delta \vartheta_l \Delta \varphi_l$ ist dann

$$E(\vartheta_l, \varphi_l) \sin \vartheta_l \Delta \vartheta_l \Delta \varphi_l.$$

Für die gesamte Irradianz muß dieser Ausdruck mit $\cos \vartheta_l$ gewichtet werden, da die bestrahlte Oberfläche aus der Sicht der Lichtquelle um diesen Faktor verkürzt ist. Man hat also pro Oberflächenpunkt:

$$E_{ges} = \int_{-\pi}^{\pi} \int_{0}^{\pi/2} E(\vartheta_l, \varphi_l) \sin \vartheta_l \cos \vartheta_l d\vartheta_l d\varphi_l. \qquad (2.10)$$

E_{ges} ist die gesamte Irradianz an einem Oberflächenpunkt. Im Fall diffuser Reflexion ist die Radianz dieses Punktes in alle Richtungen gleich und der Irradianz proportional.

In der Praxis geht man so vor, daß man die darzustellenden Oberflächen durch n ebene Polygone annähert, die jeweils eine Leistung $\Phi_i, i = 1, ..., n$ emittieren. Diese Leistung setzt sich aus einem Quellterm Φ_i^Q (Lichtquellen) und einem Reflexionsterm Φ_i^R zusammen. Φ_i^R ist dabei das Integral von E_{ges} über alle Punkte des Oberflächenstückes. Da wegen der LAMBERT-Eigenschaft der reflektierte Lichtfluß dem eingestrahlten proportional ist, ergibt sich:

$$\Phi_i^R = c_i \sum_j (\Phi_j^Q + \Phi_j^R) F_{ij}. \qquad (2.11)$$

Dabei ist c_i die Reflektivität der Oberfläche i und F_{ij} ein „Formfaktor", der von der Größe und der Orientierung der Flächenstücke i und j zueinander abhängt. Er enthält die Geometrie der darzustellenden Szene. Für eine vorgegebene Verteilung der Lichtquellen (Φ_i^Q) ergeben sich die Φ_i^R durch Lösen dieses linearen Gleichungssystems. Wegen der LAMBERT-Eigenschaft ist die Radianz eines Flächenstückes in Richtung des Betrachters dem Gesamtfluß Φ_i proportional.

Neben der Möglichkeit zur realistischen Modellierung mehrfacher Reflexionen ergibt sich für Computergrafik–Anwendungen ein zusätzlicher Vorteil des *Radiosity*-Verfahrens daraus, daß der Lichtfluß unabhängig von der Beobachtungsrichtung ist. Sind die Φ_i für eine Szenerie einmal bestimmt, können realistische Grauwerte für beliebige Standpunkte des Betrachters angegeben werden. Dies beschleunigt insbesondere die Berechnung schattierter Animationen z.B. für Flugsimulatoren.

2.2 Abbildende Systeme

Mit Hilfe der Überlegungen zur Reflektivität können wir die Intensitätswerte einzelner Bildpunkte angeben. Die räumliche Anordnung im Bild ergibt sich aus der Strahlenoptik des abbildenden Systems, die in diesem Abschnitt behandelt wird.

Grundsätzlich besteht das Problem der Bildentstehung darin, daß jeder Punkt einer Szene Licht in viele verschiedene Raumrichtungen aussendet (etwa beschrieben durch die Radianzverteilung $L(\vartheta, \varphi)$), während jeder Bildpunkt nur Licht von einem

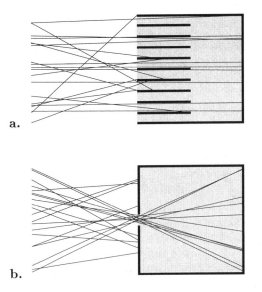

Abbildung 2.4: Abbildungsprinzipien.
a. Kollimator. Durch ein Bündel von
Röhren fallen nur Lichtstrahlen, die
näherungsweise parallel sind. Dadurch
wird auf jedem Punkt der Bildebene Licht aus einem kleinen Raumwinkel gesammelt. **b.** Lochkamera. Hier
geschieht die Ausblendung störender
Strahlen durch eine Lochblende. Jeder
Punkt der Bildebene empfängt Licht
aus einem Raumkegel, der durch die
Blendenöffnung definiert ist. Im Tierreich ist das Prinzip des Kollimators bei
den Komplexaugen der Insekten und
Krebstiere verwirklicht. Kameraaugen
finden sich z.B. bei Wirbeltieren, Mollusken und Spinnen.

Objektpunkt bzw. einer Raumrichtung erhalten sollte. Dies kann man mit zwei Prinzipien erreichen, die beide in der Natur verwirklicht sind (Abb. 2.4; vgl. Kirschfeld
1996).

Kollimatoren sind Bündel von Röhren, die jeweils Licht aus einem Raumwinkel
durchlassen, der durch den Durchmesser und die Länge der Röhre gegeben ist. Je
nach dem, wie man die Röhren anordnet, erhält man verschiedene Projektionsregeln.
Bei der in Abb. 2.4a gezeigten Anordnung entsteht eine Parallelprojektion. Man kann
die Röhren jedoch auch auf einer Kugelfläche anordnen, so daß die Achsen sich in
einem Punkt schneiden. In diesem Fall entsteht eine Zentralprojektion (siehe unten).
Das durch Kollimatoren entworfene Bild ist aufrecht und entsteht vor dem Schnittpunkt der Sehstrahlen, falls ein solcher existiert. Die Größe des Blickfeldes ist beliebig
und kann bis auf die vollständige Kugel ausgedehnt werden. Beispiele für Kollima-
toraugen liefern die Komplexaugen der Insekten und Krebstiere, wobei die Qualität
durch zusätzliche Linsen, Lichtleiter und Spiegel gegenüber dem in Abb. 2.4a gezeigten Schema weiter verbessert wird.

Bei der Lochkamera werden störende Lichtstrahlen durch eine Blende eliminiert,
die für alle Bildpunkte zugleich wirkt. Die Schärfe, d.h. die verbleibende Streubreite
des von einem Punkt ausgehenden Lichtes, hängt von der Größe dieser Blende ab.
Abgesehen davon ist das Bild in jeder hinter der Blende gelegenen Ebene scharf, d.h.
die Tiefenschärfe ist unendlich. Da alle Sehstrahlen durch die Blende laufen müssen,
gilt für das von der Lochkamera erzeugte Bild die Zentralprojektion; das Bild steht
auf dem Kopf. Im Idealfall ist die Blendenöffnung punktförmig; man nennt diesen
Punkt dann den *Knotenpunkt* der Kamera. Wir verwenden für den Knotenpunkt den
Buchstaben *N* nach der englischen Bezeichnung *nodal point*. Das Blickfeld ist auf die
Halbkugel über der Blendenebene beschränkt, da Strahlen, die von hinten kommen,

niemals in die Blendenöffnung eintreten können. Ein echtes Lochkamera–Auge findet man im Tierreich z.B. beim Perlboot *Nautilus*, einem urtümlichen Cephalopoden. Weiter entwickelte Kameraaugen treten z.B. bei Wirbeltieren, anderen Mollusken und Spinnen auf. Einen Überblick über die Baupläne von Augen im Tierreich geben Goldsmith (1990) und Land & Fernald (1992).

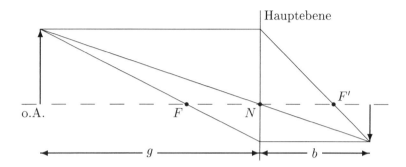

Abbildung 2.5: Strahlengang für eine dünne Linse. o.A.: Optische Achse, F, F': objekt- und bildseitiger Brennpunkt, N: Knotenpunkt (Projektionszentrum), g: Gegenstandsweite, b: Bildweite. $f = \overline{FN}$ heißt Brennweite.

2.2.1 Linsenaugen

Dünne Linse

Bei der Lochkamera erhält man im allgemeinen sehr lichtschwache Bilder, da Licht nur aus einem sehr kleinen Raumwinkel gesammelt wird. Mit Hilfe von Linsen gelingt es, Licht aus einem größeren Bereich auf einen Bildpunkt zu lenken. Eine dünne Linse kann man zur Konstruktion des Strahlenganges durch eine *Hauptebene* ersetzen, an der durchgehende Strahlen gebrochen werden. Der Knotenpunkt ist dann der Schnittpunkt der Hauptebene mit der optischen Achse, d.h. der Achse der Rotationssymmetrie der Linsenoberflächen.

Die Brechkraft P gekrümmter Grenzflächen zwischen zwei Medien mit verschiedenen Brechungsindices n ist

$$P := \frac{\Delta n}{r}; \quad [P] = m^{-1} = \text{Dioptrie}. \tag{2.12}$$

Dabei bezeichnet r den Krümmungsradius der brechenden Oberfläche. Für eine symmetrische dünne Linse, die also über zwei brechende Flächen gleicher Brechkraft verfügt, gilt:

$$\frac{1}{g} + \frac{1}{b} = \frac{1}{f} = \frac{2(n - n_0)}{r} = P. \tag{2.13}$$

Dabei sind g und b die Gegenstands– und Bildweite, f die Brennweite und n_0 ist der Brechungsindex des umgebenden Mediums, in Luft also $n_0 = 1$ (vgl. Abb. 2.5).

Die Lichtstärke des Bildes ist durch den Öffnungswinkel der Linse bestimmt. Die im Vergleich zur Lochkamera größere Lichtstärke wird durch zwei Nachteile erkauft. Zum einen hängt die Lage der Bildebene nach Gl. 2.13 von der Gegenstandsweite ab, so daß beim Betrachten unterschiedlich weit entfernter Objekte eine Akkommodation der Linse erforderlich wird. Damit verbunden ist die geringe Tiefenschärfe, die bei ausreichender Beleuchtung durch Verengung der Blendenöffnung verbessert werden kann. Ein zweites Problem entsteht durch Linsenfehler, vor allem Verzerrung und chromatische Aberation. In optischen Systemen wird letztere durch Linsensysteme mit unterschiedlichen Brechungsindices der Komponenten kompensiert. Auch das menschliche Auge weist eine chromatische Aberation auf, die sogar für manche Wahrnehmungseffekte verantwortlich gemacht wird (Farbenstereopsis).

Im Hinblick auf die Abbildungseigenschaften ist die dünne Linse äquivalent zu einer Lochkamera mit Projektionszentrum in N.

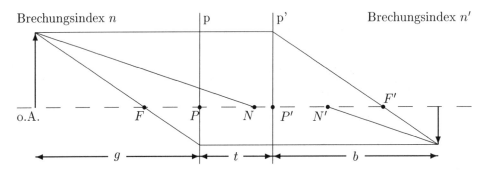

Abbildung 2.6: Strahlengang für die dicke Linse. p, p': Hauptebenen, P, P': Hauptpunkte, N, N': Knotenpunkte, F, F': Brennpunkte. Die Brennweiten f, f' sind die Längen $\overline{FP}$ bzw. $\overline{F'P'}$. t: Intervall, b: Bildweite, g: Gegenstandsweite. Ist der Brechungsindex auf der Bild- und der Objektseite gleich, so fallen N und P sowie N' und P' zusammen.

Dicke Linse (Linsensystem)

Dünne Linsen üben auf zentrale Strahlen, d.h. solche durch den Knotenpunkt N, keinen Einfluß aus. Bei dicken Linsen gibt es solche ungebrochenen Strahlen nicht. Ein Strahl, dessen Einfalls- und Ausfallswinkel gleich ist, wird beim Durchgang durch die dicke Linse parallel verschoben. Die Verschiebung, gemessen in Richtung der optischen Achse, ist das „Intervall" t der Linse.

Bei der Konstruktion des Strahlengangs einer dicken Linse benötigt man folgende geometrische Hilfspunkte und –flächen (Abb. 2.6):

1. Die Hauptebene wird in zwei parallele Ebenen (Bild–Hauptebene = p' und Objekt–Hauptebene = p) zerlegt. Ein objektseitig einfallender achsenparalleler Strahl wird formal an der Bild–Hauptebene gebrochen und zwar so, daß er

den bildseitigen Brennpunkt passiert. Entsprechendes gilt für Strahlen durch den Objekt-Brennpunkt. Die Schnittpunkte der Hauptebenen mit der optischen Achse heißen Hauptpunkte. Ihr Abstand ist das „Intervall" t.

2. Der Knotenpunkt wird ebenfalls in zwei Punkte (Bild–Knotenpunkt $= N'$ und Objekt–Knotenpunkt $= N$) zerlegt. Strahlen, die in einen Knotenpunkt eintreten, treten am anderen Knotenpunkt parallelverschoben wieder aus. Ihr Abstand $\overline{NN'}$ ist ebenfalls gleich t.

Diese Hilfsgrößen sind rein formaler Natur und sagen nichts über den tatsächlichen Lichtweg im Innern der Linse aus. Insbesondere ist es durchaus möglich, daß die Hauptebenen vertauscht sind ($t < 0$), oder daß eine oder auch beide außerhalb der Linse liegen. Bei der dünnen Linse fallen p, p' sowie N, N' zusammen.

Hauptpunkte und Knotenpunkte einer Linse weichen nur dann voneinander ab, wenn vor und hinter der Linse verschiedene Brechungsindices n, n' vorliegen. Tritt ein Strahl unter dem Winkel γ zur optischen Achse in den Hauptpunkt P ein, und unter einem Winkel γ' in P' wieder aus, so gilt:

$$\frac{\gamma'}{\gamma} = \frac{n}{n'}. \tag{2.14}$$

Im Vergleich zur dünnen Linse tritt bei Linsensystemen zusätzlich das Problem der Zentriertheit der brechenden Oberflächen auf. Ersatzsystem mit gleichen Abbildungseigenschaften ist wiederum die Lochkamera mit Projektionszentrum im Objekt-Knotenpunkt N.

Das Wirbeltierauge

Linsenaugen sind im Tierreich unabhängig bei Wirbeltieren und Mollusken entwickelt worden. Wir diskutieren hier kurz die Strahlenoptik des menschlichen Auges (Abb. 2.7). Bei landlebenden Tieren wird der größte Anteil an der Brechkraft des Auges von der Vorderseite der Cornea (Hornhaut) geliefert, was auf die stark unterschiedlichen Brechungsindices der Medien auf beiden Seiten, Luft und Kammerwasser, zurückzuführen ist. Die Linse leistet nur einen relativ kleinen Beitrag, ist aber wichtig für die Akkomodation. Die Linse ist über die nicht selbst kontraktilen *Zonulafasern* im ringförmigen *Ciliarmuskel* aufgehängt. Ist der Muskel erschlafft, so ist die Öffnung des Muskelringes groß und die Elastizität des Augapfels zieht die Linse mittels der Zonulafasern in eine abgeplattete Form; das Auge ist fernakkomodiert. Beim Anspannen des Muskels läßt der Zug der Zonulafasern nach und die Linse kugelt sich infolge ihrer eigenen Elastizität ab; das Auge ist nahakkomodiert.

Einige optische Größen des Auges sind in Tabelle 2.2 zusammengestellt (vgl. Le Grand & El Hage 1980, von Campenhausen 1993). Die brechenden Oberflächen des Auges sind lediglich mit einer Genauigkeit von etwa ± 2 Grad auf eine optische Achse zentriert; die Fovea, d.h. der retinale Ort des schärfsten Sehens, liegt 5 Grad temporal neben dieser Achse. Die Achse durch die Fovea bezeichnet man als Sehachse.

Die zum Gehirn führenden Fasern der retinalen Ganglienzellen verlaufen von den Rezeptorzellen aus gesehen weiter innen im Augapfel. Dies hat zur Folge, daß an der

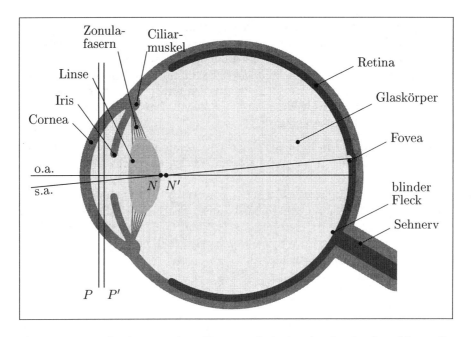

Abbildung 2.7: Halbschematischer Horizontalschnitt durch ein fernakkomodiertes rechtes Auge. P, P': Hauptebenen, N, N': Knotenpunkte. o.a.: optische Achse. s.a.: Sehachse (Blickrichtung der Fovea). Ohne Beschriftung: vordere Augenkammer (zwischen Cornea und Iris) und hintere Augenkammer (zwischen Iris und Linse).

Austrittsstelle der Fasern keine Rezeptorzellen Platz finden; das Auge ist an dieser Stelle blind. Der blinde Fleck befindet sich etwa 15 Grad exzentrisch auf der nasalen Seite der Retina. Man kann ihn leicht beobachten, indem man das rechte Auge schließt und beide Hände mit nach oben gerichtetem Daumen nach vorne ausstreckt. Betrachtet man nun den rechten Daumen und bewegt die linke Hand in der horizontalen Ebene langsam nach außen, so bemerkt man, daß der linke Daumen an einer bestimmten Stelle verschwindet. Das retinale Bild dieses Daumens liegt dann auf dem blinden Fleck.

Als Ersatzsystem für die Bildentstehung können wir auch hier wieder eine Lochkamera mit Projektionszentrum im Objekt-Knotenpunkt N annehmen.

2.2.2 Allgemeines Kameramodell

Als Ergebnis dieses Abschnitts ist festzuhalten, daß die Bildentstehung für unsere Zwecke stets in der in Abb. 2.8 skizzierten Weise modelliert werden kann. Das Koordinatensystem $\{\vec{x}, \vec{y}, \vec{z}\}$ mit dem Ursprung N bezeichnen wir als Kamerakoordinatensystem. Die Vektoren $\vec{x}'$ und $\vec{y}'$ bilden zusammen mit dem Durchstoßpunkt der optischen Achse durch die Bildebene die Bildkoordinaten. Im nächsten Abschnitt

	Akkomodation	
	fern	nah
Brechungsindex		
Cornea		1.376
Kammerwasser		1.336
Linse	variabel, 1.376 – 1.406	
Glaskörper		1.336
Krümmungsradius in mm		
Cornea: Vorderseite		7.7
Cornea: Rückseite		6.8
Linse: Vorderseite	10.	5.33
Linse: Rückseite	-6.0	-5.33
Position in mm		
Cornea: Vorderseite		0.0
Cornea: Rückseite		0.5
Linse: Vorderseite	3.6	3.2
Linse: Rückseite		7.2
Objekt-Brennpunkt F	-15.707	-12.397
Bild-Brennpunkt F'	-24.387	21.016
Objekt-Knotenpunkt N	7.078	6.533
Bild-Knotenpunkt N'	7.332	6.847
Objekt-Hauptpunkt P	1.348	1.772
Bild-Hauptpunkt P'	1.602	2.086
Fovea		24
Brechkraft in Dioptrien		
Cornea		43.053
Linse	19.11	33.06
Auge	58.636	70.57

Tabelle 2.2: Einige optische Daten des menschlichen Auges nach Gullstrand (1908) aus Le Grand & El Hage (1980). Der Brechungsindex der Linse kann nicht einheitlich angegeben werden, da er innerhalb der Linse variiert.

werden wir die Mathematik dieser Abbildung genauer untersuchen, indem wir die Projektion als Zuordnung

$$\mathcal{P} : \vec{x} \in \mathbf{R}^3 \mapsto \vec{x'} \in \mathbf{R}^2 \qquad (2.15)$$

beschreiben. In einigen Anwendungen werden wir einfachere Projektionsregeln verwenden, wie etwa die Parallelprojektion.

Im allgemeinen ist das Kameramodell der Abb. 2.8 durch folgende Parameter definiert:

1. Äußere Kameraparameter

   (a) Position des Knotenpunktes im Raum (drei Freiheitsgrade)

   (b) Richtung der optischen Achse, der Hoch– und der Querachse (drei Freiheitsgrade)

2. Innere Kameraparameter

(a) Brennweite f (ein Freiheitsgrad)

(b) Position des Durchstoßpunktes der optischen Achse in Koordinaten der Bildebene, z.B. Pixel (zwei Freiheitsgrade)

Insgesamt benötigt man also neun Zahlen, um die Abbildungsvorschrift genau angeben zu können. Diese Zahlen können auch anders interpretiert werden, als hier vorgeschlagen. So hat z.B. die optische Achse bei Kenntnis der Bildebene und des Knotenpunktes keine eigene Bedeutung mehr; sie kann einfach als Normale der Bildebene durch den Knotenpunkt definiert werden. Die Anzahl von neun Parametern bleibt davon jedoch unberührt. Weitere Parameter können u.U. durch Linsenverzerrungen bzw. durch Abweichungen zwischen der Normalenrichtung des Kameratargets und der optischen Achse entstehen. Die Bestimmung dieser Zahlen aus dem Bild z.B. mit Hilfe von Eichobjekten oder aus Zusatzmessungen bezeichnet man als Kamerakalibrierung. Eine ausführliche Darstellung der Problematik gibt z.B. Faugeras (1993).

2.3   Perspektivische Projektion

Bevor wir uns mit den mathematischen Eigenschaften der Perspektive befassen, sei noch einmal auf das Glossar am Ende des Buches hingewiesen, in dem einige elementare mathematische Begriffe erläutert werden.

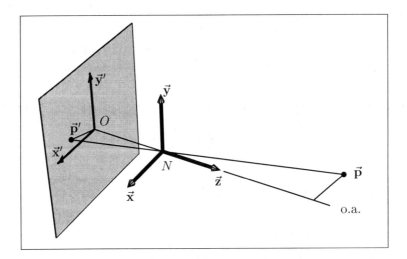

Abbildung 2.8: Allgemeines Kameramodell. Die Bildebene steht senkrecht auf der optischen Achse (o.a.). Im Abstand $f = \overline{NO}$ davor auf der optischen Achse befindet sich als Projektionszentrum der Knotenpunkt N. Im folgenden wird in der Regel $f = 1$ gesetzt.

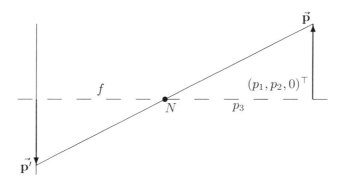

Abbildung 2.9: Zur Herleitung der Projektionsformel für die Zentralprojektion. Die Ebene durch $\vec{\mathbf{p}'}$, O, und $\vec{\mathbf{p}}$ aus Abb. 2.8 wurde herausgezeichnet.

2.3.1 Perspektivische Projektion von Punkten

Aufbauend auf dem allgemeinen Kameramodell (Abb. 2.8) suchen wir nun die Projektionsregel, d.h. eine Funktion $\mathcal{P} : \vec{\mathbf{p}} \in \mathbf{R}^3 \mapsto \vec{\mathbf{p}'} \in \mathbf{R}^2$, die für jeden Punkt der Außenwelt $\vec{\mathbf{p}}$ einen Bildpunkt $\vec{\mathbf{p}'}$ angibt. Genaugenommen können natürlich nur die Punkte zentral projiziert werden, die außerhalb einer frontoparallelen Ebene durch das Projektionszentrum liegen, d.h. Punkte mit $p_3 \neq 0$. (In der projektiven Geometrie läßt man allerdings auch die Projektion solcher Punkte zu. Die Bildebene, erweitert um die „im Unendlichen" liegenden Bilder dieser Punkte, heißt dann *projektive Ebene*.) Als Ergebnis der Projektion soll $\vec{\mathbf{p}'}$ in Bildkoordinaten angegeben sein, d.h. relativ zum Schnittpunkt der optischen Achse mit der Bildebene; $\vec{\mathbf{p}'}$ hat nur zwei Komponenten, p_1' und p_2'. Die Konstruktion erfolgt nach dem Strahlensatz. Für Punkte außerhalb der optischen Achse betrachten wir die Ebene durch $\vec{\mathbf{p}}$ und die optische Achse. Da $\vec{\mathbf{p}}$ und N in dieser Ebene liegen, liegt der ganze Strahl und damit auch der Bildpunkt $\vec{\mathbf{p}'}$ ebenfalls in dieser Ebene. Der Vektor $\vec{\mathbf{p}'}$ ist also parallel zum Vektor $(p_1, p_2, 0)^\top$. Für seine Länge folgt aus dem Strahlensatz

$$\frac{\|\vec{\mathbf{p}'}\|}{f} = \frac{\|\vec{\mathbf{p}}\|}{p_3}. \tag{2.16}$$

Man erhält somit als Definition der *perspektivischen Projektion* (Zentralprojektion):

$$\mathcal{P} : \{(x_1, x_2, x_3)^\top \in \mathbf{R}^3 | x_3 > 0\} \ \mapsto \ \mathbf{R}^2$$

$$\vec{\mathbf{x}} = \begin{pmatrix} x_1 \\ x_2 \\ x_3 \end{pmatrix} \ \mapsto \ \begin{pmatrix} x_1' \\ x_2' \end{pmatrix} := -\frac{f}{x_3} \begin{pmatrix} x_1 \\ x_2 \end{pmatrix}. \tag{2.17}$$

Eigenschaften der Zentralprojektion werden in den folgenden Abschnitten besprochen. Wir bemerken hier noch einige Erweiterungen und Spezialisierungen dieser Regel.

1. *Beliebige Projektionszentren und Blickrichtungen:*
   Sind die Welt- und Kamerakoordinaten verschieden und liegt insbesondere der
   Ursprung des Weltkoordinatensystems nicht im Projektionszentrum der Kamera, so ergibt sich folgende Gleichung:

$$\vec{\mathbf{p}'} = -\frac{f}{((\vec{\mathbf{p}} - \vec{\mathbf{N}}) \cdot \vec{\mathbf{z}})} \left(\begin{array}{c} ((\vec{\mathbf{p}} - \vec{\mathbf{N}}) \cdot \vec{\mathbf{x}}) \\ ((\vec{\mathbf{p}} - \vec{\mathbf{N}}) \cdot \vec{\mathbf{y}}) \end{array} \right). \tag{2.18}$$

   Die Koordinaten des Knotenpunktes und die drei Zahlen, die zur Spezifizierung
   des orthonormalen Koordinatensystems $(\vec{\mathbf{x}}, \vec{\mathbf{y}}, \vec{\mathbf{z}})$ erforderlich sind, entsprechen
   den oben erwähnten sechs äußeren Kameraparametern für die Kalibrierung.

2. *Parallelprojektion*
   Für manche Anwendung genügt die parallele oder orthographische Projektion,
   bei der die $\vec{\mathbf{z}}$–Komponente einfach vernachlässigt wird:

$$\left(\begin{array}{c} p_1 \\ p_2 \\ p_3 \end{array} \right) \mapsto \left(\begin{array}{c} p_1 \\ p_2 \end{array} \right). \tag{2.19}$$

   Formal geht die Zentralprojektion in die orthographische über, wenn man p_3
   gegen $+\infty$ und gleichzeitig f gegen $-\infty$ laufen läßt, d.h. wenn man vergrößerte Bilder weit entfernter Objekte betrachtet (Teleobjektiv). Dies ist plausibel,
   da bei großen Objektabständen die Variation des Abstandes p_3 innerhalb des
   Objektes vernachlässigt werden kann. Ein weiteres Beispiel für die Parallelprojektion liefern Schlagschatten im (parallelen) Sonnenlicht.

3. *„Paraperspektivische Projektion"*
   Eine weitere Approximation der Perspektive, die für manche Anwendungen
   nützlich ist, ist die sog. Paraperspektive (Aloimonos 1988). Um einen festen
   Punkt $\vec{\mathbf{q}}$ setzt man:

$$\left(\begin{array}{c} p_1 \\ p_2 \\ p_3 \end{array} \right) \mapsto -\frac{f}{q_3} \left[\left(\begin{array}{c} p_1 \\ p_2 \end{array} \right) + \frac{q_3 - p_3}{q_3} \left(\begin{array}{c} q_1 \\ q_2 \end{array} \right) \right]. \tag{2.20}$$

   Formal gesehen ist dies einfach die TAYLOR–Entwicklung erster Ordnung um
   den Punkt $\vec{\mathbf{q}}$. Anschaulich wird in der Nähe des Punktes $\vec{\mathbf{q}}$ zunächst entlang
   der Richtung $\vec{\mathbf{q}}$ parallel auf eine frontoparallele Ebene durch $\vec{\mathbf{q}}$ projiziert. Dieses
   Bild wird dann perspektivisch auf die eigentliche Bildebene projiziert. Da die
   Hilfsebene aber frontoparallel war, ist diese „Zentralprojektion" nur noch eine
   Skalierung mit dem Faktor $-f/q_3$.

2.3.2 Perspektivische Abbildung von Geraden

Bisher wurde nur die Abbildung einzelner Punkte auf die Bildebene betrachtet. Als
nächstes betrachten wir die Abbildung von einfachen geometrischen Figuren, zunächst
Geraden im Raum.

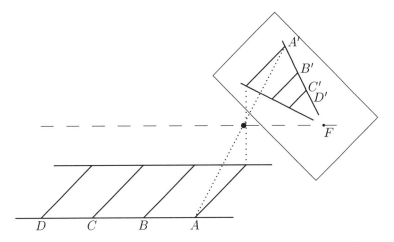

Abbildung 2.10: Konstruktion eines perspektivischen Bildes. Die frontoparallelen „Schwellen" werden wieder auf parallele Geradenstücke abgebildet, während sich die Bilder der „Gleise" im Fluchtpunkt F treffen. (In Anlehnung an eine Abb. von Penna & Patterson 1986.)

Man überlegt sich leicht, daß Geraden wieder auf Geraden abgebildet werden. Alle Strahlen, die von einer Geraden durch die Punkte $\vec{a}$ und $\vec{b}$ auf die Bildebene treffen, liegen nämlich in der durch $\vec{a}$, $\vec{b}$ und den Knotenpunkt N aufgespannten Ebene. Folglich enthält der Schnitt dieser Ebene mit der Bildebene das Bild der Geraden, und dies ist gleich der Geraden durch die Bildpunkte $\vec{a'}$ und $\vec{b'}$.

Wir betrachten eine Gerade g:

$$g : \vec{x} = \begin{pmatrix} a_1 \\ a_2 \\ a_3 \end{pmatrix} + \lambda \begin{pmatrix} g_1 \\ g_2 \\ g_3 \end{pmatrix} . \tag{2.21}$$

Die Punkte von g, $\vec{x}$, projizieren auf eine Punktmenge der Bildebene, die folgender Gleichung genügt:

$$\vec{x}' = \frac{-f}{a_3 + \lambda g_3} \begin{pmatrix} a_1 + \lambda g_1 \\ a_2 + \lambda g_2 \end{pmatrix} . \tag{2.22}$$

Dies gleicht der Gleichung einer Geraden. Genauer muß man drei Fälle unterscheiden:

Fall 1 : $g_3 = 0, a_3 \neq 0$. In diesem Fall ist die Gerade parallel zur Bildebene, wie etwa die „Schwellen" in Abb. 2.10. Man aus Gl. 2.22:

$$g' : \vec{x'} = -\frac{f}{a_3} \left[\begin{pmatrix} a_1 \\ a_2 \end{pmatrix} + \lambda \begin{pmatrix} g_1 \\ g_2 \end{pmatrix} \right] . \tag{2.23}$$

Dies ist eine vollständige Gerade in der Bildebene.

Fall 2 : $\vec{a} = \lambda_0 \vec{g}, g_3 \neq 0$; Dies ist eine Gerade durch N, die nicht parallel zur Bildebene ist. Gl. 2.22 liefert:

$$g' : \vec{x'} = -\frac{f}{(\lambda + \lambda_0)g_3} \left(\begin{array}{c} (\lambda + \lambda_0)g_1 \\ (\lambda + \lambda_0)g_2 \end{array} \right) = -\frac{f}{g_3} \left(\begin{array}{c} g_1 \\ g_2 \end{array} \right). \qquad (2.24)$$

Hier wird also der Parameter λ aus der Gleichung heraus gekürzt; das Bild einer Ursprungsgeraden ist daher nur ein einziger Punkt.

Fall 3 : Normalerweise ist das Bild der Gerade eine „Gerade mit Ende", d.h. ein Strahl. Bezeichnet man mit $g(\lambda)$ den durch ein gegebenes λ parametrisierten Punkt, so bewegt sich der zugehörige Bildpunkt mit wachsendem λ immer langsamer fort. $g'(\lambda)$ konvergiert gegen einen *Fluchtpunkt*[*]:

$$\lim_{\lambda \to \infty} g'(\lambda) = -\frac{f}{g_3} \left(\begin{array}{c} g_1 \\ g_2 \end{array} \right). \qquad (2.25)$$

Der Fluchtpunkt hängt vom Aufpunkt nicht ab, d.h. die Bilder alle Geraden gleicher Richtung treffen sich in einem gemeinsamen Fluchtpunkt. Die Ursprungsgerade in Richtung $\vec{g}$ wird sogar vollständig auf diesen Fluchtpunkt abgebildet (Fall 2). Umgekehrt ist jeder Punkt der Bildebene (x', y') Fluchtpunkt einer Geradenschar, deren Richtungsvektor $(-x', -y', f)^\top$ ist.

Fluchtpunkten kommt bei der Konstruktion perspektivischer Bilder eine besondere Bedeutung zu. In der Malerei bezeichnet man Darstellungen, zu deren Konstruktion ein, zwei oder drei Fluchtpunkte benötigt werden, entsprechend als „Einpunkt"–, „Zweipunkt"– oder „Dreipunkt"–Perspektive. Damit sind nicht etwa unterschiedliche Projektionsregeln gemeint, der Unterschied liegt vielmehr in der Orientierung des dargestellten Objektes im Verhältnis zur Bildebene. Ist etwa in einem Würfel eine Fläche (und damit acht Kanten) parallel zur Bildebene, so braucht man zur Konstruktion der restlichen vier Kanten nur einen Fluchtpunkt. Ist lediglich eine Kantenrichtung parallel zur Bildebene, benötigt man zwei, u.s.w.

    Abb. 2.11 zeigt dies für die perspektivische Konstruktion eines dreidimensionalen Würfels. Ein weiteres Beispiel gibt die Abb. 2.12, in der zwei aufeinander senkrecht stehenden Geradenscharen in einer Ebene abgebildet werden. Die Fluchtpunkte aller Geradenrichtungen in einer Ebene liegen auf einer Geraden im Bild, dem *Horizont* dieser Ebene. Offensichtlich haben parallele Ebenen den gleichen Horizont. Ist etwa eine Schar paralleler Ebenen durch einen Normalenvektor $\vec{n}_o$ gegeben, so ist der zugehörige Horizont der Schnitt der Bildebene mit der durch $(\vec{x} \cdot \vec{n}_o) = 0$ gegebenen Ebene.

---

[*]Zum Ausrechnen dieses Grenzwertes benötigt man eine der Regeln von DE L'HOSPITAL aus der Analysis: Sind $f(x)$ und $g(x)$ zwei Funktionen mit $\lim_{x \to \infty} f(x) = \lim_{x \to \infty} g(x) = \infty$ und existieren die Grenzwerte der Ableitungen f', g', so gilt für $\lim g'(x) \neq 0$:

$$\lim_{x \to \infty} \frac{f(x)}{g(x)} = \frac{\lim_{x \to \infty} f'(x)}{\lim_{x \to \infty} g'(x)}.$$

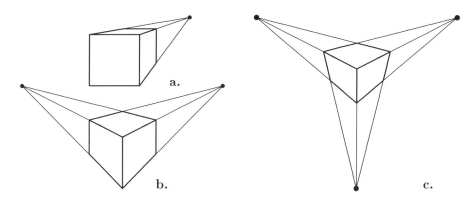

Abbildung 2.11: Perspektivisches Bild eines Würfels in verschiedener Orientierung zur Bildebene. **a.** Zwei der drei Kantenrichtung sind parallel zur Bildebene, man benötigt zur Konstruktion einen Fluchtpunkt (sog. *Einpunktperspektive*). **b.** Nur eine der Kantenrichtungen ist parallel zur Bildebene, für die Konstruktion der beiden übrigen benötigt man zwei Fluchtpunkte (*Zweipunktperspektive*). **c.** Keine der drei Kantenrichtungen ist parallel zur Bildebene; man braucht drei Fluchtpunkte zur Konstruktion (*Dreipunktperspektive*).

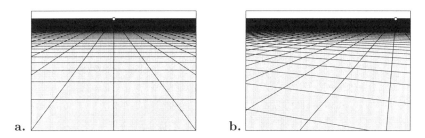

Abbildung 2.12: Bild einer Ebene **a.** in Einpunktperspektive (ein Fluchtpunkt in Bildmitte). **b.** Zweipunktperspektive (zwei Fluchtpunkte, von denen einer außerhalb des Bildausschnitts liegt).

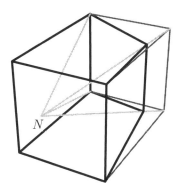

Abbildung 2.13: Zur Konstruktion des AMESschen Raumes. Betrachtet man von N aus den schwarz gezeichneten Polyeder, so ist er nicht von dem grau gezeigten Quader unterscheidbar. Man nimmt daher den schwarz gezeichneten schiefen Raum als rechteckig wahr. Wegen der damit verbundenen Abstandstäuschung scheinen Personen, die an der scheinbar frontoparallelen Rückwand entlang gehen, ihre Größe zu verändern.

Metrische Größen der EUKLIDischen Geometrie bleiben bei der perspektivischen Projektion im allgemeinen nicht erhalten. Dies betrifft Längen und Flächeninhalte, Winkel, Parallelität von Linien u.a. Eine wichtige Ausnahme ist das Doppelverhältnis („*cross ratio*", s.u.). Topologische und qualitative Eigenschaften wie die Konvexität und der Zusammenhang von Figuren bleiben dagegen auch im Bild erhalten.

Die perspektivische Abbildung ist nicht umkehrbar, da jeweils eine ganze Gerade auf einen einzigen Punkt der Bildebene projiziert wird. Man kann dies mit einer berühmten Wahrnehmungsillusion, dem sog. AMESschen Raum illustrieren (Abb. 2.13).

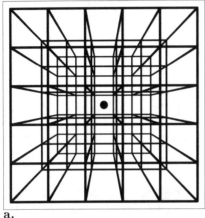

a.

Abbildung 2.14: Sphärische Perspektive. **a.** Bild eines Raumgitters unter Zentralperspektive. Der schwarze Punkt markiert den Blickpunkt. **b.** Zusammengesetztes Bild aus perspektivischen Bildern mit unterschiedlichen Blickrichtungen (markiert wieder durch die schwarzen Punkte). In jedem Teilbild werden Geraden auf Geraden abgebildet. **c.** Durch feinere Auflösung entsteht ein Bild, in dem Geraden auf Kurven abgebildet werden.

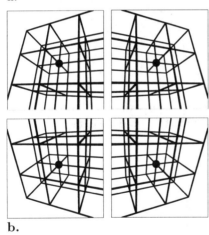

b.

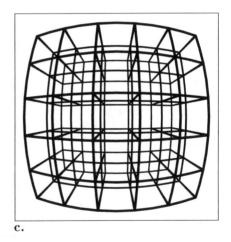

c.

2.3.3 Zentralprojektion auf die Kugel

Bisher hatten wir stets angenommen, daß die Projektion auf eine ebene Fläche, die Bildebene, erfolgt. In diesem Fall werden Geraden immer auf Geraden, Strahlen, oder Punkte, niemals aber auf Kurven abgebildet. Stellt man sich nun vor, man stehe in einem Korridor mit dem Rücken zur Wand, und wolle eine perspektivische Zeichnung der gegenüberliegenden Wand anfertigen, dann ist man versucht, die Kanten von Fußboden und Decke als gekrümmte Linien zu zeichnen, deren Tangenten im Bereich des Blickpunktes parallel und horizontal sind, während sie zu beiden Enden des Korridors hin zusammenlaufen. Dies widerspricht jedoch den Gesetzen der zentralperspektivischen Projektion und tatsächlich kann man die Krümmung der Kanten in Wirklichkeit nicht sehen.

Ursache für die gedachte Krümmung ist die Beobachtung, daß die beiden Kantenlinien zusammenlaufen, wenn man in Richtung eines der beiden Enden des Korridors schaut. Dies ist in völliger Übereinstimmung mit der Theorie der Zentralperspektive. Am jeweils anderen Ende, das allerdings gerade nicht sichtbar ist, laufen die Kanten jedoch auseinander. Zeichnet man das Bild jetzt stückweise, indem man immer einen Blickpunkt in dem gerade gezeichneten Bereich wählt, so entsteht in dem so zusammengesetzten Bild tatsächlich eine Krümmung (Abb. 2.14). Die stückweise Konstruktion nähert die Projektion auf eine Kugelfläche an, die mathematisch einfach durch sphärische Polarkoordinaten gegeben ist. Man muß dazu neben dem Knotenpunkt N die Hochachse $\vec{y}$ angeben. Sei r der Abstand des Punktes, φ sein Azimuth und ϑ seine Elevation oder Höhe, so hat man:

$$
\begin{aligned}
r &= \sqrt{p_1^2 + p_2^2 + p_3^2} = \|\vec{p}\| \\
\varphi &= \arctan\frac{p_1}{p_3} \\
\vartheta &= \arctan\frac{p_2}{\sqrt{p_1^2 + p_3^2}}.
\end{aligned}
\tag{2.26}
$$

Die Projektion erhält man dann einfach durch Vernachlässigen von r. Die Bilder von Geraden, die nicht durch den Knotenpunkt verlaufen, sind jeweils halbe Großkreise auf der Kugelfläche. Enden dieser Halbkreise entsprechen den Fluchtpunkten in der Projektion auf die Ebene; anders als dort treten Fluchtpunkte bei der Kugelprojektion immer paarweise auf. In Kapitel 10 werden wir zur Illustration von Bewegungsfeldern auf die sphärische Projektion zurückkommen.

In Abb. 2.14c ist nach der Projektion auf die Kugelfläche die Kugel stereographisch auf die Papierebene abgebildet worden. Eine ähnliche Konstruktion, bei der zunächst auf einen Zylindermantel projiziert wird, der dann auf die Papierebene abgerollt wird, verwendete M. C. ESCHER bei seiner bekannten Graphik „Oben und Unten" (vgl. B. Ernst, 1982, für eine mathematische Erläuterung zu diesem und anderen Bildern ESCHERS). Eine ausführliche Darstellung der Kugelperspektive geben Flocon & Barre (1983).

2.3.4 Quantitative Eigenschaften

Die allgemeine Untersuchung der perspektivischen Abbildung führt auf schwierige mathematische Probleme, zur Einführung der projektiven Geometrie sei auf die Lehrbücher von Coxeter (1987), Penna & Patterson (1986) und Pareigis (1990) verwiesen.

In diesem Abschnitt sollen nur zwei Aspekte einer analytischen projektiven Geometrie kurz vorgestellt werden.

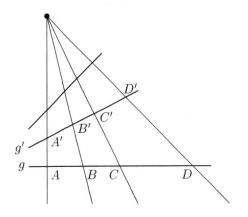

Abbildung 2.15: Das Doppelverhältnis ist eine metrische Größe, die durch die perspektivische Projektion nicht verändert wird.

Das Doppelverhältnis

Wie schon erwähnt, stellt das Doppelverhältnis eine mittels der EUKLIDischen Metrik gewonnene Größe dar, die invariant gegen perspektivische Transformationen ist. Sind auf einer Geraden g vier Punkte A, B, C, D gegeben, so ist das Doppelverhältnis d durch

$$d := \frac{\overline{AC}}{\overline{AD}} \frac{\overline{BD}}{\overline{BC}} \qquad (2.27)$$

gegeben. Durch perspektivische Projektion werde nun, wie in Abb. 2.15 gezeigt, die Gerade g in g' überführt. Das analog auf g' bestimmte Doppelverhältnis bleibt unverändert.

Beispiel. Die Invarianz des Doppelverhältnisses hat zur Folge, daß entlang einer gegebenen Linie die Perspektive durch drei Punkte eindeutig bestimmt ist. Hat man etwa in Abb. 2.10 die „Gleise", d.h. die beiden vom Beobachter wegweisenden Geraden, sowie drei der „Schwellen" eingezeichnet, so ist die Position der weiteren Schwellen durch das einzuhaltende Doppelverhältnis bestimmt. Setzt man etwa den Abstand der Gleise konstant an, so hat man das Doppelverhältnis

$$d = \frac{\overline{AC}}{\overline{AD}} \frac{\overline{BD}}{\overline{BC}} = \frac{2 \times 2}{3 \times 1} = \frac{4}{3}.$$

Hat man nun im Bild die Abstände $\overline{A'B'} = 1$ und $\overline{B'C'} = 1/2$ gewählt, so erhält man $\overline{C'D'}$ aus der Beziehung

$$\frac{4}{3} = \frac{\overline{A'C'}}{\overline{A'D'}} \frac{\overline{B'D'}}{\overline{B'C'}} = \frac{\frac{3}{2}(\overline{C'D'} + \frac{1}{2})}{(\overline{C'D'} + \frac{3}{2})\frac{1}{2}}$$

$$\overline{C'D'} = \frac{3}{10}.$$

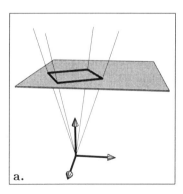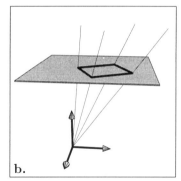

Abbildung 2.16: Homogene Koordinaten in zwei Dimensionen. Die homogenen Koordinaten der Eckpunkte des Vierecks in der Ebene entsprechen den Strahlen vom Ursprung durch diese Punkte. Die Verschiebung des Vierecks in Abb. **b.** entspricht einer Scherung der Strahlen. Diese ist eine lineare Operation im einbettenden dreidimensionalen Raum.

Homogene Koordinaten

Bisher haben wir stets mit kartesischen Koordinaten in der Bildebene gerechnet. Dies hat, neben einigen mathematischen Problemen, vor allem den Nachteil, daß die perspektivische Projektion eine komplizierte, nichtlineare Form annimmt, mit der in der Praxis oft schwer zu rechnen ist. Mit Hilfe der sog. *homogenen Koordinaten* kann man die Berechnungen insbesondere bei Verkettung verschiedener Abbildungen wesentlich vereinfachen. Homogene Koordinaten werden bei technischen Kamerasystemen und in der Robotik vielfach angewandt.

Homogene Koordinaten sind keine Koordinatentransformation im üblichen Sinn, sondern stellen vielmehr eine Einbettung des betrachteten Raumes (Bildebene oder dreidimensionaler Raum) in einen Raum höherer Dimension dar. Für Koordinaten in der Ebene bedeutet dies, daß etwa ein Punkt $\vec{x} = (x_1, x_2)^\top$ mit der Ursprungsgeraden $(\lambda x_1, \lambda x_2, \lambda)$ identifiziert wird. Man denkt sich also die Bildebene als Ebene $z = 1$ eines dreidimensionalen Koordinatensystems und identifiziert den Punkt (x_1, x_2) mit der Ursprungsgeraden, die die Ebene in $(x_1, x_2, 1)$ durchstößt (Abb. 2.16). Man kann dieses Verfahren formal auf den dreidimensionalen Raum übertragen, und erhält folgende Beziehungen:

Es sei $\vec{x} = (x_1, x_2, x_3)^\top$ ein Punkt im (projektiven) Raum. Wir bezeichnen mit $\tilde{x}$ die *homogene Repräsentation* von $\vec{x}$:

$$\tilde{x} = \begin{pmatrix} \lambda x_1 \\ \lambda x_2 \\ \lambda x_3 \\ \lambda \end{pmatrix} \quad \text{für } \lambda \in \mathbb{R} \backslash \{0\}. \tag{2.28}$$

Offenbar ist die Darstellung in homogenen Koordinaten redundant, z.B. bezeichnen $[1, -4, 2, 5]$ und $[2, -8, 4, 10]$ den gleichen Punkt. Ist umgekehrt ein Punkt $\tilde{y}$ in homogenen Koordinaten gegeben, so erhält man die kartesische Repräsentation aus:

$$\vec{y} = \begin{pmatrix} y_1/y_4 \\ y_2/y_4 \\ y_3/y_4 \end{pmatrix}. \tag{2.29}$$

Punkte mit $y_4 = 0$ besitzen keine kartesische Repräsentation, sind aber durchaus Elemente projektiver Räume.

In homogener Repräsentation können nun eine Reihe von Transformationen durch lineare Matrixmultiplikationen dargestellt werden, die in kartesischen Koordinaten betrachtet nichtlinear sind. Insbesondere handelt es sich um die Perspektive selbst und Translationen sowie Drehungen, Scherungen und Spiegelungen, die auch sonst linear sind. Als Beispiel in zwei Dimensionen zeigt Abb. 2.16 die Überführung der (nichtlinearen) Translation in eine (lineare) Scherung.

Im dreidimensionalen Fall erhält man für die perspektivische Projektion auf eine Bildebene $z = -f$:

$$\tilde{x}' = \begin{pmatrix} 1 & 0 & 0 & 0 \\ 0 & 1 & 0 & 0 \\ 0 & 0 & 1 & 0 \\ 0 & 0 & -1/f & 0 \end{pmatrix} \begin{pmatrix} \lambda x_1 \\ \lambda x_2 \\ \lambda x_3 \\ \lambda \end{pmatrix} = \begin{pmatrix} \lambda x_1 \\ \lambda x_2 \\ \lambda x_3 \\ -\lambda x_3/f \end{pmatrix} \rightarrow -\frac{f}{x_3} \begin{pmatrix} x_1 \\ x_2 \\ x_3 \end{pmatrix}. \tag{2.30}$$

Da man Translationen, Drehungen etc. wiederum genauso behandeln kann, sie führen zu entsprechenden Einträgen in der vierten Spalte der Matrix, ergibt sich auch hier die Projektionsformel für beliebige Projektionszentren einfach durch Multiplikation der entsprechenden Matrizen. Allgemein nennt man die in homogenen Koordinaten linearen Abbildungen Kollineationen.

2.4 Augenbewegung

2.4.1 Geometrie

Anatomie

Das Auge ist in der Augenhöhle (*Orbita*) mit Hilfe der sechs äußeren Augenmuskeln frei beweglich. Die vier geraden Augenmuskeln (*Mm. recti*) setzen oben, unten, nasal, bzw. temporal (schläfenseitig) am Augapfel an und ziehen nach hinten, wo sie einen gemeinsamen, den Sehnerv umschließenden Sehnenring bilden. Hinzu kommen die beiden schrägen Augenmuskeln (*Mm. obliqui*), die von oben bzw. unten um den Augapfel herumgreifen und damit entsprechende Rollbewegungen ausführen. Der obere (*M. obliquus superior*) entspringt ebenfalls hinten in der Augenhöhle, wird aber an einer knöchernen Spange (*Trochlea*) auf der nasalen Seite umgelenkt. Der untere schräge Muskel verläuft von der nasalen Wand der Augenhöhle direkt zur Unterseite des Augapfels. Die Wirkungen der einzelnen Muskeln fassen Abb. 2.17 und Tabelle 2.3

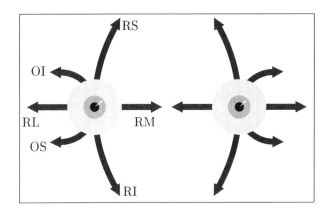

Abbildung 2.17: Wirkungen der äußeren Augenmuskeln. RS: *rectus superior*, RI: *rectus inferior*, OI: *obliquus inferior*, OS: *obliquus superior*, RL: *rectus lateralis*, RM: *rectus medialis* (nach HERING vgl. Kandel et al. 1991)

zusammen. In erster Näherung kann man annehmen, daß für jeden Muskel durch seine Ansatzpunkte und das Drehzentrum des Auges eine Drehebene und senkrecht dazu eine Drehachse gegeben ist, um die er das Auge drehen kann. Tatsächlich sind die Verhältnisse jedoch komplizierter, da die Wirkungen der Muskeln von der jeweiligen Ausgangsstellung des Augapfels abhängen (vgl. Hallett 1986).

Der Augapfel füllt die *Orbita* nur zu einem kleineren Teil aus. Nach hinten wird er von der bindegewebigen TENONschen Kapsel (*Vagina bulbi*) abgestützt, durch die der Sehnerv und die geraden Augenmuskeln durchtreten. Zusammen mit einem Fettkörper wirkt die TENONsche Kapsel der rückwärts gerichteten Kraftkomponente der *Mm. recti* entgegen.

Bewegungsfreiheitsgrade

Als fester Körper hat das Auge im Prinzip sechs Bewegungsfreiheitsgrade, drei translatorische und drei rotatorische. Da sich der Augapfel in der TENONschen Kapsel und abgefedert durch den Fettkörper jedoch ähnlich wie in einer kugeligen Gelenkpfanne bewegt, ist der Beitrag der translatorischen Komponenten gering. Man kann näherungsweise von einem Rotationszentrum sprechen, das allerdings bei Bewegungen um ein bis zwei Millimeter wandern kann. Es liegt zwischen 13 und 15 mm hinter der Cornea und damit um etwa 5 mm hinter dem Knotenpunkt, so daß Augenbewegungen keine reinen Drehungen im Sinne der Abbildungsgeometrie sind.

Dies kann man mit einem einfachen Experiment demonstrieren. Betrachtet man mit dem linken Auge den Zeigefinger der rechten Hand und bewegt ihn, bis er gerade hinter dem Nasenrücken verschwindet, so nimmt das Auge eine weit nach rechts gedrehte Position ein. Richtet man es nun wieder geradeaus, ohne die Position des Fingers zu verändern, so wird dieser an der Peripherie wieder sichtbar. Das wäre unmöglich, wenn Rotationszentrum und Knotenpunkt des Auges zusammenfallen würden.

Im folgenden werden wir diese geringfügigen translatorischen Bewegungen vernachlässigen und uns den rotatorischen Freiheitsgraden zuwenden. Drehungen im Raum sind grundsätzlich durch drei Winkel definiert, wobei man unter verschiedenen

Tabelle 2.3: Die äußeren Augenmuskeln mit Innervation und Wirkung. Abduktion: Bewegung nach außen (zur Schläfe). Adduktion: Bewegung nach innen (zur Nase). Die Bezeichnungen der beteiligten Gehirnnerven sind: III = *N. oculomotorius*, IV = *N. trochlearis* und VI = *N. abducens*

Muskel	Nerv	Wirkung
M. rectus superior	III	Hebung (maximal bei lateraler Blickrichtung); zusätzl. Adduktion und Einwärtsrollung.
M. obliquus inferior	III	Hebung (maximal bei medialer Blickrichtung); zusätzl. Abduktion und Auswärtsrollung. Umgreift den Augapfel von nasal unten.
M. rectus inferior	III	Senkung (maximal bei lateraler Blickrichtung); zusätzl. Adduktion und Auswärtsrollung.
M. obliquus superior	IV	Senkung (maximal bei medialer Blickrichtung); zusätzl. Abduktion und Einwärtsrollung. Wird an der *Trochlea* umgelenkt.
M. rectus lateralis	VI	Abduktion
M. rectus medialis	III	Adduktion

Systemen wählen kann. Wir besprechen hier drei Systeme, die als Koodinatensysteme für Augenbewegungen gebräuchlich sind (Abb. 2.18). Sie sind auch für den Entwurf technischer Kameraköpfe von Bedeutung (vgl. Murray et al. 1992).

1. FICK–Koordinaten. Bei den FICKschen Koordinaten wird die erste Drehung um eine vertikale Achse ausgeführt, die zweite um eine mitgeführte horizontale Achse. Die dritte Drehung ist eine Rollung um die durch die ersten beiden Drehungen erreichte Blickachse, die die Blickachse selbst nicht mehr verändert.

2. HELMHOLTZ–Koordinaten. Hier ist die Reihenfolge der ersten beiden Drehungen vertauscht. D.h. es wird zuerst eine Drehung um die horizontale Querachse durchgeführt und dann eine Drehung um die mitgeführte Hochachse des Auges. Zum Schluß folgt wieder die reine Rollung. Die HELMHOLTZ–Koordinaten haben den Vorteil, daß bei binokularen (zweiäugigen) Augenbewegungen die erste Drehachse beiden Augen gemeinsam ist. In technischen Systemen heißt das, daß man beide Kameras auf eine gemeinsame Querachse montieren kann.

3. LISTING–Koordinaten. Während bei den beiden vorigen Systemen die erste Drehachse fest liegt, wird beim LISTINGschen System zunächst eine Drehachse ausgewählt, die die Blickrichtung von der Ruhestellung in die gewünschte Richtung bringt. Die Drehung erfolgt dann auf dem kürzesten Weg, so daß die Pupille sich auf einem Großkreis bewegt. Zum Schluß folgt auch hier die reine Rollung. Ist also $\vec{r}_o$ die Achse in Ruhestellung und $\vec{r}_1$ die Zielachse, so ist der

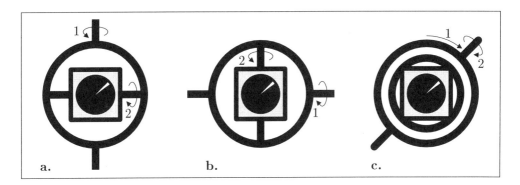

Abbildung 2.18: Freiheitsgrade der Drehung für technische Kamerasysteme und Augen. Das zentrale Quadrat mit der Pupille symbolisiert jeweils die Kamera. **a.** FICK–System. Die erste Drehung erfolgt um die vertikale Achse, die zweite um eine mitgeführte horizontale Achse. **b.** HELMHOLTZ–System. Die erste Drehung erfolgt um die horizontale Querachse, die zweite um die mitgeführte Hochachse der Kamera. **c.** LISTING–System. Die Kamera wird in einem Ring gelagert. Die erste Drehung erfaßt nur den äußeren Ring und stellt eine Drehachse ein. Die zweite Drehung dreht das ganze System um diese Achse. Die als dritter Drehschritt bei allen Systemen vorgesehene Rollung um die Blickachse ist der Einfachheit halber nicht gezeigt.

kürzeste Weg die Drehung um eine Achse $\vec{d}$, die auf beiden Vektoren senkrecht steht ($\vec{d} = \vec{r}_o \times \vec{r}_1$). Offensichtlich liegen alle diese Achsen in einer auf $\vec{r}_o$ senkrechten Ebene. Da $\vec{r}_o$ gerade nach vorn gerichtet ist, liegt diese „LISTINGsche Ebene" frontoparallel.

Die Rollbewegung um die Blickachse, die in allen drei Systemen als dritter Drehschritt vorgesehen ist, hat keinen Einfluß auf die retinale Information. Es wäre allerdings sinnvoll, wenn die Rollstellung für eine gegebene Blickrichtung nicht von dem Weg abhinge, auf dem man diese Richtung erreicht hat. Im Fall einer solchen Abhängigkeit würden die Bilder der Umgebung eines Blickpunktes bei verschiedenen Besuchen nämlich erheblich voneinander abweichen. Tatsächlich gilt in der Physiologie das sog. DONDERSsche Gesetz, wonach die Rollstellung des Auges für eine gegebene Blickrichtung stets dieselbe ist, unabhängig davon, auf welchem Weg der Blickpunkt erreicht wurde. Das DONDERSsche Gesetz gilt im Ruhezustand mit einer Genauigkeit von ca. $\pm 6'$ Rollwinkel. In technischen Systemen erreicht man die Unabhängigkeit der Rollstellung vom Weg einfach dadurch, daß man bei FICK– oder HELMHOLTZ–Systemen den Rollfreiheitsgrad wegläßt.

Während in technischen Entwürfen für Stereokameraköpfe meist das HELMHOLTZ–System gewählt wird, ist biologisch das LISTINGsche System realisiert. Dies zeigt sich experimentell darin, daß die Rollstellung des Auges jeweils so ist, als wäre es auf kürzestem Weg von der Ruhestellung in die gegenwärtige Position gedreht worden (LISTINGsches Gesetz). Dies gilt auch für den Fall, daß eine Drehung *nicht* von

Tabelle 2.4: Typen von Augenbewegungen

	abrupt (schnell)	glatt (langsam)
gleichsinnig	Sakkaden, schnelle Nystagmus–Phase	Folgebewegung (*smooth pursuit*), langsame Phase von optokinetischem und vestibulärem Nystagmus
gegensinnig		Vergenz

der Ruhestellung ausgeht. Das Auge muß daher kompensatorische Rollbewegungen ausführen. Das LISTINGsche Gesetz ist nicht einfach eine Folge der Geometrie des Auges und seiner Muskeln, sondern wird neuronal kontrolliert.

2.4.2   Typen von Augenbewegungen

Die Einteilung der Augenbewegungen beruht auf zwei Kriterien (vgl. Hallett 1986). Nach der Dynamik unterscheidet man schnelle (abrupte) und langsame (glatte) Augenbewegungen. Nach dem Zusammenspiel der beiden Augen unterscheidet man gleichsinnige (konjugierte) Augenbewegungen oder Versionen von gegensinnigen Augenbewegungen oder Vergenzen. Eine Übersicht über verschiedene Augenbewegungen gibt Tabelle 2.4.

Sakkaden   oder Blicksprünge sind abrupte, konjugierte Augenbewegungen, die Geschwindigkeiten von 20 – 600 Grad pro Sekunde erreichen können und zwischen 20 und 100 Millisekunden andauern. Sakkaden sind die einzigen Augenbewegungen, die willkürlich ausgeführt und teilweise auch unterdrückt werden können, doch gibt es auch unwillkürliche Sakkaden.

Folgebewegungen   treten beim visuellen Verfolgen eines kleinen bewegten Objektes auf und können etwa 20 bis 30 Grad pro Sekunde erreichen. Bei schnelleren Bewegungen werden Sakkaden eingeschoben, um das Objekt nicht zu verlieren. Folgebewegungen können nicht willkürlich ausgeführt werden. Stellt man sich etwa eine Bewegung nur vor, und verfolgt sie dann mit den Augen, so führt man keine Folgebewegung, sondern eine Anzahl von kleinen Sakkaden aus. Man kann sich leicht davon überzeugen, indem man die Augen schließt und die Kuppen von Zeige– und Mittelfinger leicht auf das Lid legt. Durch das geschlossene Lid spürt man die sprunghaften Bewegungen des Auges. Öffnet man nun ein Auge und verfolgt ein reales Objekt, etwa den eigenen Finger, so wird das geschlossene Auge mitbewegt und zwar in Form einer glatten Folgebewegung.

Sonstige glatte, konjugierte Bewegungen   sind kompensatorische Augenbewegungen, die die Blickrichtung bei Kopf– und Körperbewegungen konstant halten. Man unterscheidet vestibuläre Bewegungen, die durch die Reizung des Beschleunigungssinnes im Innenohr erzeugt werden, und optokinetische Bewegungen, die als Reak-

tion auf großflächige visuelle Reize ausgeführt werden. Hält die Reizung lange an
(etwa bei Drehung auf einem Drehstuhl oder beim Blick aus einem Zugfenster), so
wird die glatte kompensatorische Bewegung periodisch von abrupten Rückstellbewegungen unterbrochen. Diese Rückstellbewegungen gleichen unwillkürlichen Sakkaden.
Die Kombination von glatten Folgebewegungen und abrupten Rückstellbewegungen
bezeichnet man als Nystagmus.

Vergenzbewegungen sind glatte, gegensinnige Augenbewegungen, die Geschwindigkeiten von etwa 10 Grad pro Sekunde erreichen. Abrupte, gegensinnige Augenbewegungen gibt es nicht, doch können Sakkaden in beiden Augen leicht unterschiedlich
weit gehen, so daß sie gewissermaßen einen Vergenzanteil enthalten. Vergenzbewegungen stehen im engen Zusammenhang mit dem stereoskopischen Tiefensehen und
werden daher dort besprochen. Sie sind im übrigen eng mit der Akkomodation gekop-
pelt, und zwar so, daß sich die Sehachsen in einem Tiefenbereich schneiden, in dem
die Abbildung am schärfsten ist.

Restbewegungen bei Fixation. Fixiert man einen Punkt, so sind die Blickachsen beider Augen auf diesen Punkt ausgerichtet; er wird dann in der Fovea, d.h. der
Stelle höchster Auflösung (vgl. Kapitel 3), abgebildet. Die Fixation wird nicht exakt
gehalten, sondern ist in jedem Auge durch Restbewegungen gestört. Der Mikrotremor
ist eine schnelle Zitterbewegung mit einer Amplitude von etwa einer halben Bogen-
minute und einer Frequenz von 30 bis 100 Hertz. Die Amplitude entspricht damit in
etwa dem Rezeptorabstand in der Fovea. Mikrosakkaden mit Reichweiten von ca. 5
Bogenminuten (Extremwerte 2 bis 28 Bogenminuten) treten unregelmäßig etwa ein
bis zweimal pro Sekunde auf. Schließlich triften die Augen bei der Fixation mit einer
Geschwindigkeit von etwa 4 Bogenminuten pro Sekunde. Die Abtriftbewegung wird
etwa ein– bis zweimal pro Sekunde durch Mikrosakkaden ausgeglichen. Binokulare
Restbewegungen sind nicht völlig konjugiert.

Teil II

Kontrast, Form und Farbe

Sehen und Bildverarbeitung sind Prozesse, die von Bildern ausgehen und daraus verschiedene Arten von Daten ermitteln. In diesem Teil werden wir Intensitätsdaten betrachten, die pro Pixel vorliegen. Ergebnis der Bildverarbeitung ist also wieder eine Art Bild, das sich vom Ausgangsbild in der Regel dadurch unterscheidet, daß gewisse Aspekte betont und andere unterdrückt worden sind. Im Gegensatz dazu ermittelt man beim Tiefensehen meist Karten von Tiefenwerten und beim Bewegungssehen Karten von Verschiebungsvektoren, beides Repräsentationen, die nicht selbst bildhaft sind.

Bildverarbeitung ist eng mit dem Gedanken der Nachbarschaftsoperationen verbunden, d.h. mit der Verrechnung lokal benachbarter Intensitätswerte. Beispiele sind die lokale Mittelung (Tiefpaßfilterung) zur Rauschunterdrückung oder die lokale Differentiation zur Kontrastverstärkung. Diese Ideen gehen auf den Physiker ERNST MACH zurück, der sie zur Erklärung von Wahrnehmungseffekten heranzog (laterale Inhibition). In der Neurobiologie finden sie eine Entsprechung im Konzept des rezeptiven Feldes. Durch die Verallgemeinerung zu komplexeren Wechselwirkungsmustern (nicht nur laterale Inhibition) ergibt sich der Gedanke der Merkmalsextraktion: jedes Neuron stellt sozusagen mit Hilfe seines rezeptiven Feldes die Gegenwart eines bestimmten Bildmerkmales fest. Die Bildverarbeitung wurde als neu entstehende Disziplin von diesen Ideen entscheidend geprägt.

Kapitel 3 stellt neben einigen grundlegenden Verfahren der Bildverarbeitung auch die wichtigsten Überlegungen und Ergebnisse zum Thema Auflösung zusammen. Damit ist nicht so sehr das optische Auflösungsvermögen des Auges gemeint, sondern die Frage, auf welcher Auflösungsstufe man eine gegebene Bildverarbeitungsoperation am besten durchführt, bzw. wie groß die Reichweite der Nachbarschaftsoperationen sein soll. Natürlich ist die Auflösung nach oben durch die optischen Eigenschaften des abbildenden Apparates begrenzt. Es ist aber oft sinnvoll, gröbere Auflösungen zu wählen. Dieses Prinzip ist auch im visuellen System des Menschen realisiert.

Kantendetektion ist zwar im wesentlichen eine Anwendung der Bildverarbeitung, doch wurde diesem Thema wegen seiner großen praktischen Bedeutung ein eigenes Kapitel (Kapitel 4) gewidmet. Das Beispiel Kantendetektion wird dabei benutzt, um die Konstruktion von Filtern für die Bildverarbeitung zu illustrieren.

Farbe spielt in der technischen Bildverarbeitung immer noch eine eher untergeordnete Rolle. Im menschlichen Sehsystem kann man dagegen die Wahrnehmung von hell und dunkel nicht sinnvoll von der Wahrnehmung der Farben trennen. Da Farbe zudem eine der eindrucksvollsten Wahrnehmungsqualitäten des Sehsinnes darstellt, sollte auf ihre Behandlung nicht verzichtet werden. Mit der trichromatischen Theorie des Farbensehens bietet sich überdies die Möglichkeit, Einsatzmöglichkeiten der linearen Algebra in der Sehforschung aufzuzeigen. Schließlich bietet das Farbensehen das am besten untersuchte Beispiel für eine Populationskodierung, ein Prinzip, das in der Wahrnehmungsphysiologie weit verbreitet ist und weitreichende Konsequenzen für die Verarbeitungsmöglichkeiten hat.

Kapitel 3

Bildrepräsentation und Bildverarbeitung

Bilder sind zweidimensionale Verteilungen von Helligkeits– und Farbwerten (Abb. 1.2). Diese allgemeinste Definition läßt sich mathematisch in verschiedener Weise konkretisieren, was zu jeweils verschiedenen Möglichkeiten der Manipulation von Bildern, d.h. der Bildverarbeitung, führt. In diesem Kapitel sollen einige grundsätzliche Überlegungen zu diesem Thema zusammengestellt werden. Im weiteren Verlauf werden wir anhand konkreter Probleme noch oft auf Bildrepräsentation und –verarbeitung zurückkommen. Zum Schluß des Kapitels wird das mit Repräsentation und Verarbeitung eng zusammenhängende Thema Auflösung behandelt.

Tabelle 3.1: Verschiedene Modellbildungen von Bildern (Repräsentationen) erlauben die Anwendung verschiedener mathematischer bzw. informatischer Disziplinen.

Bildmodell	anwendbare Mathematik
kontinuierliche Bildfunktion	Analysis, insb. Funktionalanalysis
Abtastung in Ort und Zeit (Pixel)	lineare Algebra
Diskretisierung der Grauwerte	Numerik
Punktmengen	Mathematische Morphologie
Zufallsfelder	Stochastik
Listen von Bildmerkmalen	Künstliche Intelligenz

3.1   Beispiele

Tabelle 3.1 faßt die verschiedenen Möglichkeiten der Bildrepräsentation und die jeweils anwendbaren mathematischen Verfahren zusammen. Einige Beispiele sind:

Grauwertgebirge: Der Grauwert, d.h. die Intensität eines Bildes, kann als kontinuierliche Funktion des Ortes (und ggf. der Zeit; vgl. Abb. 9.1) aufgefaßt werden. Berücksichtigt man noch die spektrale Zusammensetzung des pro Bildpunkt eingestrahlten Lichtes, so wäre zunächst an jedem Ortspunkt ein ganzes Spektrum, d.h. wiederum eine Funktion zu berücksichtigen. Da Farbensehen aber sowohl beim Menschen als auch maschinell mit drei Frequenzbändern erfolgt, genügt die Repräsentation als Vektor mit drei Komponenten, die für die Erregung etwa eines Rot-, Grün- und Blaurezeptors stehen. Offenbar sind Intensitätswerte nicht negativ; wir nehmen stets an, daß sie aus dem Intervall $[0, 1]$ stammen. Bilder sind dann also Funktionen vom zweidimensionalen Ortsraum oder dreidimensionalen Ortszeitraum in die Menge der Intensitäten oder Farbvektoren:

$$\mathbb{R}_x \times \mathbb{R}_y \times \mathbb{R}_t \mapsto \begin{cases} [0, 1] & \text{Grauwertbild} \\ [0, 1]^3 & \text{Farbbild} \end{cases} . \qquad (3.1)$$

Dabei stehen die Indizes x, y und t für die zugehörigen Variablennamen.

Abtastung in Ort und Zeit: Schon von der Bildaufnahme her sind in biologischen wie in technischen Systemen streng genommen keine ortskontinuierlichen Bilder möglich; es wird immer an diskreten Punkten oder über gewisse „Fenster" abgetastet. Die Bildpunkte heißen *Pixel* (von <u>Pic</u>ture <u>El</u>ement). In technischen Systemen wird in der Regel auch die Zeitachse abgetastet, z.B. mit der Videofrequenz von 30 Hertz. Biologisches Sehen ist im Prinzip zeitkontinuierlich; allerdings wird durch die Auslösung von Aktionspotentialen am Ausgang der Retina eine Diskretisierung eingeführt, die jedoch keinem festen Zeittakt entspricht und zwischen verschiedenen Fasern auch nicht synchronisiert ist.

Diskretisierung der Grau– bzw. Farbwerte: Auch die Intensitätswerte selbst können in der Regel nicht kontinuierlich variieren, sondern nehmen diskrete Werte an. In technischen Systemen stehen pro Pixel und Farbkanal häufig 8 Bit zur Verfügung. Man kann damit $2^8 = 256$ verschiedene Graustufen oder $2^{3 \times 8} = 16.777.216$ Farbwerte darstellen.

Punktmengen: Durch Diskretisierung auf nur ein Bit pro Pixel entstehen binäre (0/1) Bilder, d.h. Schwarz–Weiß–Bilder ohne Graustufen. Solche Bilder können als Punktmengen aufgefaßt werden, etwa als die Menge aller schwarzen Pixel. Diese Repräsentation ermöglicht die Anwendung der mathematischen Morphologie auf die Bildverarbeitung (vgl. Abschnitt 3.3.2).

Zufallsfelder: Hier faßt man die Intensitätswerte jedes Pixels als Zufallsvariable auf und betrachtet dann Mittelwerte und Korrelationen. Ein besonders wichtiges Verfahren ist die KARHUNEN–LOÈVE-Transformation, bei der mit Hilfe der Hauptachsentransformation häufige Elementarmuster im Bild gefunden werden können (vgl. Rosenfeld & Kak, 1982). Eine andere Anwendung der Stochastik ist die Behandlung des Bildes als MARKOFFsches Zufallsfeld. Es handelt sich dabei um die zweidimensionale Erweiterung der Idee der (MARKOFFschen) Zufallskette, bei der jedes Pixel als eine Zufallsvariable im Zufallsfeld aufgefaßt wird und Abhängigkeiten lokal beschränkt sind. Stochastische Bildbeschreibungen werden vor allem bei der Rauschunterdrückung, der Bildkompression, der Bildsegmentierung (Geman & Geman, 1984; Blake & Zisserman, 1987) und der Mustererkennung angewendet.

Skizzen und symbolische Beschreibungen: Skizzen sind Listen von „Elementarobjekten" (*primitives*) oder „Bildmerkmalen" (*features*) und deren Orten im Bild. Häufig verwendete Merkmale sind Kantenelemente sowie Kreuzungspunkte von Konturen. Zeichnungen oder Skizzen im gewöhnlichen Sinn des Wortes enthalten in der Tat im wesentlichen nur noch solche Merkmale, werden aber oft besser erkannt als das Ausgangsbild. Wählt man komplexere Elemente, so erhält man allgemeinere symbolischen Beschreibungen. Solche symbolische Beschreibungen eines Bildes können einerseits Ergebnis, andererseits aber auch Ausgangsdaten der Informationsverarbeitung sein. Soll z.B. im Bild ein bestimmtes Objekt (z.B. der Buchstabe „G") gefunden werden, so stellt diese „Repräsentation" („das Bild zeigt ein großes ‚G'") bereits das Endergebnis der Bildverarbeitung dar. Generell kann nicht sauber zwischen Repräsentationen und Verarbeitungsstufen unterschieden werden.

Physikalische Natur: Führt man die Bildverarbeitung in Hardware durch, so ist die physikalische Natur des Bildsignals für die Bildverarbeitung bedeutend. Beispiele sind analoge Elektronik für Videosignale, optische Bildverarbeitung mit kohärentem Licht (Feitelson 1988) und natürlich die Verarbeitung visueller Information im Nervensystem.

Allgemein kann man folgende Definition festhalten: Eine Repräsentation ist ein Satz von Informationen über ein Bild, die in einer für die jeweilige Informationsverarbeitung geeigneten Form zur Verfügung stehen. Die Informationsverarbeitung kann dann als Berechnung bestimmter, besserer Repräsentationen aufgefaßt werden. Marr (1982) nennt das „Explizitmachen" von Informationen. Eine Gefahr dieser Auffassung liegt darin, daß der Aufbau von Repräsentationen, d.h. Beschreibungen der Umwelt, als eigentliches Ziel der Informationsverarbeitung angesehen wird. In einem verhaltensorientierten Ansatz sind Repräsentationen dagegen der Forderung nach Nützlichkeit in einem Verhaltenszusammenhang unterworfen.

3.2 Abtastung

3.2.1 Äquidistante Abtastraster

Bilder werden in technischen Anwendungen wie auch beim natürlichen Sehen stets örtlich diskretisiert, d.h. als Raster von Pixeln dargestellt. Geometrisch faßt man diese Pixel entweder als kleine Flächenstücke (Rechtecke, Sechsecke) oder als die Mittel- bzw. Eckpunkte dieser Figuren auf. Da Bildverarbeitungsoperationen immer auf Vergleichen zwischen benachbarten Pixeln beruhen, sind die Pixelraster und die durch sie definierten Nachbarschaften von großer Bedeutung.

Kartesisches Raster. Das technisch am einfachsten zu realisierende und daher fast ausschließlich verwendete Raster ist das kartesische, Abb. 3.1a. Häufig sind dabei die

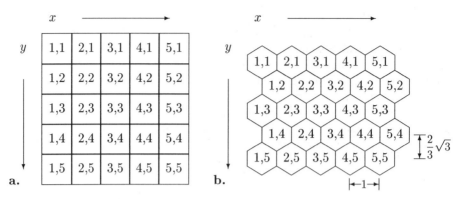

Abbildung 3.1: Äquidistante Abtastraster **a.** Kartesisch **b.** Hexagonal

Pixel nicht quadratisch, so daß die Auflösung in vertikaler und horizontaler Richtung voneinander abweicht.

Im kartesischen Raster gibt es zwei Möglichkeiten, Nachbarschaften zu definieren. Nennt man zwei Pixel benachbart, wenn sie mit einer Kante zusammenstoßen, so hat jedes nicht randständige Pixel vier nächste Nachbarn:

$$\mathcal{N}_4(x_o, y_o) := \{(x,y)| \, |x_0 - x| + |y_0 - y| = 1\}. \tag{3.2}$$

Nennt man auch solche Pixel benachbart, die nur mit einem Eckpunkt zusammenstoßen, so erhält man Nachbarschaften von je acht Elementen:

$$\mathcal{N}_8(x_o, y_o) := \{(x,y)| \max(|x_0 - x|, |y_0 - y|) = 1\}. \tag{3.3}$$

Keine der beiden Definitionen ist völlig befriedigend, wenn man den Zusammenhang von Figuren betrachtet. Ein Schachbrettmuster führt z.B. zu folgendem Paradox: Betrachtet man nur Pixel mit gemeinsamer Kante als benachbart, so bilden weder die weißen noch die schwarzen Felder eine zusammenhängende Figur. Wählt man die 8–Pixel Nachbarschaft, so hängen beide zusammen.

Hexagonales Raster.   Hier gibt es nur einen Typ von Nachbarschaft, bei dem zwei Pixel mit einer Kante zusammenstoßen; es gibt daher auch keine Schwierigkeiten bei der Definition des Zusammenhanges einer Figur. Topologisch äquivalent ist ein Rechteckraster, bei dem wie bei einer Backsteinmauer jede zweite Zeile um ein halbes Pixel verschoben ist.

Numeriert man mit i, j die Pixel durch, so erhält man die Positionen der Pixel eines hexagonalen Rasters aus (Abb. 3.1b):

$$
\begin{aligned}
x_{i,j} &= \left\{ \begin{array}{ll} ai & \text{für } j \text{ gerade} \\ a(i + \tfrac{1}{2}) & \text{für } j \text{ ungerade} \end{array} \right. , \\
y_{i,j} &= \frac{a}{2}\sqrt{3}j.
\end{aligned}
\tag{3.4}
$$

Dabei ist a der Abstand der Zentren zweier benachbarter Pixel.

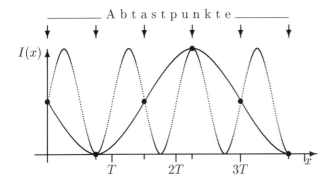

Abbildung 3.2: Abtastung eines periodischen Musters mit zu niedriger Frequenz. Es entsteht ein sog. Alias mit einer ursprünglich nicht im Bild vorhandenen Frequenz. Hochfrequentes Muster: Signal. Tieffrequentes Muster: Alias

Abtasttheorem. Man sieht leicht ein, daß Bildstrukturen, die feiner sind als das Abtastraster, nicht oder nur unvollständig wiedergegeben werden können. Den genauen Zusammenhang zwischen Abtastraster und darstellbaren Bildinhalten beschreibt das Abtasttheorem. Wir betrachten hier nur ein eindimensionales Beispiel (Abb. 3.2):

Gegeben sei ein Streifenmuster, d.h. eine periodische Intensitätsfunktion $I(x) = 1 + \sin(\omega x)$ mit der Frequenz $\omega = \frac{2\pi}{T}$. T bezeichnet die Wellenlänge. Wir betrachten dieses Muster jetzt nur noch an diskreten Stützstellen im Abstand $\Delta x = \frac{3}{4}T$. Diesen Abstand bezeichnet man als Abtastrate. Die Intensitätswerte an den Stellen $i\Delta x$ bilden ein Muster, das von dem originalen Muster erheblich abweicht; man spricht von einem *Alias*. Wie Abb. 3.2 zeigt, handelt es sich wieder um ein periodisches Muster mit der Frequenz $\omega_a = \frac{2\pi}{3T}$. Man überlegt sich leicht, daß die höchste richtig darstellbare Frequenz durch $\frac{2\pi}{2\Delta x}$ gegeben ist, d.h. zu einer gegebenen Frequenz braucht man zwei Abtastpunkte pro Periode (NYQUIST–Bedingung).

Durch Unterabtasten werden also nicht nur Bildinhalte unterdrückt, es entstehen vielmehr falsche Muster (Aliases) neu. Man muß solche störenden Muster daher vor dem Abtasten eliminieren (z.B. durch Tiefpaßfiltern). Im Fall der Abb. 3.2 würde das dazu führen, daß gar kein Signal mehr detektiert würde.

Den Alias–Mustern verwandt sind die sog. MOIRÉ–Muster, die man z.B. in den Faltenwürfen von Gardinen beobachten kann. Legen sich dabei zwei Stoffbahnen übereinander, so wirkt die eine gewissermaßen als Abtastgitter für die andere. Dabei enstehen tieffrequente Muster, die sich bei leichter Bewegung der Gardine vielfach verformen.

3.2.2   Ortsvariante Abtastung

Retina

Die Retina des Wirbeltierauges besteht aus mehreren Zellschichten, die unterschiedliche Beiträge zur Abtastung und Vorverarbeitung des Bildes leisten. Wir geben hier nur eine Zusammenstellung der wichtigsten Zelltypen und ihre Rolle bei der Bildaufnahme. Eine detaillierte Übersicht über die retinalen Neurone und ihre Verschaltung geben Wässle und Boycott (1991).

Rezeptorzellen. Die Umwandlung des Lichtes in ein neuronales Signal findet in den Rezeptorzellen statt. Beim Menschen und den meisten Säugetieren kommen zwei Typen vor. Die Zapfen (engl. *cones*) arbeiten bei relativ hohen Lichtstärken (photopisches Sehen) und ermöglichen durch ihre Wellenlängenselektivität das Farbensehen. Die Stäbchen (engl. *rods*) arbeiten bei niedrigen Beleuchtungsstärken (z.B. in mondlosen Nächten) und sind farbenblind.

Die Auflösung des Bildes ist durch die Dichte der Rezeptoren begrenzt. Primaten verfügen über ein besonders spezialisiertes Gebiet der Retina, die Sehgrube oder Fovea zentralis (Abb. 2.7), in der die Rezeptordichte besonders hoch ist. In einem zentralen Bereich von etwa einem Drittel Grad Sehwinkel (Foveola) befinden sich ausschließlich Zapfen, die in guter Näherung hexagonal angeordnet sind. Ihr Abstand beträgt hier ca. 30 Bogensekunden, was der strahlenoptischen Auflösungsgrenze des Auges entspricht. Stäbchen fehlen im Inneren der Fovea; sie erreichen ihre höchste Dichte bei einer Exzentrizität von etwa 20 Grad(vgl. Abb. 3.3b). Die Gesamtzahl der Zapfen im menschlichen Auge beträgt rund 6 Millionen, die der Stäbchen 120 Millionen.

Interneurone. Zwischen der Rezeptorschicht und der „Ausgangsschicht" der Retina befindet sich ein Netzwerk aus drei Neuronentypen, den *Bipolar–, Horizontal–* und *Amakrinzellen*. Die Bipolarzellen verbinden die Rezeptorzellen quer durch die Retina mit den Ganglienzellen. Die beiden anderen Typen vermitteln überwiegend laterale Verbindungen, und zwar einerseits zwischen den Rezeptorzellen untereinander sowie mit den distalen Enden der Bipolarzellen (Horizontalzellen) und andererseits zwischen

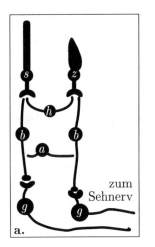
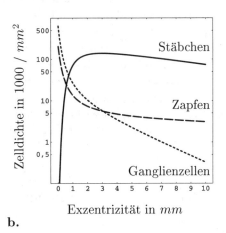

Abbildung 3.3: **a.** Die wichtigsten Zelltypen der Retina und ihre Verschaltung. *a* Amakrinzelle; *b* Bipolarzelle; *g* Ganglienzelle; *h* Horizontalzelle; *s* Stäbchen; *z* Zapfen. **b.** Dichte von Zapfen, Stäbchen und Ganglienzellen in der Retina des Rhesusaffen *Maccaca mulatta* als Funktion des Abstands von der Fovea. Verändert nach Wässle & Boycott 1991.

den Ganglienzellen untereinander und den proximalen Enden der Bipolarzellen (Amakrinzellen). In diesem Netzwerk finden komplexe orts–zeitliche Interaktionen zwischen
den Erregungswerten der einzelnen Rezeptoren statt. Die Nervenleitung erfolgt bis
hierher analog, Aktionspotentiale werden erst in den Ganglienzellen ausgelöst.

Ganglienzellen. Die Nervenfasern, die von der Retina zum Gehirn ziehen, sind
die Axone der *Ganglienzellen*, die über die Bipolarzellen direkt sowie über das ganze Netzwerk auch indirekt mit den Rezeptorzellen in Verbindung stehen. Man kann
aufgrund morphologischer und physiologischer Eigenschaften drei Typen von Ganglienzellen unterscheiden, die als α (große Zellen, schnelle Reaktion, physiologisch „Y“),
β (kleinere Zellen, langsame Reaktion, physiologisch „X“) und γ (kleine Zellen mit
spärlichem aber weitreichendem Dendritenbaum, schwache Aktionspotentiale, physiologisch „W“) bezeichnet werden. In der Fovea selbst finden sich keine Ganglienzellen,
da diese zur Verbesserung der optischen Abbildung weiter exzentrisch angeordnet
sind. Die Dichte der Ganglienzellen erreicht beim Rhesusaffen 50.000 pro mm^2 am
Rande der Fovea und fällt bis 40 Grad Exzentrizität auf etwa 1000 ab. Der Abfall
der Ganglienzelldichte liegt damit zwischen dem der Zapfen- und der Stäbchendichte.
Die Gesamtzahl der retinalen Ganglienzellen beträgt bei der Katze etwa 150.000, bei
Primaten 1,5 Millionen. Dies ist gleichzeitig die Anzahl der Fasern im Sehnerv und damit die Anzahl der Bildpunkte, die das Gehirn erreichen. Im Vergleich zu technischen
Bildern scheint die Auflösung damit relativ schlecht, doch muß man bedenken, daß
das Signal jeder einzelnen Faser schon vorverarbeitet ist und daher mehr Information
als ein einzelner Bildpunkt enthält.

Visueller Cortex

Im visuellen Cortex werden die Informationen von den einzelnen Retinaorten in systematischer Weise nebeneinander abgelegt, so daß eine sog. *retinotope* Abbildung
entsteht. Diese Abbildung kann man vermessen, indem man von definierten Stellen
im Cortex ableitet, und feststellt, von welchem retinalen Ort diese Stellen jeweils maximal reizbar sind. Der Cortex der Primaten umfaßt eine große Anzahl (> 20) von
Arealen, von denen jedes eine mehr oder weniger retinotope Abbildung der Retina
erhält.

Geht man davon aus, daß für jede retinale Ganglienzelle gleich viel Platz im Cortex
zur Verfügung steht, so ergibt sich aus der ortsvarianten Verteilung der Ganglienzellen
eine Verzerrung der corticalen Abbildung, bei der retinale Gebiete mit geringerer
Ganglienzelldichte kleinere corticale Repräsentationen aufweisen. Bezeichnet man mit
$\varrho(x, y)$ die Ganglienzelldichte und mit $\mathcal{R}$ die Abbildungsfunktion, die die retinotope
Karte beschreibt, so kann man die Bedingung der gleichmäßigen Repräsentation aller
Ganglienzellen folgendermaßen formulieren:

$$\varrho(x, y) = const. |\det J_{\mathcal{R}}(x, y)|. \tag{3.5}$$

Dabei ist $|\det J_{\mathcal{R}}|$ der corticale Vergrößerungsfaktor (zur Mathematik vgl. Abs. 8.3.2).

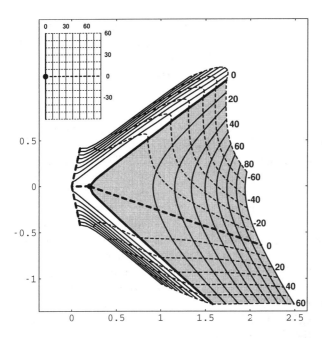

Abbildung 3.4: Retinotope Abbildung des rechten Gesichtsfeldes auf den linken visuellen Cortex bei der Katze. Einschaltbild: Koordinatenraster im Gesichtsfeld. Grau unterlegt: primärer visueller Cortex (Area V1), links daneben in der Form eines Halbmondes die Area V2. Die Abbildung zeigt ein analytisches Modell der Kartierung (Mallot 1985), das auf Messungen von Tusa et al. (1979) beruht.

Für reale retinotope Karten ist Gl. 3.5 in guter Näherung erfüllt, d.h. der corticale Vergrößerungsfaktor folgt der retinalen Ganglienzelldichte (vgl. Wässle et al. 1990). Für eine gegebene Verteilung von Ganglienzellen kann Gl. 3.5 im allgemeinen nicht eindeutig nach $\mathcal{R}$ aufgelöst werden; für einige interessante Spezialfälle vgl. Mallot & Giannakopoulos (1996).

Abb. 3.4 zeigt eine analytische Näherung der retinotopen Karten der Areale V1 und V2 bei der Katze. In Area V1 von Primaten finden sich noch stärkere Verzerrungen, die näherungsweise als logarithmische Polarkoordinaten modelliert werden können (Fischer 1973, Schwartz 1980). Wählt man in Retina und Cortex kartesische Koordinaten, so lautet diese Transformation:

$$\mathcal{P}(x,y) = \begin{pmatrix} \frac{1}{2}\log(x^2+y^2) \\ \arctan\frac{y}{x} \end{pmatrix}. \tag{3.6}$$

Faßt man retinale und corticale Koordinaten zu komplexen Zahlen zusammen, $z = x + iy$, so ist $\mathcal{P}$ gerade die komplexe Logarithmusfunktion. Der Vergrößerungsfaktor fällt dann mit dem Kehrwert des Quadrats der Exzentrizität ab.

Technische ortsvariante Sensoren

Ortsvariante Sensoren sind immer dann sinnvoll, wenn das Bild oder die interessierende Bildstruktur systematische Ortsvarianzen aufweist. Bewegt man sich z.B. ausschließlich in einer ebenen Umgebung, so gibt es einen festen Zusammenhang zwischen der Höhe eines Punktes im Bild und dem Abstand des dort abgebildeten Objektes. In diesem Fall kann man durch ortsvariante Abtastung z.B. die Auflösung der Ebene konstant machen. Eine verwandte Anwendung ist die in Abschnitt 6.3.4 dargestellte Hindernisvermeidung.

Bei beweglichen Kameras und Augen ist die größte Quelle systematischer Ortsvarianz die Bewegung selbst. Führt man beispielsweise eine Folgebewegung aus, so ruht das Bild des verfolgten Objektes in der Bildmitte, während in der Peripherie große Bildbewegungen auftreten. Sakkadische Augenbewegungen eröffnen die Möglichkeit, eine hohe Rezeptordichte auf die Fovea zu beschränken und dann jeweils gezielt einzusetzen. In technischen Kameraköpfen werden aus diesen Gründen häufig ortsvariante Sensoren eingesetzt. Dies ist vor allem dann sinnvoll, wenn die Ortsvarianz durch entsprechende Hardware bereits auf dem Kameratarget realisiert ist (Tistarelli & Sandini 1992). In der Regel verwendet man dabei Varianten der komplexen Logarithmusfunktion, Gl. 3.6.

3.3 Bildverarbeitung

Liegt ein Bild als abgetastetes Raster von Grauwerten vor, so kann man verschiedene Bildverarbeitungsoperationen zur Anwendung bringen, um etwa bestimmte Objekte im Bild zu detektieren oder deutlicher sichtbar zu machen. Bildverarbeitung ist eine eigene umfangreiche Disziplin, die hier nicht vollständig dargestellt werden kann. Lehrbücher sind (neben den am Anfang genannten allgemeinen) etwa Rosenfeld & Kak (1982), Pratt (1978) oder Duda & Hart (1973).

3.3.1 Faltung

Diskrete Faltung

Die am häufigsten verwendete Bildverarbeitungsoperation ist die *diskrete Faltung*. Wir betrachten als einfaches Beispiel ein Bild in kartesischer Abtastung, das durch eine Grauwertmatrix $\{g_{ij}\}$ gegeben ist. Will man nun das Bild „glätten", d.h. unschärfer machen und damit etwa störende Rauschmuster unterdrücken, so kann man ein neues Bild $\{h_{ij}\}$ erstellen, indem man an jedem Pixel (i, j) über die nächsten Nachbarn mittelt, z.B.:

$$h_{i,j} := \frac{1}{5}(g_{i,j} + g_{i-1,j} + g_{i+1,j} + g_{i,j-1} + g_{i,j+1}). \tag{3.7}$$

Eine Verstärkung der Kontraste zwischen verschiedenen Pixeln kann man erzielen, indem man von jedem Grauwert den mittleren Grauwert der Nachbarschaft abzieht, z.B.:

$$h_{i,j} := g_{i,j} - \frac{1}{4}(g_{i-1,j} + g_{i+1,j} + g_{i,j-1} + g_{i,j+1}). \tag{3.8}$$

Für Pixel, die am Rand des Bildes liegen, muß die Formel natürlich entsprechend modifiziert werden. In der Regel setzt man außerhalb des Bildes liegende Pixel einfach null.

Der Einfluß eines Pixels g_{ij} auf ein Pixel h_{kl} des neuen Bildes hängt hier nur von der Differenz der Koordinaten $(k-i, l-j) = (m, n)$ ab, d.h. es wird an jeder Stelle im

Bild die gleiche Operation vollzogen. Solche Operationen heißen „ortsinvariant" oder „translationsinvariant". Den allgemeinsten Fall dieser Art von Operation erhält man, wenn man für jede Koordinatendifferenz (m, n) ein „Gewicht" c_{nm} angibt, mit dem das betrachtete Pixel auf ein anderes einwirkt. Wir nennen die Matrix der $\{c_{nm}\}$ eine *Maske* und schreiben:

$$h = g * c,$$

$$h_{kl} = \sum_{m=-M}^{M} \sum_{n=-N}^{N} c_{m,n} g_{k-m,l-n}. \tag{3.9}$$

Für die beiden oben genannten Beispiele (Gl. 3.7 und 3.8) hat man

$$c_{nm} = \begin{pmatrix} 0 & 1/5 & 0 \\ 1/5 & 1/5 & 1/5 \\ 0 & 1/5 & 0 \end{pmatrix} \text{ bzw. } c_{nm} = \begin{pmatrix} 0 & -1/4 & 0 \\ -1/4 & 1 & -1/4 \\ 0 & -1/4 & 0 \end{pmatrix}. \tag{3.10}$$

Die Operation aus Gl. 3.9 heißt *diskrete Faltung* oder *diskrete Filterung*. In der Regel ist die Maske viel kleiner als das betrachtete Bild. Wählt man jedoch die Indizierung geeignet, so kann die Maske auch selbst als ein „Bild" aufgefaßt werden. Tatsächlich ist die Intensität im Ergebnisbild h dann maximal, wenn das Original-bild g und die Maske lokal identisch sind (CAUCHY–SCHWARZsche Ungleichung). Man spricht dann von einer Suchmaske *matched filter* für das gesuchte Bildelement.

Mathematisch bildet die Menge aller Grauwertmatrizen $\{g_{i,j}\}$, $1 \leq i \leq I, 1 \leq j \leq J$ einen $I \times J$-dimensionalen Vektorraum, auf dem durch die diskrete Faltung eine lineare Abbildung in sich selbst definiert ist. Wir bemerken ohne Beweis einige wichtige Eigenschaften der diskreten Faltung.

1. *Kommutativität:* Durch geeignete Wahl der Indizierung läßt sich zeigen, daß Bild und Maske in Gl. 3.9 vertauscht werden können.

2. *Linearität:* Betrachtet man die Faltung als eine Abbildung im Raum aller Bilder, so handelt es sich um eine lineare Operation. Genauer heißt das:

$$(f + g) * c = f * c + g * c; \quad (\lambda f) * c = \lambda(f * c). \tag{3.11}$$

   Dabei ist $\lambda \in \mathbb{R}$ eine reelle Zahl; Addition von Bildern und die Multiplikation mit λ sind pixelweise gemeint.

3. *Assoziativität:* Ist g ein Bild und c, d zwei Masken, so gilt

$$(g * c) * d = g * (c * d). \tag{3.12}$$

Diese Art der Bildverarbeitung ist also wesentlich eine Anwendung der linearen Algebra. Dabei gehört zu jedem Pixel eine Vektor–Komponente; die „Matrix"–Schreibweise der Bilder und Masken hat also nichts mit den Matrizen im Sinne der linearen Algebra zu tun. Formuliert man die Faltung eines Bildes mit einer Maske algebraisch, so faßt man das Bild als $I \times J$-dimensionalen Vektor auf und konstruiert sich aus der Maske eine $(I \cdot J \times I \cdot J)$–Matrix. Diese Matrix ist dann allerdings hoch redundant, weil jede „Zeile" den selben Gewichtssatz enthält, jeweils nur um eine Stelle verschoben (sog. TOEPLITZ–Matrix). Eine Übersicht gibt Tabelle 3.2.

Tabelle 3.2: Faltungsoperationen und lineare Algebra

Lineare Algebra	**Bildverarbeitung**
Vektor	Bild, Maske; der Vektorraum ist $I \times J$–dimensional
lineare Abbildung	
a) „TOEPLITZ"–Matrix: $m_{i,j} = m_{p,q}$ falls $i - j = p - q$. Eine einzelne Zeile dieser Matrix entspricht unserem Faltungskern (erweitert um Nullen an den richtigen Stellen).	Faltung (Maske = Faltungskern)
b) Orthonormale (unitäre) Matrix (Koordinatentransformation)	Integraltransformation (z.B. FOURIER–Transformation)
c) beliebige Matrix	beliebige lineare Abbildung, z.B. ortsvariant.
Skalarprodukt	Korrelation

Kontinuierliche Faltung

Faßt man Bilder als kontinuierliche Grauwertgebirge auf, so geht die diskrete Faltung in eine kontinuierliche Operation über; aus Gl. 3.9 erhält man:

$$h(x,y) = \int \int c(x', y')g(x - x', y - y')dx'dy'. \tag{3.13}$$

Als Integrationsbereich wählt man die ganze Ebene, Bild und Maske werden außerhalb eines endlichen Bereichs null gesetzt. Die kontinuierliche Beschreibung ist eine Näherung für große Pixelzahlen. Sie ist mathematisch leichter zu handhaben als der diskrete Fall, da man hier die Ergebnisse der Funktionalanalysis anwenden kann. Leser, die nicht an den mathematischen Zusammenhängen interessiert sind, können den Rest dieses Abschnittes überspringen.

Neutrales Element (δ–Impuls). Im diskreten Fall kann man leicht eine Maske angeben, die das Bild unverändert läßt; es ist die einstellige Maske d mit dem einzigen von null verschiedenen Eintrag $d_{oo} = 1$. Sie ist das „neutrale Element" der diskreten Faltung. Im kontinuierlichen Fall findet man Näherungen an diese Maske z.B. in der Form

$$d_n(x, y) := \left\{ \begin{array}{ll} n & x^2 + y^2 < \frac{1}{n\pi} \\ 0 & sonst \end{array} \right. . \tag{3.14}$$

Es gilt $\int d_n(\vec{x})d\vec{x} = 1$ für alle $n \in \mathbb{N}$. Die Faltung mit d_n mittelt das Bild über Kreisscheiben der Fläche $1/n$. Läßt man n gegen unendlich gehen, so geht die Kreisscheibe in einen Punkt über und man hat

$$\lim_{n\to\infty} \int d_n(\vec{x}')g(\vec{x} - \vec{x}')d\vec{x}' = g(\vec{x}). \tag{3.15}$$

Nun kann man den Grenzwert nicht einfach unter das Integral ziehen, weil die Funktionenfolge d_n an der Stelle $\vec{x} = (0,0)$ nicht konvergiert. Anders gesagt ist das neutrale Element der kontinuierlichen Faltung keine Funktion im gewöhnlichen Sinn. Man bezeichnet es als DIRAC– oder δ–Impuls und schreibt $\delta(\vec{x})$. Anschaulich handelt es sich aber doch um eine Art Grenzwert der Folge d_n, d.h. es gilt $d(\vec{x}) = 0$ für alle $\vec{x} \neq (0,0)$ und

$$\int \delta(\vec{x})g(\vec{x})d\vec{x} = g(0,0). \tag{3.16}$$

In der Funktionalanalysis nennt man solche Objekte, die durch Integraldarstellungen linearer Abbildungen in Funktionenräumen definiert sind (die lineare Abbildung ist hier die Identität), die aber selbst keine Funktionen sind, Distributionen.

Die Eigenfunktionen der Faltung.   Zur Beschreibung linearer Abbildungen benutzt man häufig Eigenfunktionen, d.h. Funktionen, die durch die Abbildung bis auf die Multiplikation mit einem Faktor (dem Eigenwert) unverändert bleiben. Für die kontinuierliche Faltung haben die Sinus– und Kosinusfunktion eine derartige Eigenschaft: addiert man zwei Sinuswellen gleicher Frequenz, aber unterschiedlicher Phase und Amplitude, so entsteht wieder eine Sinuswelle der gleichen Frequenz. Diese Eigenschaft überträgt sich auch auf die Faltung, die ja nichts anderes als eine Summation ist. Faltet man also etwa eine Sinusfunktion mit einer beliebigen Maske, so erhält man wieder eine sinusförmige Funktion gleicher Frequenz, jedoch im allgemeinen mit anderer Amplitude und Phase. Um Amplitude und Phase im Sinne eines Eigenwertes als einen einzigen Faktor behandeln zu können, wählt man zweckmäßig die komplexe Beschreibung der Winkelfunktionen mit Hilfe der EULERschen Formel,

$$e^{i\varphi} = \cos\varphi + i\sin\varphi. \tag{3.17}$$

Dabei ist $i = \sqrt{-1}$ die komplexe Einheit. Setzt man nun die komplexe Exponentialfunktion $\exp\{i\omega x\}$ in die Faltungsgleichung ein, so hat man im eindimensionalen Fall:

$$\int c(x')\exp\{i\omega(x - x')\}dx' = \exp\{i\omega x\} \underbrace{\int c(x')\exp\{i\omega x'\}dx'}_{\tilde{c}(\omega)}. \tag{3.18}$$

Der gesuchte Eigenwert ist also $\tilde{c}(\omega)$.

Fourier–Transformation.   Der Eigenwert $\tilde{c}(\omega)$ in Gl. 3.18 ist eine komplexe Zahl, die von der Frequenz des Eingangsmusters abhängt. Bestimmt man diese Zahl für alle Frequenzen $\omega \in \mathbb{R}$, so erhält man eine komplexwertige Funktion einer reellen Variablen, die als FOURIER–Transformierte von c bezeichnet wird. Aufgrund der Orthogonalität der Winkelfunktionen,

$$\int \exp\{i\omega_1 x\}\exp\{i\omega_2 x\}dx = \delta(\omega_1 - \omega_2), \tag{3.19}$$

kann man zwei Zusammenhänge zeigen, die die Bedeutung der FOURIER–Transformation für die Theorie der Faltungsoperatoren begründen:

1. Jede (hinreichend) stetige Funktion kann eindeutig und umkehrbar durch ihre FOURIER–Transformierte dargestellt werden:

$$\text{hin:} \quad \tilde{g}(\omega) := \int g(x) \exp\{i\omega x\}dx, \qquad (3.20)$$

$$\text{rück:} \quad g(x) := \frac{1}{2\pi} \int \tilde{g}(\omega) \exp\{-i\omega x\}dx.$$

Realteil und Imaginärteil von $\tilde{g}$ bezeichnet man auch als FOURIER–Kosinus– bzw. FOURIER–Sinus–Transformierte. Anschaulich besagt Gl. 3.20, daß jede stetige Funktion als Summe von Sinus– und Kosinusfunktionen dargestellt werden kann.

2. (Faltungssatz.) Geht man von den Originalfunktionen zu den FOURIER–Transformierten über, so geht die Faltung in eine Multiplikation über:

$$(g * h)^\sim(\omega) = \tilde{g}(\omega)\ \tilde{h}(\omega). \qquad (3.21)$$

Aus diesem Satz folgen sofort die oben gemachten Bemerkungen über Kommutativität und Assoziativität der Faltung.

Zur Erweiterung der FOURIER–Transformation auf zwei oder n Dimensionen überlegt man sich zunächst, daß die Exponentialfunktion in diesem Fall die Form einer ebenen Welle,

$$\exp\{i(\omega_1 x_1 + ... + \omega_n x_n)\} = \exp\{i(\vec{\omega} \cdot \vec{\mathbf{x}})\}, \qquad (3.22)$$

annimmt. Der Term ωx im Exponenten von Gl. 3.20 wird also einfach durch das Skalarprodukt $(\vec{\omega} \cdot \vec{\mathbf{x}})$ ersetzt. Die FOURIER–Transformierte ist in diesem Fall eine komplexe Funktion von n reellen Variablen.

Aus dem Faltungssatz und der FOURIER–Darstellung der Bildfunktion ergibt sich die Interpretation der Faltung als eine *Filterung*. Verschwindet die FOURIER–Transformierte einer Maske etwa außerhalb eines Intervalls, so werden bei der Faltung alle Ortsfrequenzen außerhalb des Intervalls herausgefiltert, während die anderen erhalten bleiben. Glättende Masken sind in diesem Sinn Tiefpaßfilter, weil sie nur kleine (tiefe) Ortsfrequenzen durchlassen, während differenzierende Masken Hoch– oder Bandpässe sind.

Rezeptive Felder

Die Faltungsoperation liegt auch der Theorie des *rezeptiven Feldes* in der Neurobiologie zugrunde. Das rezeptive Feld ist zunächst eine Meßvorschrift, bei der man die Erregung eines Neurons betrachtet. Im allgemeinsten Fall bilden alle Reize, die zu einer Erregung dieses Neurons führen, sein rezeptives Feld. In eingangsnahen Stufen des visuellen Systems kann man nun rezeptive Felder durch den Ort auf der Retina oder im Gesichtsfeld definieren, an dem ein Reiz auftreten muß, um zu einer Erregung zu führen. Man nimmt dann noch einen Gewichtsfaktor hinzu, der die Stärke der

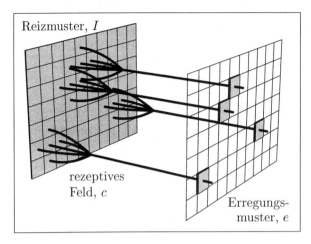

Abbildung 3.5: Faltung und rezeptive Felder in neuronalen Netzwerken. Jeder Punkt der Ausgangsschicht erhält Eingänge von den in der Maske c angegebenen Stellen, wobei die Eingänge mit den Faktoren c_{ij} gewichtet werden (Gl. 3.23). Die Maske entspricht also den Gewichten eines vorwärtsgekoppelten Netzwerkes. Sind die Gewichte für alle Zellen bis auf eine Verschiebung gleich, entsteht eine Faltung.

ausgelösten Erregung, oder, mit negativem Vorzeichen, die Stärke der Hemmung wiedergibt. Das rezeptive Feld ist dann eine Funktion, die den Punkten des Gesichtsfeldes diesen Gewichtsfaktor zuweist. Summiert die Zelle ihre Eingänge linear, so gilt:

$$e = \int \int c(x,y) I(x,y) dx dy. \tag{3.23}$$

Dabei ist e die Erregung der Zelle, $c(x,y)$ die Gewichtsfunktion des rezeptiven Feldes und $I(x,y)$ die Bildfunktion. In der Realität hängen rezeptive Felder immer auch von der Zeit ab.

Nimmt man nun an, daß eine neuronale Struktur (z.B. ein Areal des visuellen Cortex) viele Neurone enthält, deren rezeptive Felder durch Verschiebung auseinander hervorgehen, so geht Gl. 3.23 in eine Faltung über. Dies ist neurophysiologisch jedoch nur in erster Näherung richtig. Tatsächlich führen die variable Vergrößerung des Bildes in der retinotopen Abbildung (vgl. Abb. 3.4) sowie Spezialisierungen der neuronalen Verschaltung dazu, daß die rezeptiven Felder benachbarter Zellen verschieden sind. Die Bildverarbeitung wird dadurch ortsvariant (vgl. Mallot et al. 1990).

Abb. 3.5 illustriert die Analogie zwischen Maskenoperationen und rezeptiven Feldern. Die Verbindungen zwischen Eingangs– und Ausgangsschicht entsprechen dabei nicht unbedingt der wirklichen neuronalen Verschaltung, sondern geben den effektiven Signalfluß wieder. Die tatsächliche Verschaltung kann mehrstufig und rückgekoppelt sein, was zu komplexen orts–zeitlichen rezeptiven Feldern führt.

3.3.2 Morphologische Filter

Im letzten Abschnitt wurde Bildverarbeitung in Bildern mit kontinuierlichen Intensitätswerten betrachtet, wobei das Resultat der Verarbeitung als gewichtete Summe der Intensitätswerte eines Bereichs entsteht. Ein alternativer Zugang zur Bildverarbeitung geht von der Repräsentation von „0/1–Bildern" als Punktmengen aus. Diese

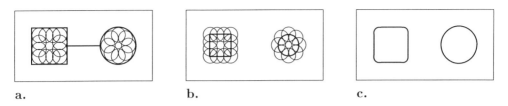

a. **b.** **c.**

Abbildung 3.6: Schematische Darstellung morphologischer Bildoperationen. **a.** Ausgangsbild aus einem Quadrat, einem Kreis und einer Linie. Die kreisförmige Maske B ist an einigen Stellen eingezeichnet, wo sie ganz innerhalb des Musters liegt. **b.** Erosion des Ausgangsbildes mit der Maske B. Die kleinen Kreise zeigen Positionen von B an, deren Referenzpunkt noch im Muster liegt. **c.** Die Einhüllende der kleinen Kreise aus Abb. b bildet die Öffnung des Ausgangsmusters mit der Kreisscheibe. Die Linie ist durch die Erosion verschwunden, das Viereck ist geglättet.

Betrachtungsweise führt in die sog. *mathematische Morphologie*, einer Disziplin, die der Mengenlehre und der Algebra nahesteht (vgl. Serra 1982, Haralick & Shapiro 1992, Heijmans 1995).

Wir betrachten hier nur einige einfache Beispiele. Es sei ein Bild durch eine Menge X gegeben, mit der Interpretation, daß X die Menge aller schwarzen Pixel ist:

$$\begin{aligned} X &:= \{\vec{x} = (x_i, y_j) | I(\vec{x}) = 0\}, \\ X^c &= \{\vec{x} = (x_i, y_j) | I(\vec{x}) = 1\}. \end{aligned} \qquad (3.24)$$

Die Grundmenge aller Pixel bezeichnen wir mit Ω. Man hat $\Omega = X \cup X^c$. Wir benötigen weiterhin eine Menge B, die eine ähnliche Funktion wie die Maske in den bisherigen Fällen hat. Wie dort wollen wir diese Maske über dem Bild verschieben können, um sie (ortsinvariant) überall in gleicher Weise anzuwenden. Die Verschiebung einer Menge wird dabei als die Verschiebung aller ihrer Elemente aufgefaßt. Weiterhin definieren wir zu B die „reflektierte Menge" $\check{B} := \{\vec{x} | -\vec{x} \in B\}$. Wir betrachten dann folgende Operationen:

Erosion. Hierbei geht das Ausgangsbild X in ein gefiltertes Bild $X \ominus B$ über, das nur noch die Punkte von X enthält, um die herum die ganze Maske B in X liegt:

$$X \ominus B := \{\vec{x} \in \Omega | \vec{x} + \vec{b} \in X \text{ für alle } \vec{b} \in B\}. \qquad (3.25)$$

Statt die Maske B an jedem Punkt anzulegen und ihr Enthaltensein in X zu überprüfen, kann man rechentechnisch schneller das Bild X um alle in B enthaltenen Vektoren verschieben und dann den Schnitt dieser verschobenen Versionen bestimmen.

Dilatation. Bei der Erosion der Menge X wird der „Hintergrund" X^c ausgedehnt. Analog definiert man die Erweiterung von X um B zu $X \oplus B$ als die Menge aller

Punkte, die von einem Punkt des Ausgangsbildes aus durch einen Punkt der Maske erreicht werden.

$$X \oplus B := \{\vec{y} \in \Omega | \vec{y} = \vec{x} + \vec{b} \text{ für irgendein } \vec{x} \in X \text{ und } \vec{b} \in B\}. \tag{3.26}$$

Wie bei der Erosion berechnet man die Dilatation zweckmäßig, indem man zunächst das Bild X um alle in B enthaltenen Vektoren verschiebt und dann die Vereinigung über alle diese Mengen bildet. Man kann also Erosion und Dilatation schnell aus dem gleichen Datensatz bestimmen, indem man einmal den Schnitt und das andere mal die Vereinigung der verschobenen Mengen bestimmt.

Wie bereits erwähnt, hängt die Erosion eines Bildes mit der Dilatation seines Komplements zusammen:

$$\begin{aligned} (X \ominus B)^c &= X^c \oplus \check{B}, \\ (X \oplus B)^c &= X^c \ominus \check{B}. \end{aligned} \tag{3.27}$$

Dabei ist $\check{B}$ die oben definierte reflektierte Menge.

Öffnung (Opening) und Schließung (Closing). Die Dilatation ist nicht die Umkehrung der Erosion; erodiert man mit einer Menge B (z.B. einem Kreis) und dilatiert das Ergebnis mit demselben Kreis, so erhält man eine Glättung des Umrisses von X. Diese Glättung ist von anderer Art als die in Abschnitt 3.3.1 besprochenen Faltungsoperationen, die das Grauwertgebirge glätten. Daraus ergeben sich natürlich auch Glättungen des Umrisses, d.h. einzelner Höhenlinien, jedoch ist die genaue Art dieser Glättung nur schwer zu durchschauen.

Diese Folge von Erosion und Dilatation heißt *Öffnung*:

$$X \circ B := (X \ominus B) \oplus B. \tag{3.28}$$

Analog definiert man die Schließung

$$X \bullet B := (X \oplus B) \ominus B. \tag{3.29}$$

Dilatation und Erosion bilden eine algebraische Struktur, die im Rahmen der mathematischen Morphologie untersucht wird. So gilt z.B. $(X \circ B)^c = X^c \bullet \check{B}$. Eine Illustration der morphologischen Filterung zeigt Abb. 3.6.

Das „Skelett" einer Figur. Als Beschreibung einer Figur X verwendet man zuweilen das sog. Skelett (vgl. Abb. 3.7). Wir betrachten zunächst die Öffnung der Figur mit einer kleinen Kreisscheibe. Wie in Abb. 3.6c gezeigt, werden dabei sozusagen die Ecken „weggeschliffen". Vereinigt man die mit aufeinanderfolgenden Größen der Maske weggeschliffenen Eckpunkte, so erhält man das Skelett oder die „mediale Achse" der Figur. Eine weitere Möglichkeit zur Definition des Skelettes verwendet die Idee maximaler Kreise. Legt man Kreisscheiben verschiedener Größe über die Figur, so gibt es Punkte, an denen eine Scheibe liegt, die in keiner anderen ganz in der Figur

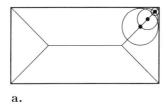
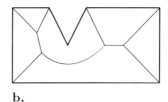

a.   **b.**

Abbildung 3.7: Skelett als Formbeschreibung. **a.** Die Mittelpunkte maximaler Kreisscheiben (d.h. solcher, die in keiner anderen Kreisscheibe in X ganz enthalten sind) bilden das Skelett einer Figur X. **b.** Kleine Änderungen der Figur können großen Einfluß auf das Skelett haben. Die Bestimmung des Skelettes sollte daher stets im Zusammenhang mit morphologischen Glättungsoperationen auf verschiedenen Auflösungsniveaus erfolgen.

liegenden Scheibe enthalten ist. Diese Kreisscheiben heißen maximal. Man kann zeigen, daß ihre Mittelpunkte gerade wieder die mediale Achse bilden (Abb. 3.7)a. Eine letzte, intuitiv besonders ansprechende Erklärung geben Duda & Hart (1973): Man denkt sich den Umriß des Musters als eine Linie in einer Grassteppe, entlang derer gleichzeitig Feuer gelegt wird. Die Stellen, an denen sich die Feuerfronten treffen und auslöschen bilden wiederum das Skelett. Wir geben hier keine formale Definition der medialen Achse, verschiedene Varianten finden sich z.B. in Serra 1982, Haralick & Shapiro 1992 sowie Rosenfeld & Kak 1982.

3.4   Auflösung

3.4.1   Psychophysik

Auflösungsvermögen und Sehschärfe hängen zunächst von den optischen Eigenschaften des abbildenden Systems ab, werden aber darüberhinaus auch von der Abtastung von Retina bzw. Kameratarget sowie von späteren Bildverarbeitungsoperationen beeinflußt. Das optische Auflösungsvermögen kann durch die Breite des Abbildes eines einzelnen Lichtpunktes („Beugungsscheibchen") beschrieben werden; es hängt vom Pupillendurchmesser und der Wellenlänge des Lichtes ab. Im menschlichen Auge liegt es in der Größenordnung von 30 Bogensekunden, was etwa dem fovealen Zapfenabstand entspricht.

Zur psychophysischen Messung des Auflösungsvermögens verwendet man eine Reihe verschiedener Testmuster, von denen einige in Abb. 3.8 gezeigt sind.

Kontrastempfindlichkeit

Modulationsübertragungsfunktion.   Wir betrachten einen sinusförmigen Intensitätsverlauf wie in Abb. 3.8a gezeigt. Man mißt die Auflösung, indem man für eine Wellenlänge λ den Kontrast bestimmt, bei dem das Sinusgitter eben noch wahrnehmbar ist. Dabei ist λ natürlich die Wellenlänge des Sinusgitters, nicht die des Lichtes.

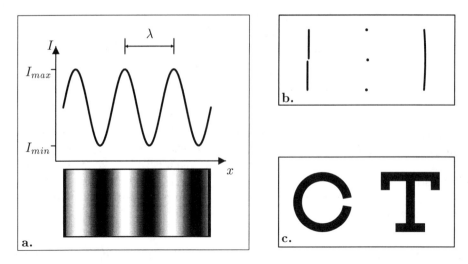

Abbildung 3.8: Verschiedene Typen von Testmustern für die Messung der Sehschärfe. **a.** Sinusgitter. **b.** Testmuster für Überauflösung: links Nonius, mitte Punktreihe, rechts Bogen. **c.** Testmuster für Formerkennung: links: LANDOLT–Ring, rechts SNELLEN–Buchstabe.

Der Kehrwert von λ ist die Ortsfrequenz des Musters; sie wird in Perioden pro Grad Sehwinkel (*cycles per degree, cpd*) gemessen. Den Kontrast definiert man als den Quotienten aus Summe und Differenz der extremalen Intensitätswerte:

$$\text{Kontrast} := \frac{I_{max} - I_{min}}{I_{max} + I_{min}}. \tag{3.30}$$

Man bezeichnet diese Größe genauer als Zweipunkt– oder MICHELSON–Kontrast. Es ist eine dimensionslose Größe, die Werte zwischen 0 und 1 annehmen kann. Ändert man die Beleuchtung eines Bildes, so bleibt der Kontrast konstant, da die Beleuchtung multiplikativ in die Intensitäten eingeht und sich daher aus dem Quotienten der Gl. 3.30 heraushebt. Als *Empfindlichkeit* bezeichnet man dann den Kehrwert des Schwellenkontrastes, d.h. des Kontrastes, bei dem das Muster in 75 % der Versuche richtig erkannt wird. Abb. 3.9 zeigt schematisch das Ergebnis eines solchen Versuches sowie eine einfache Demonstration der Frequenzabhängigkeit der Kontrastempfindlichkeit.

Die Kontrastempfindlichkeit ist also bei mittleren Ortsfrequenzen im Bereich von etwa 2-10 Perioden pro Grad Sehwinkel maximal und fällt für höhere Frequenzen steil ab. Sinusgitter mit Frequenzen von 60 Perioden pro Grad Sehwinkel werden garnicht mehr aufgelöst. Die Kurven in Abb. 3.9a bezeichnet man auch als Modulationsübertragungsfunktion (engl. *modulation transfer function*). Bei linearen Systemen entsprechen sie den FOURIER–Transformierten der aufnehmenden Masken.

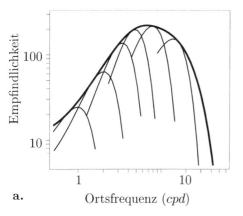

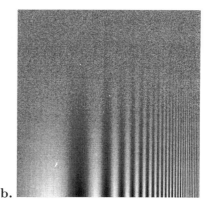

a. Ortsfrequenz (*cpd*)

b.

Abbildung 3.9: **a.** Einhüllende: Kontrastempfindlichkeit des menschlichen Auges als Funktion der Ortsfrequenz (*cpd*: *cycles per degree*, Perioden pro Grad Sehwinkel). Eine Empfindlichkeit von 100 bedeutet, daß der Kontrast an der Wahrnehmungs-schwelle 1/100 beträgt. Einzelkurven: Modulationsübertragungsfunktionen einzelner Ortsfrequenzkanäle. (Kombiniert nach De Valois & De Valois, 1988, und Wilson et al., 1983). **b.** Illustration der Kontrastempfindlichkeit. Das Bild zeigt einen Stimulus mit von links nach rechts zunehmender Ortsfrequenz und von unten nach oben abnehmen-dem Kontrast. Bei mittleren Ortsfrequenzen ist die sinusförmige Modulation noch für relativ niedrige Kontraste sichtbar; die Grenze, an der die Modulation sichtbar wird, zeichnet somit die einhüllende Kurve aus Abb. a nach. (Verändert nach Cornsweet, 1970).

Auflösungskanäle. Die in Abb. 3.9 dargestellte Kontrastempfindlichkeit ist nicht die Leistung eines einzigen Mechanismus. Vielmehr wird das Bild parallel in distinkten „Kanälen" aufgenommen, die jeweils auf bestimmte Orts-, Ortsfrequenz- und Zeitfrequenzbereiche spezialisiert sind. Sie sind in Abb. 3.9a unterhalb der Einhüllenden angedeutet. Die Existenz dieser Kanäle ist vor allem durch Adaptationsexperimente belegt. Adaptiert man das visuelle System durch das lange Betrachten eines Sinusgitters, so läßt die Empfindlichkeit für dieses Gitter nach. Wenn nun die Kontrastwahrnehmung auf nur einem Kanal beruhen würde, würde man erwarten, daß die Empfindlichkeit für alle anderen Ortsfrequenzen ebenfalls nachließe, da ein einziger Kanal ja nicht zwischen den verschiedenen Ortsfrequenzen unterscheiden könnte. Tatsächlich findet man aber lokalisierte Adaptationen, d.h. für Ortsfrequenzen in der Nähe der Adaptationsfrequenz läßt die Empfindlichkeit nach, während stärker abweichende Frequenzen unverändert erkannt werden (Blakemore & Campbell 1969).

Ein weiteres Experiment illustriert Abb. 3.10. Durch Adaptation wird nicht nur die Empfindlichkeit für ein Muster verändert, sondern auch die scheinbare Ortsfrequenz, mit der es wahrgenommen wird. Diese zunächst erstaunliche Beobachtung wird durch die Annahme paralleler Wahrnehmungskanäle mit unterschiedlicher Ortsfrequenzemp-findlichkeit ebenfalls erklärt (Abb. 3.11). Der Nachweis paralleler Ortsfrequenzkanäle

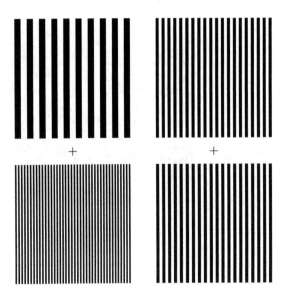

Abbildung 3.10: Demonstration des Ortfrequenzshifts nach Adaptation. Man schließt ein Auge und fixiert mit dem anderen das kleine Kreuz links für mindestens eine Minute. Blickt man dann auf den rechten Fixierpunkt, so scheinen die beiden Strichgitter auf der rechten Seite unterschiedliche Ortsfrequenzen zu haben. (Verändert nach Olzak & Thomas 1986).

in der menschlichen Wahrnehmung hat zur Entwicklung von ähnlichen Strategien in der Bildverarbeitung geführt, die weiter unten besprochen werden (Pyramiden, Auflösungsraum).

Mit der Kodierung der Kontrastinformation in parallelen Kanälen mit überlappenden Empfindlichkeiten begegnen wir zum ersten mal einem verbreiteten Prinzip neuronaler Informationsverarbeitung, nämlich der Populationskodierung. Einige grundsätzliche Überlegungen werden zusammen mit weiteren Beispielen in Kapitel 5 besprochen.

Überauflösung

Abb. 3.8b zeigt einige Muster, die ebenfalls zur Messung des Auflösungsvermögens verwendet werden. Man zeigt dabei die abgebildeten Versionen der Muster oder ihre Spiegelbilder und fragt die Versuchsperson, ob die obere Linie links oder rechts von der unteren ist (linkes Teilbild), ob der mittlere der drei Punkte links oder rechts von der Verbindungslinie der beiden äußeren liegt (mittleres Teilbild) oder in welche Richtung der Kreisbogen gekrümmt ist (rechtes Teilbild). In allen Fällen findet man Wahrnehmungsschwellen in der Größenordnung von 10 Bogensekunden oder weniger. Man nennt dieses Phänomen Überauflösung (engl. *hyperacuity*), weil eine solche Sehschärfe mit einem minimalen Rezeptorabstand von 30 Bogensekunden gar nicht möglich sein sollte (vgl. McKee et al. 1990). Die Erklärung liegt wohl darin, daß wegen der Abbildungsunschärfe jeweils viele Rezeptoren an der Aufnahme der Muster beteiligt sind. Betrachtet man das Verhältnis der Erregungen in zwei benachbarten Rezeptoren mit glockenförmiger, überlappender Eingangscharakteristik, so kann man tatsächlich Auflösungen unterhalb des Pixelrasters erzielen (Fahle & Poggio 1981). Auch die Überauflösung ist ein Beispiel für die Vorzüge der Populationskodierung.

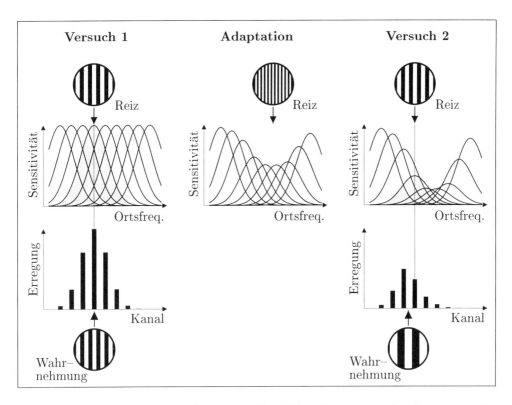

Abbildung 3.11: Populationskodierung bei der Wahrnehmung von Ortsfrequenzen. Im ersten Versuch werden die Kanäle nach Maßgabe ihrer Empfindlichkeiten erregt. Die wahrgenommene Frequenz, hier bestimmt als der Schwerpunkt der Erregungsverteilung über die Kanäle, ist gleich der Frequenz des Reizes. In der Adaptationsphase wird ein höherfrequenter Reiz gezeigt, der die Empfindlichkeiten der Kanäle selektiv vermindert. Zeigt man jetzt wieder das Ausgangsmuster (Versuch 2), so ist die Erregungsverteilung nach links verschoben und die wahrgenommene Ortsfrequenz vermindert. Der grau unterlegte Kanal ist der für den Reiz „zuständige". nach der Adaptation ist seine Empfindlichkeit für diesen Reiz jedoch geringer, als die des Nachbarkanals, der eine kleinere Frequenz signalisiert. (Verändert nach Braddick et al. 1978)

3.4.2 Auflösungspyramiden

Die Idee der parallelen Kanäle besagt, daß jeder Bildpunkt in verschiedenen Kanälen verarbeitet wird, die sich in Auflösung, Lokalisation und Zeitabhängigkeit unterscheiden. In der technischen Bildverarbeitung entspricht dem die Idee der *Pyramiden*, bei denen die unterschiedlichen Filteroperationen durch die iterierte Anwendung einer festen Maske (sowie ggf. nachfolgende Unterabtastung) erzeugt werden.

Sei $\{g_{ij}\} = \{g_{ij}^0\}$ das Ausgangsbild und $\{c_{mn}\}$ eine Maske. Wir bezeichnen dann als **Reduktion** von g^l auf g^{l+1} die Folge von Unterabtastung und Faltung (vgl. Burt

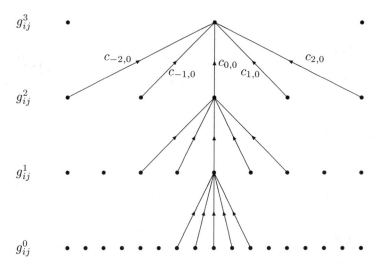

Abbildung 3.12: Datenflußdiagramm für die Berechnung einer Auflösungspyramide nach Gl. 3.31 nach Burt & Adelson (1983). Jede Reihe von Punkten repräsentiert Pixel in einer Ebene der Pyramide. Die Pixel in der untersten Ebene sind die Grauwerte des Bildes. Jeweils fünf Pixel einer Stufe werden gewichtet und gemittelt und bilden einen Bildpunkt in der nächsthöheren Stufe. Der Pixelabstand wächst von Ebene zu Ebene um den Faktor zwei, während der Kern der Glättungsmaske derselbe bleibt.

& Adelson 1983, Jähne 1993, Lindeberg 1994):

$$g_{ij}^{l+1} = \sum_{m=-M}^{M} \sum_{n=-N}^{N} c_{m,n} g_{2i-m,2j-n}^{l}. \tag{3.31}$$

Für ein Bild mit $2^L \times 2^L$ Pixeln erhält man also maximal $L+1$ Stufen. Eine Übersicht gibt Abb. 3.12.

Wir wählen für c eine Abtastung der zweidimensionalen GAUSS-Funktion

$$G_\sigma(x,y) = \frac{1}{2\pi\sigma^2} \exp\{-\frac{1}{2\sigma^2}(x^2 + y^2)\}. \tag{3.32}$$

Die GAUSS-Funktion hat die für diese Anwendung nützliche Eigenschaft, daß sie durch Faltung mit sich selbst wiederum eine GAUSS-Funktion erzeugt: $G_\sigma * G_\sigma = G_{\sqrt{2}\sigma}$. Man hätte daher die Pyramide auch ohne Iteration durch direkte Faltung mit $G_{\sqrt{2^l}\sigma}$ und anschließende l-fache Unterabtastung erzeugen können. Offensichtlich wäre dieses Vorgehen numerisch unbefriedigend.*

---

*Durch den *zentralen Grenzwertsatz* der Wahrscheinlichkeitsrechnung wird garantiert, daß wiederholte Faltungen mit einer nicht negativen Maske im Grenzfall durch die Faltung mit einer GAUSS–Kurve approximiert werden können. Wählt man also einen anderen Tiefpaß, so nähern sich die höheren Stufen der so gewonnenen Pyramide sukzessive denen der GAUSS–Pyramide an.

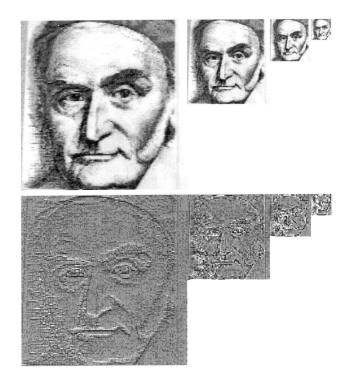

Abbildung 3.13: Vier Stufen der GAUSS–und LAPLACE–Pyramide. Die obere Reihe zeigt die tiefpaßgefilterten und unterabgetasteten Bilder $g^{0,0}$ bis $g^{3,0}$. Jede Stufe der LAPLACE–Pyramide (untere Reihe) ist die Differenz zwischen der entsprechenden und der um eins expandierten, nächst höheren Stufe der GAUSS–Pyramide, $g^{0,0} - g^{1,1}$ bis $g^{3,0} - g^{4,1}$ (nach Gillner et al. 1993).

Will man das Originalbild rekonstruieren, so muß man die Pyramidenstufen geeignet interpolieren. Wir bezeichnen die entsprechende Maske mit d. Da diese „Expansion" nicht die exakte Umkehrung der Reduktion ist, bezeichnen wir das Ergebnis der k-fachen Expansion von g^l mit $g^{l,k}$. Beachte $g^l = g^{l,0}$.

$$g_{ij}^{l,k+1} = \sum_{m=-M}^{M} \sum_{n=-N}^{N} d_{m,n} g_{(i-m)/2,(j-n)/2}^{l,k}. \tag{3.33}$$

Dabei werden nur solche Terme berücksichtigt, bei denen $(i-m)/2$ und $(j-n)/2$ ganze Zahlen sind. Die Bilder $g^{l,l}$ sind dann einfach unscharfe Varianten des Originalbildes g, bei der jeweiligen Ausgangsstufe $g^{l,0}$ ist diese Unschärfe durch Unterabtastung kompensiert.

LAPLACE–Pyramiden entstehen aus GAUSS–Pyramiden, indem man auf jedem Niveau l nur die Differenz $g^{l,0} - g^{l+1,1}$ speichert (Abb. 3.13). Ausgehend von dem gröbsten Niveau enthält jede Stufe also nur noch die durch bessere Bildauflösung hinzukommende Information. Das gleiche Bild erhält man, wenn man statt der GAUSS–Funktion mit der Differenzfunktion zweier GAUSS–Funktionen entsprechender Breite faltet (DoG–Filter; vgl. Gl. 4.18). Dies folgt aus der Distributivität der Faltungsoperation. Zur Namensgebung der LAPLACE–Pyramide vgl. Abschnitt 4.3.

Im kontinuierlichen Fall kann man mit funktionalanalytischen Methoden schärfere Anforderungen an die Expansions- und Reduktionsfunktionen formulieren. Die

Gesamtheit der in einer Pyramide verwendeten Expansions– und Reduktionsfunktionen definiert ein Basisfunktionensystem, mit dessen Hilfe das ursprüngliche Bild durch eine Reihe von Koeffizienten beschrieben werden kann. Wie bei der FOURIER–Entwicklung kann man nun fordern, daß das Basissystem vollständig und orthogonal sein soll. Diese Überlegung führt auf die sog. *Wavelet*–Entwicklung (vgl. Mallat 1989). Basisfunktionen sind dann selbstähnliche Familien von GABOR–Funktionen etwa der Form

$$\psi_{\omega,b}(x) = \frac{1}{\sqrt{\omega}} \exp\{-\frac{1}{2}\left(\frac{x-b}{\omega}\right)^2\} \exp\{-i\omega x\}. \tag{3.34}$$

Wegen der Vollständigkeit des Funktionensystems sind bei Verwendung von *Wavelets* vollständige Rekonstruktionen möglich.

Die (kontinuierliche) Gesamtheit aller tiefpaßgefilterten Varianten eines Bildes g bezeichnet man als den Auflösungsraum (*scale–space*) dieses Bildes; er wird im Zusammenhang mit der Kantendetektion in Kapitel 4 besprochen.

Kapitel 4

Kantendetektion

4.1 Bedeutung von Kanten

4.1.1 Beispiele

Kanten sind Orte im Bild, an denen sich die Intensitäten abrupt oder wenigstens „schnell" ändern. Aus Gründen, die im folgenden besprochen werden, spielen Kanten in der frühen Bildverarbeitung eine große Rolle. In diesem Kapitel soll neben der Kantendetektion selbst auch die Konstruktion von Bildverarbeitungsoperatoren für bestimmte Aufgaben illustriert werden.

Informationsgehalt. Die höchste örtliche Dichte von Information in Bildern tritt bei schneller Änderung der Intensität, d.h. an Kanten, auf (Srinivasan et al. 1982). Versucht man, den Grauwert eines Pixels aus seiner Umgebung vorherzusagen, so ist die beste Schätzung ein gewichteter Mittelwert der Nachbarpixel. Im Bereich von Kanten (insb. Konturkanten) weicht der Mittelwert von dem tatsächlichen Grauwert ab. Diese Stellen sind von besonderem Interesse. Zur Ableitung von Bildmerkmalen für die optimale Kodierung und Wiedergabe von Bildern aus der Bildstatistik vgl. Olshausen & Field (1996).

Neurophysiologie. Die meisten visuellen Neurone in den primären Arealen des visuellen Cortex der Säugetiere reagieren auf Intensitätssprünge oder Kanten einer bestimmten Orientierung, besonders wenn sich diese Kanten senkrecht zu ihrer Orientierung über das Bild bewegen („Orientierungsselektivität" Hubel & Wiesel 1962). Dieses Ergebnis der Hirnforschung ist wie kaum ein anderes in der technischen Bildverarbeitung aufgegriffen und zur Grundlage vieler Architekturen für das maschinelle Sehen gemacht worden. Einen neueren Überblick über die neurophysiologischen Befunde geben De Valois & De Valois (1988). Mathematische Modellierungen der Orientierungsselektivität cortikaler Neurone bauen auf der auf E. MACH zurückgehenden Theorie der lateralen Inhibition (Ratliff 1965) auf. Zur Modellierung verwendet man zumeist GAUSS–Funktionen (z.B. von Seelen 1970) oder, basierend auf weiteren neurophysiologischen Messungen, GABOR–Funktionen (z.B. Pollen & Ronner 1983).

Primal Sketch („Primäre Skizze"). Im Sinne der symbolischen Informationsverarbeitung ist man zuweilen daran interessiert, ein Bild durch eine Liste von sog. Bildmerkmalen (engl: *features*) zu beschreiben. Geeignete Bildmerkmale sind neben Kantenelementen z.B. Kreuzungs– und Verzweigungspunkte von Kanten, Enden von Konturen, Flecke etc. Marr (1976) definiert den *primal sketch* als eine Liste von Deklarationen, von denen jede ein solches Bildmerkmal beschreibt. Ein Eintrag in der Liste besteht also etwa aus folgenden Elementen: Merkmalstyp, Position, Kontrast, Schärfe, Orientierung. Je nach Merkmalstyp können noch weitere Charakteristika hinzukommen, z.B. die Krümmung einer Linie oder die möglichen räumlichen Interpretationen einer T–Verbindung zwischen zwei Kantenelementen (Verdeckung der endenden Kante durch die durchgehende). Merkmale sind robust gegen Rauschen und Wechsel der Beleuchtung.

Bildsegmentierung. Intensitätskanten treten bevorzugt an Objektgrenzen auf. Zusammen mit Diskontinuitäten anderer lokaler Charakteristika (Bewegung, Tiefe, Farbe etc.) können sie zur Einteilung des Bildes in Segmente benutzt werden, von denen man dann annimmt, daß sie die Abbilder separater Objekte darstellen. Hier geht also das Vorwissen ein, daß die Umwelt aus Objekten mit mehr oder weniger konstanter Reflektivität besteht, deren Bilder durch Kanten begrenzt sind. Auch hier ist die Robustheit der Kanten bei Änderungen der Beleuchtung von Bedeutung.

Das Verhältnis von Kantendetektion und Bildsegmentierung wird u.a. dadurch kompliziert, daß nicht alle Intensitätssprünge Grenzen von Objekten abbilden. Schwierige Fälle sind z.B. Schlagschatten, sowie Texturen oder „aufgezeichnete" Muster. Besonders instruktive Beispiele hierfür bieten die Tarnmuster vieler Tiere, die oft stärker wirken als die eigentliche Umrißlinie und damit die Form des Trägers im Untergrund geradezu „auflösen" (z.B. Metzger, 1975, Bild 109).

Interpretation von Bildintensitäten. Wie bereits besprochen, gilt für die Bildintensität die Beziehung „Bildintensität = Beleuchtung × Reflektivität", aus der man Beleuchtung und Reflektivität nicht ohne weiteres zurückgewinnen kann. Im allgemeinen hilft jedoch folgende Heuristik weiter:

Intensitätsverlauf		Interpretation
sehr flach	$\rightarrow$	Beleuchtungsvariation
steiler, aber noch kontinuierlich	$\rightarrow$	Krümmung (Schattierung), Glanzlichter
sehr steil, diskontinuierlich	$\rightarrow$	Objektgrenzen

Kanten können also für die Trennung der Einflüsse von Reflektivität und Beleuchtung auf die Bildintensitäten genutzt werden. Ein entsprechendes Verfahren wird in Kapitel 5 behandelt („Retinex–Theorie").

Abbildung 4.1: Beliebige eindimensionale Grauwertverläufe $I(r)$ kann man mit Hilfe rotierender schwarz-weißer Scheiben erzeugen. Man zeichnet dazu für jeden Radius r einen schwarzen Bogen der Länge $\varphi(r) = 2\pi I(r)$. Dreht man die Scheibe hinreichend schnell, so daß kein Flickern mehr sichtbar ist, so zeigt sie entlang ihrer Durchmesser den gewünschten Grauwertverlauf. Die Abbildung zeigt eine Scheibe mit einer unscharfen Sprungkante und einer scharfen Kontur.

Bild	Intensitätsprofil $I(x)$	gesehene Helligkeit

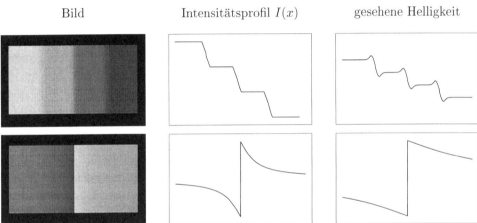

Abbildung 4.2: Laterale Wechselwirkungen in der Kontrastwahrnehmung. **Oben:** MACH–Bänder. Die Intensitätssprünge werden verstärkt wahrgenommen. **Unten:** CRAIK–O'BRIEN–CORNSWEET-Illusion. Die Helligkeit in den beiden Bildhälften erscheint gleichmäßiger als sie ist.

Psychophysik. In der Wahrnehmung von Helligkeiten spielen Nachbarschaftseffekte eine große Rolle. Generell werden Intensitätssprünge verstärkt, während geringfügige und vor allem langsame Intensitätsvariationen eher unterdrückt werden. Eine einfache technische Möglichkeit zur Erzeugung beliebiger eindimensionaler Grauwertverläufe ohne die Notwendigkeit zur Kalibrierung zeigt Abb. 4.1. Wir erwähnen zwei klassische Effekte aus diesem Bereich (vgl. Abb. 4.2).

1. MACH–Bänder: Neben nicht zu steilen Intensitätssprüngen sieht man helle und dunkle Seitenbänder, die den Kontrast der Kante verstärken. Solche Seitenbänder kann man durch laterale Inhibition erklären, d.h. durch Faltung des Intensitätsverlaufs mit Filterfunktion wie der Differenz zweier GAUSS-Funktionen, die den lokalen Mittelwert vom jeweiligen Intensitätswert abziehen (siehe unten, Gl. 4.18

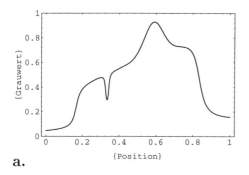
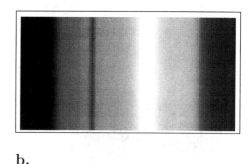

a. {Position}   **b.**

Abbildung 4.3: Grauwertverlauf mit verschiedenen Typen von Kanten (Sprungkante, Kontur, Glanzlicht, Sprungkante) und einem überlagerten Beleuchtungsgradienten (rechts heller). **a.** Intensitätsverlauf. **b.** Bild.

auf Seite 92). Dieser schon von MACH selbst vorgeschlagene Mechanismus erklärt aber nicht, warum die MACH–Bänder bei sehr steilen Sprungkanten schwächer sind als bei flacheren.

2. CRAIK–O'BRIEN–CORNSWEET–Illusion: Bei gleichem Kontrast sind steile Intensitätsänderungen besser sichtbar als flache. Im Extremfall erscheint der in Abb. 4.2 (unten) gezeigte Intensitätsverlauf wie eine Sprungkante zwischen zwei Flächen konstanter Helligkeit. Deutlicher sichtbar ist der Effekt, daß der linke Rand des Grauwertverlaufs dunkler erscheint als der rechte. Auch die CRAIK–O'BRIEN–CORNSWEET–Illusion kann zumindest teilweise durch laterale Inhibition erklärt werden.

Einen Überblick über die umfangreiche Literatur zu MACH–Bändern und verwandten Phänomenen gibt Pessoa (1996). Detaillierte Erklärungsversuche für die Helligkeitswahrnehmung benutzen mehrere Verarbeitungsschichten, die neben lateraler Inhibition noch andere, nicht–lineare Operationen ausführen (vgl. Neumann 1996).

Ein weiteres psychophysisches Argument für die Bedeutung von Kanten in der Wahrnehmung sind die subjektiven Konturen, die in Kapitel 1 schon kurz vorgestellt wurden. Sie zeigen, daß Kanten nicht nur Orte schneller Intensitätsänderungen sind, sondern auch durch den Zusammenschluß von Bildregionen in der Wahrnehmungsorganisation entstehen können. Sie sind damit nicht nur Ursache, sondern zuweilen auch Folge der Bildsegmentierung.

4.1.2 Formalisierung

Intensitätssprünge sind mehr oder weniger gestörte Abbilder von Objektgrenzen und Konturen in der Außenwelt. Die Rekonstruktion insbesondere der Objektgrenzen ist daher ein Problem der „inversen Optik", das im allgemeinen nicht vollständig lösbar ist. Im Fall der Kantendetektion wird die Umkehrung der optischen Abbildung vor allem durch statistische Störungen erschwert, die dem Intensitätsprofil überlagert sind. Differentiation als Kantendetektion wird dadurch problematisch. Wir betrachten zunächst nur eindimensionale Grauwertverläufe. Verschiedene Typen von Kanten für diesen Fall zeigt die Abb. 4.3.

Ein guter Kantendetektor sollte folgenden Anforderungen genügen (Canny 1986):

- Detektionsgüte: Geringe Fehlerwahrscheinlichkeiten für irrtümliche Detektion und Übersehen von Kanten. Dies ist äquivalent zu der Forderung nach einem hohen Signal-zu-Rausch Verhältnis am Ausgang des Detektors.

- Lokalisation: Das Maximum des Detektorausgangs soll an der Position der Kante auftreten.

- Eindeutigkeit: Es soll nur eine Antwort pro tatsächlich vorhandener Kante erzeugt werden. Dies folgt z.T. aus der Detektionsgüte.

Eine weitere Anforderung könnte etwa die sein, daß die zweidimensional detektierten Kantenelemente zu zusammenhängenden Konturen verbunden werden können. Dies fordert man jedoch normalerweise nicht von einem Kantendetektor, sondern verlagert das Problem in die Bildsegmentierung.

Im allgemeinen sind die o.a. Anforderungen nicht ideal zu erfüllen; für ein gegebenes Bild gibt es daher immer mehrere Möglichkeiten, Kanten zu definieren. Man kann dieses Problem entweder ignorieren (und dann alle Kandidaten für Kanten erhalten), oder durch sog. „Regularisierungen" eindeutige Lösungen erzwingen. Unter der Regularisierung eines Problems versteht man dabei die Formulierung einer plausiblen Zusatzbedingung, die einen Teil der ohne sie möglichen Lösungen ausschließt. Ansätze zur Konstruktion von Kantendetektoren lassen sich dann folgendermaßen zusammenfassen:

1. *Differenzierung:* Bei der örtlichen Differenzierung eines eindimensionalen Grauwertverlaufs entsprechen Sprungkanten scharfen Minima oder Maxima der ersten Ableitung, oder Nullstellen der zweiten Ableitung (Wendepunkte). Konturkanten entsprechen Extrema der Bildfunktion oder ihrer zweiten Ableitung. Im zweidimensionalen Fall werden kompliziertere (auch nichtlineare) Kombinationen der partiellen Ableitungen I_x und I_y verwendet, die in Abschnitt 4.3 besprochen werden.

2. *Regularisierung durch Rauschunterdrückung:* Eindeutige Lösungen für die Kantendetektion in verrauschten Bildern kann man durch vorhergehende Rauschunterdrückung erzielen; die nachfolgende Operation ist dann wieder die Differentiation. Die resultierenden Operatoren unterscheiden sich etwas von denen der einfachen Differentiation (vgl. Marr & Hildreth 1980, Torre & Poggio 1986).

3. *Regularisierung durch Minimierung des Fehlers:* Canny (1986) formalisiert die o.a. Anforderungen zu einer Kostenfunktion, die man dann für gegebene Kantenverläufe durch Variation der Filtermaske minimieren kann. Die resultierenden Operatoren (numerische Ergebnisse) gleichen den nach (2) gefunden.

Wir betrachten hier nur die beiden ersten Ansätze.

4.2   Kantendetektion in einer Dimension

4.2.1   Differentiation

Abb. 4.4 zeigt den Zusammenhang zwischen Kanten und den Nullstellen („zerocrossings") der zweiten Ableitung eines eindimensionalen Grauwertverlaufs. Es handelt sich im Prinzip um eine Kurvendiskussion im Sinne der elementaren Analysis. Stufenkanten sind Wendepunkte des Grauwertverlaufs, d.h. Stellen, an denen die Kurve von einer Linkskurve in eine Rechtskurve übergeht. Solche Wendepunkte sind durch das Verschwinden der zweiten Ableitung charakterisiert, wenn gleichzeitig die dritte Ableitung von Null verschieden ist. Diese Zusatzbedingung ($I''' \neq 0$) ist wichtig: wie aus Abb. 4.4 ersichtlich, gibt es Nullstellen der zweiten Ableitung, die keiner Kante entsprechen. Es handelt sich dabei um Wendepunkte, bei denen die Änderung der zweiten Ableitung nur sehr langsam erfolgt und die dritte Ableitung somit nahe null ist.

Konturen verhalten sich wie zwei nahe beieinander liegende Spungkanten mit unterschiedlichem Vorzeichen. Sie sind durch das Verschwinden der ersten Ableitung bei gleichzeitig großer zweiter Ableitung charakterisiert.

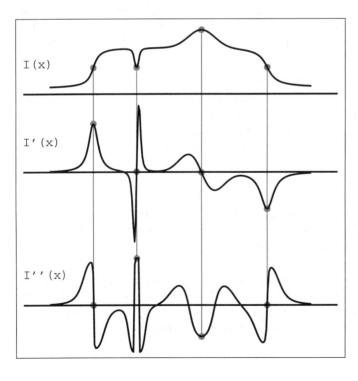

Abbildung 4.4: Grauwertverlauf und erste und zweite Ableitung (wie Abb. 4.3 jedoch mit gleichmäßiger Beleuchtung). Stufenförmige Kanten können am Wendepunkt der Stufe ($I'' = 0$) lokalisiert werden; Konturen führen zu zwei Nullstellen der zweiten Ableitung.

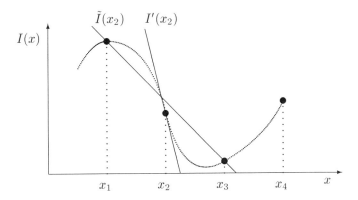

Abbildung 4.5: Zur Bestimmung der Ableitung abgetasteter Funktionen. Die „wirkliche" Tangente $I'(x_2)$ kann aus den Stützstellen allein nicht bestimmt werden. Ein möglicher Schätzer ist $\tilde{I}(x_2)$, der der Sekante durch $(x_1, I(x_1))$ und $(x_3, I(x_3))$ entspricht. Dieser Schätzer hängt vom Funktionswert an der Position x_2 überhaupt nicht ab.

Numerische Differentiation

Wir wollen nun lineare Operatoren (Masken) für die näherungsweise Differentiation des abgetasteten Bildes konstruieren. Es handelt sich dabei um das Problem der numerischen Differentiation, das in den Lehrbüchern der numerischen Mathematik (z.B. Press et al. 1986, Stoer 1989) ausführlich behandelt wird.

Wir definieren wie üblich die eindimensionale Ableitung der Bildfunktion $I(x)$ durch

$$I'(x) = \lim_{h \to 0} \frac{I(x + h) - I(x - h)}{2h}. \tag{4.1}$$

Der Grenzübergang für $h \to 0$ kann nun aber nicht durchgeführt werden, weil I wegen der Abtastung des Bildes nur an diskreten Pixeln bekannt ist. Wir setzen den Pixelabstand zu 1 und nehmen weiterhin an, daß x eine ganze Zahl ist. Eine naheliegende Näherung für $I'(x)$ erhält man für $h = 1$:

$$\tilde{I}(x) = \frac{1}{2}(I(x + 1) - I(x - 1)). \tag{4.2}$$

Abb. 4.5 zeigt ein Beispiel für die Ableitung I' einer Funktion und die Näherung $\tilde{I}$. Offensichtlich gibt es viele differenzierbare Funktionen I, die durch die beiden Stützstellen verlaufen, die aber unterschiedliche Ableitungen in x_2 haben. Die Näherung $\tilde{I}(x_2)$ ist jedoch für alle solche Kurven gleich. Nimmt man an, daß I hinreichend glatt (z.B. einige Male stetig differenzierbar) ist, so kann man bessere Näherungen konstruieren, indem man weiter entfernte Stützstellen berücksichtigt.

Polynom–Interpolation

Man konstruiert einen besseren Schätzer für I, indem man eine glatte Kurve durch eine Anzahl von Stützstellen legt. Diese Interpolationskurve ist dann analytisch bekannt, und kann exakt differenziert werden.

Wir wählen als Interpolationsfunktionen Polynome und erinnern an ein wichtiges Ergebnis aus der Analysis: Die Interpolation $n+1$ paarweise verschiedener Stützstellen mit einen Polynom n-ten Grades (d.h. einer Funktion der Form $p(x) = \sum_{i=0}^{n} a_i x^i$) ist eindeutig bestimmt, d.h. es gibt keine zwei verschiedenen Polynome, die als höchste Potenz x^n enthalten, und durch alle Stützstellen verlaufen. Wir beweisen diese Aussage in zwei Schritten:

a. *Wenn zwei Polynome p, q überall gleich sind ($p(x) \equiv q(x)$), so sind sie vom gleichen Grad und alle ihre Koeffizienten sind gleich.* Seien hierzu

$$p(x) := \sum_{i=0}^{n} a_i x^i, \quad q(x) = \sum_{i=0}^{m} b_i x^i \qquad (4.3)$$

zwei Polynome vom Grad n, bzw. m (d.h. $a_n \neq 0$, $b_m \neq 0$). Da sie überall übereinstimmen, müssen auch alle ihre Ableitungen gleich sein, $p^{(j)} \equiv q^{(j)}$ für alle $j \in \mathbb{N}_0$. Wir berechnen die j–te Ableitung von p an der Stelle $x = 0$:

$$p^{(j)}(x) = \sum_{i=j}^{n} a_i \frac{i!}{(i-j)!} x^{i-j} \quad \text{und} \quad p^{(j)}(0) = j! a_j. \qquad (4.4)$$

Berechnet man analog die j–te Ableitung von q, so folgt wegen der Gleichheit der Ableitungen an der Stelle $x = 0$ sofort $j! a_j = j! b_j$ und weiter $a_j = b_j$ für alle $j \geq 0$. Damit ist der erste Teil der Behauptung gezeigt.

b. *Stimmen zwei Polynome vom höchsten Grade n auf $n + 1$ Punkten überein, so sind sie identisch.*
In diesem Fall hat das Differenzpolynom $r(x) := p(x) - q(x)$ mindestens $n + 1$ Nullstellen. Nun kann der Grad von r ebenfalls höchstens n betragen, d.h. r kann keine höheren Potenzen von x enthalten, als p und q. Nach dem Fundamentalsatz der Algebra verschwindet ein Polynom n–ten Grades mit $n + 1$ Nullstellen identisch; man hat also $r = p - q \equiv 0$ und damit wie behauptet $p \equiv q$. Da wir in (a) bereits gezeigt hatten, daß identische Polynome die gleichen Koeffizienten haben müssen, ist damit die Eindeutigkeit gezeigt.

Im allgemeinen erhält man die Koeffizienten eines Interpolationspolynoms mit den $n + 1$ Stützstellen $(x_0, I(x_0)), ..., (x_n, I(x_n))$ aus der Formel von LAGRANGE,

$$p_n(x) = \sum_{i=0}^{n} I(x_i) \frac{(x - x_0) \ldots (x - x_{i-1})(x - x_{i+1}) \ldots (x - x_n)}{(x_i - x_0) \ldots (x_i - x_{i-1})(x_i - x_{i+1}) \ldots (x_i - x_n)}. \qquad (4.5)$$

Dieses Polynom ist maximal vom Grad n. Wir werden diese Formel jedoch nicht anwenden, sondern die Bestimmungsgleichungen für ein einfaches Beispiel elementar lösen.

Beispiel

Wir betrachten die Bildfunktion I an fünf äquidistanten Stützstellen $(-2, -1, 0, 1, 2)$ und legen das Koordinatensystem so, daß $I(0) = 0$ gilt. Durch die Stützstellen legen wir ein Polynom vierten Grades

$$p(x) = ax + bx^2 + cx^3 + dx^4.$$

Wegen der Wahl des Koordinatensystems ist $p(0) = 0$, so daß nur vier Koeffizienten zu bestimmen sind. Ist das Polynom p bekannt, so ist der Koeffizient a die geschätzte Ableitung:

$$
\begin{aligned}
p'(x) &= a + 2bx + 3cx^2 + 4dx^3 \\
p'(0) &= a.
\end{aligned}
$$

Wir betrachten zwei Fälle:

1. Interpolation von drei Stützstellen durch eine Parabel ($c = d = 0$)
2. Interpolation von fünf Stützstellen durch ein Polynom 4-ten Grades

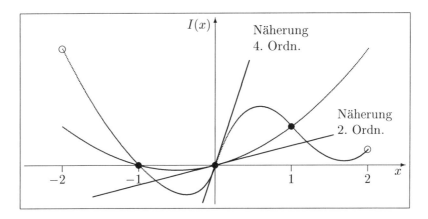

Abbildung 4.6: Zur näherungsweisen Bestimmung von Ableitungen abgetaster Funktionen. Bei der Verwendung von 3 Stützstellen (•) erhält man als Interpolation eine Parabel 2. Grades und daraus die flachere Tangente. Verwendet man 5 Stützstellen (• und ∘), so erhält man eine Parabel 4. Grades und daraus eine andere, im gezeigten Fall steilere Tangente.

Fall 1: Man hat $c = d = 0$ und betrachtet lediglich die Stützstellen $I(1), I(0)$, und $I(-1)$. Durch Einsetzen in die Definitionsgleichung des Polynoms erhält man die Bestimmungsgleichungen

$$
\left.
\begin{aligned}
I(-1) &= p(-1) = -a + b \\
I(1) &= p(1) = a + b
\end{aligned}
\right\}
\;\Rightarrow\; a = \frac{1}{2}(I(1) - I(-1)). \qquad (4.6)
$$

Dies ist die geratene Näherung aus Gleichung 4.2. Die zugehörige Maske hat die Form $\boxed{-\frac{1}{2}\;\big|\;0\;\big|\;\frac{1}{2}}$.

Fall 2: Hier müssen wir ein System aus vier Gleichungen nach a auflösen. Wir beginnen zunächst mit den Stützstellen $x = \pm 1$

$$\left.\begin{array}{rcccccccccc} I(-1) & = & p(-1) & = & -a & + & b & - & c & + & d \\ I(1) & = & p(1) & = & a & + & b & + & c & + & d \end{array}\right\} \quad (4.7)$$

$$\Rightarrow \quad I(1) - I(-1) = 2a + 2c.$$

Aus den Gleichungen für $x = \pm 2$ können wir nun ebenfalls die Unbekannten b und d eliminieren:

$$\left.\begin{array}{rcccccccccc} I(-2) & = & p(-2) & = & -2a & + & 4b & - & 8c & + & 16d \\ I(2) & = & p(2) & = & 2a & + & 4b & + & 8c & + & 16d \end{array}\right\} \quad (4.8)$$

$$\Rightarrow \quad I(2) - I(-2) = 4a + 16c.$$

Man eliminiert nun c aus den beiden Zwischenergebnissen (Gl. 4.7, Gl. 4.8) und erhält

$$(I(2) - I(-2)) - 8(I(1) - I(-1)) = 4a - 16a = -12a$$

$$a = \frac{2}{3}(I(1) - I(-1)) - \frac{1}{12}(I(2) - I(-2)).$$

In diesem Fall erhält man also die fünfstellige Maske $\boxed{\frac{1}{12}\;\big|\;-\frac{2}{3}\;\big|\;0\;\big|\;\frac{2}{3}\;\big|\;-\frac{1}{12}}$.

Zusammenfassung

Numerische Näherungen für die Ableitung hängen linear von den Werten der Bildfunktion an den benachbarten Bildpunkten ab. Im Detail ergibt sich die Maske aus Annahmen über den „wirklichen" Funktionsverlauf zwischen den Abtastpunkten. Mögliche Interpolationen sind:

1. Abschnitte von Polynomen n-ten Grades, die durch jeweils $\frac{n}{2}$ Punkte vor und hinter dem Punkt hindurch laufen, dessen Ableitung bestimmt werden soll. Dies ist das oben gezeigte Beispiel. Interpolationen mit Polynomen von Grad vier oder höher sind zu vermeiden, da die Interpolationen zwischen den Stützstellen dann zu starker Oszillation neigen. Dies erkennt man sofort, wenn man eine Funktion interpoliert, die an allen Stützstellen den gleichen Wert annimmt.

2. Abschnitte von Polynomen dritten Grades, die jeweils durch zwei Stützpunkte verlaufen und mit gleicher erster und zweiter Ableitung aneinander anschließen (zweifach stetig differenzierbar). Diese sog. *kubischen Splines* minimieren die Krümmung $\int (f''(x))^2 dx$ der Interpolationsfunktion. Zu ihrer Berechnung benötigt man Masken mit unendlicher Reichweite, da sich wegen der geforderten Glattheit Änderungen an einer Stützstelle über die gesamte Interpolation fortpflanzen können.

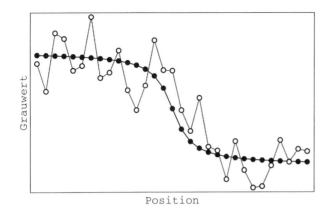

Abbildung 4.7: Grauwertverlauf mit Stufenkante. Gefüllte Kreise: ohne Rauschen, offene Kreise: mit additivem normalverteiltem Rauschen. Das Rauschen verändert auch die geschätzte Sprunghöhe und Position der Kante. Es wirkt sich auf die Ableitung stärker aus als auf das Originalbild.

3. Ausgleichende Splines sind keine Interpolationen im eigentlichen Sinn, da sie nicht notwendigerweise durch die Stützpunkte verlaufen, sondern diese nur annähern. Sind etwa alle Stützstellen gleich zuverlässig, so minimiert der ausgleichende Spline das Funktional

$$E_\lambda(f) = \lambda \sum_i (I(x_i) - f(x_i))^2 + (1 - \lambda) \int (f''(x))^2 dx.$$

Der Parameter $\lambda \in [0,1]$ reguliert dabei das Verhältnis von Datentreue und Glattheit.

4. Schließlich sei darauf hingewiesen, daß auch andere Funktionen, z.B. trigonometrische, als Basis einer Interpolation gewählt werden können.

In allen diesen Fällen kann die Kantenverstärkung und –detektion durch eine lineare Faltungsoperation realisiert werden. Allerdings hängt bei der Spline-Interpolation die Steigung eines Punktes von allen anderen Stützstellen ab, so daß die Maske über das ganze Bild reichen müßte. Einen Ausweg aus dieser Situation bietet unter Umständen die Verwendung von rückgekoppelten (rekursiven) Filtern.

4.2.2 Kantendetektion in verrauschten Bildern

Wir betrachten einen eindimensionalen Grauwertverlauf I_x, der äquidistant an den Stützstellen x abgetastet sei. Jedem Pixel sei eine statistische Störung n_x additiv überlagert, von der wir annehmen, daß ihr Erwartungswert verschwindet und daß sie an jedem Pixel unabhängig von den Nachbarpixeln auftritt (vgl. Abb. 4.7). Das Verhältnis zwischen der mittleren Bildintensität und der Streuung des Rauschprozesses bezeichnet man als Signal–zu–Rausch Verhältnis.

Differenziert man nun das Bild, so wird der Mittelwert des Signals, d.h. der abgeleiteten Bildfunktion in etwa verschwinden. Für allgemeine Masken c wird der Erwartungswert der gefilterten Bildfunktion mit dem Faktor $\sum_i c_i$ multipliziert, der im Fall unserer Ableitungsmasken aus dem obigen Beispiel 0 wird. Das Rauschen tritt aber an benachbarten Pixeln unabhängig auf und wird daher durch Differenzbildung genausooft verstärkt wie vermindert. Man kann zeigen, daß die Varianz des Rauschens durch die Faltung mit einer Maske c mit dem Faktor $\sum_i c_i^2$ multipliziert wird. Insgesamt verändert sich das Signal–zu–Rausch Verhältnis durch die Filterung mit der Maske c also um den Faktor

$$\frac{\sum_i c_i}{\sqrt{\sum_i c_i^2}}. \tag{4.9}$$

Im Fall der Ableitung wird daher das Verhältnis von Signal zu Rauschen verschlechtert. Mit dem gleichen Argument kann man zeigen, daß lokale Mittelungen, etwa mit Masken, deren Koeffizienten alle positiv und kleiner als 1 sind, das Signal–zu–Rausch Verhältnis verbessern.

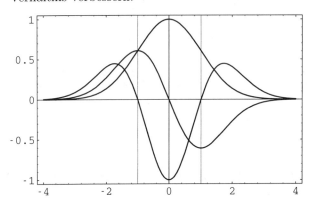

Abbildung 4.8: Eindimensionale Profile der GAUSSschen Glockenkurve $f(x) := \exp\{-x^2/2\}$ und ihrer ersten und zweiten Ableitung. Die zweite Ableitung kann durch die Differenz zweier Glockenkurven mit unterschiedlicher Breite approximiert werden.

Glättung plus Ableitung

Einen Ausweg aus diesem Problem bietet die Rauschunterdrückung vor der Berechnung der Ableitung. Dies könnte z.B. mit Hilfe von ausgleichenden Splines geschehen, doch führt dies, wie bereits erwähnt, zu unendlich ausgedehnten Masken. Eine andere Möglichkeit ist die lokale Mittelung (Tiefpaßfilterung) des Bildes: wie bereits erwähnt, unterdrückt die örtliche Mittelung das Rauschen, während das Signal I nur wenig verändert wird. Wie bei der GAUSS-Pyramide verwendet man als Maske eine (Abtastung der) GAUSS-Kurve

$$G_\sigma(x,y) := \frac{1}{2\pi\sigma^2} \exp\left\{-\frac{1}{2\sigma^2}(x^2+y^2)\right\}. \tag{4.10}$$

Die Mittelung erfolgt also über ein mit G_σ gewichtetes Fenster.

Faltung und Differentiation sind lineare translationsinvariante Operationen, für die Assoziativ- und Kommutativgesetze gelten. Man kann daher die Glättung und die Differentiation zu einem Schritt zusammenfassen. Wir zeigen diesen Zusammenhang für den eindimensionalen Fall. Gesucht ist die Ableitung des Faltungsproduktes

$$(I * G_\sigma)'(x) = \frac{d}{dx} \int I(x')G_\sigma(x-x')dx'. \tag{4.11}$$

Wenn das Integral existiert, kann man die Differentiation in das Integral hineinziehen und erhält:

$$(I(x) * G_\sigma(x))' = \int I(x')G'_\sigma(x - x')dx' = (I * G'_\sigma)(x). \qquad (4.12)$$

Schematisch ergibt sich folgende Situation:

$$\overbrace{\text{gestörtes Bild} * \text{GAUSS-Kurve}}^{\text{geglättetes Bild}} * \text{Differentiation} =$$

$$\text{gestörtes Bild} * \underbrace{\text{GAUSS-Kurve} * \text{Differentiation}}_{\text{Ableitung der GAUSS-Kurve}}.$$

Dieses Argument läßt sich auch auf mehrfache Ableitungen übertragen. Dies führt auf eine neue Klasse von Masken, die sich aus der GAUSSschen Glockenkurve und ihren Ableitungen ergeben (Abb. 4.8).

Der Auflösungsraum

Die ursprüngliche Annahme, daß die Tiefpaßfilterung das Rauschen unterdrückt und das eigentliche Bild unverändert läßt, stimmt natürlich nur näherungsweise. Je größer

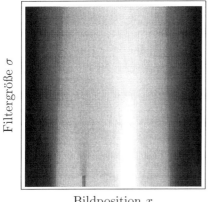
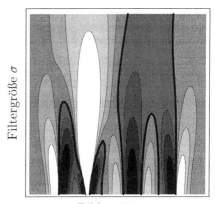

Abbildung 4.9: Auflösungsraum. **a.** Grauwertbild des Kantenverlaufs aus Abb. 4.3 nach Tiefpaßfilterung mit verschiedener Filtergröße σ. Die unterste Zeile des Bildes zeigt den originalen Verlauf ohne Tiefpaßfilterung. **b.** Konturlinien und Werte der zweiten Ableitung des Grauwertverlaufs. Dunkle Grauwerte entsprechen negativen Werten der zweiten Ableitung, helle positiven. Die fett gezeichnete Konturlinie zeigt Orte mit verschwindender zweiter Ableitung (*„zerocrossings"*). Von den acht Nullstellen in der höchsten Auflösungsstufe (unterste Bildzeile; vgl. auch Abb. 4.4) bleiben bei stärkerer Glättung immer weniger übrig.

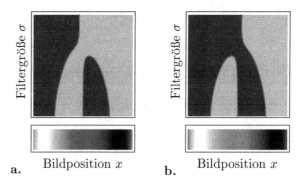

Abbildung 4.10: Verlauf der Nullstellenlinien im Auflösungsraum. Gezeigt ist jeweils unten der Grauwertverlauf $I(x) = x^5/20 \pm x^4/240 - x^3/6$, wobei in **a.** das positive Vorzeichen angenommen wird. Die zunächst drei Nullstellen bei $\sigma = 0$ verschmelzen bei zunehmender Glättung zu einer. Welche der ursprünglichen Nullstellen dabei mit der einen verbleibenden verbunden wird, hängt von sehr kleinen Grauwertunterschieden und damit vom Rauschen ab.

der Integrationsbereich, d.h. die Konstante σ gewählt wird, umso stärker wird auch das Bild verändert. Man bezeichnet die Funktion

$$I(\vec{x}; \sigma) := (G_\sigma * I)(\vec{x}) \tag{4.13}$$

als Auflösungsraum oder „*scale-space*" des Bildes I, die Variable σ heißt dementsprechend „*scale*". Der Auflösungsraum ist der GAUSS–Pyramide (Abs. 3.4.2) eng verwandt. Er unterscheidet sich von ihr dadurch, daß die Auflösung σ kontinuierlich vorliegt und beim Übergang zwischen verschiedenen Auflösungsniveaus keine Unterabtastung vorgenommen wird.

Als Schätzer für die Nullstellen der Ableitungen des Intensitätsverlaufes verwendet man also die Filterung mit der entsprechenden Ableitung der GAUSS–Kurve. Trägt man die Nullstellen von G_σ'' im Auflösungsraum auf, so entstehen Linien, die die Fehllokalisation und die Verschmelzung von Kantenelementen beim Übergang zwischen verschiedenen Auflösungsniveaus zeigen (vgl. Yuille & Poggio 1986). Ein Beispiel zeigt Abb. 4.9b. Die Verschmelzung der Nullstellenlinien mit zunehmender Glättung findet nun nicht einfach so statt, daß die kontrastreichsten Kanten erhalten bleiben, während die schwächeren verschwinden. Abb. 4.10 zeigt eine „Bifurkation", bei der durch minimale Änderungen des Grauwertverlaufs der Zusammenhang der Nullstellenlinien im Auflösungsraum beeinflußt wird. Nutzt man in einem solchen Fall den Auflösungsraum in Sinne einer grob–zu–fein Strategie, so sind die Ergebnisse stark rauschanfällig. Zur Theorie des Auflösungsraums vgl. Lindeberg (1994).

4.2.3 Konturen und Sprünge: „Kantenenergie"

Bisher haben wir uns mit der Frage beschäftigt, wie man in abgetasteten und verrauschten Grauwertbildern Ableitungen des Grauwertgebirges schätzen kann. In Zu-

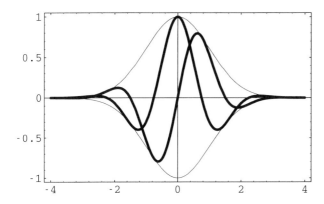

Abbildung 4.11: Eindimensionale GABOR–Funktionen mit $\omega = 1/3$ und $\sigma = 1$. Die gerade (spiegelsymmetrische) Funktion ist die Kosinus–GABOR–Funktion, die ungerade (punktsymmetrische) Funktionen ist die Sinus–GABOR–Funktion. Die dünnen Linien zeigen die einhüllende GAUSS–Kurve.

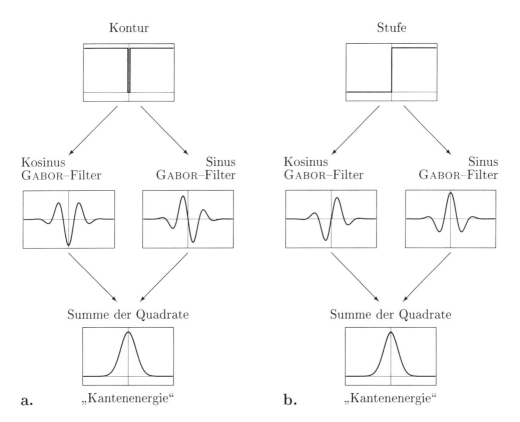

Abbildung 4.12: Schema der Detektion von Stufen– und Konturkanten mit Quadraturfiltern. Oben: Bildfunktionen. Mitte und unten: Filterantworten, jeweils als Funktion des Bildortes. Weitere Erläuterung im Text.

sammenhang mit Abb. 4.4 wurde schon gezeigt, wie diese Ableitungen mit den Grauwertkanten zusammenhängen. Ein Problem ist dabei das unterschiedliche Verhalten von Konturen, also etwa schwarzen Linien auf weißem Grund, und Stufen– oder Sprungkanten, d.h. Grenzlinien zwischen hellen und dunklen Bildbereichen. Konturen sind gewissermaßen die Ableitungen von Stufen und dementsprechend treten die beiden Kantentypen in unterschiedlich hohen Ableitungen hervor. Wendet man etwa einen Kantendetektor, der Steigungsmaxima (Nullstellen der zweiten Ableitung) benutzt, auf Konturkanten an, so wird man jeweils zwei Kanten detektieren, die den beiden Flanken der Kontur im Grauwertgebirge entsprechen.

Einen Ausweg aus diesem Problem bietet die Verwendung zweier Filter, von denen einer nur auf Sprungkanten, ein zweiter dagegen nur auf Konturkanten reagiert. Ein Beispiel zeigt bereits die Abb. 4.8: die zweite Ableitung der GAUSS–Funktion eignet sich zur Detektion von Konturkanten, während die erste Ableitung für Sprungkanten genutzt werden kann. Verbreiteter ist jedoch der Einsatz der sog. GABOR–Funktionen, d.h. von Sinus– und Kosinusfunktionen mit einer GAUSS–Funktion als Einhüllender:

$$g_c(x) \quad := \quad \cos(2\pi\omega x) \exp\left\{-\frac{x^2}{2\sigma^2}\right\} \tag{4.14}$$

$$g_s(x) \quad := \quad \sin(2\pi\omega x) \exp\left\{-\frac{x^2}{2\sigma^2}\right\}. \tag{4.15}$$

Die Kosiuns–GABOR–Funktion ist „gerade", d.h. sie erfüllt die Bedingung $g_c(x) \equiv g_c(-x)$; die Sinus–GABOR–Funktion ist ungerade, $g_s(x) \equiv -g_s(-x)$ (vgl. Abb. 4.11).

Die Verwendung der GABOR–Funktionen illustriert Abb. 4.12. Die Kontur (Abb. 4.12a) wird von dem geraden Kosinus–GABOR–Filter mit einem Extremwert an der richtigen Stelle beantwortet; die ungerade Sinus–GABOR–Funktion liefert zwei Extrema, die den Flanken der Kontur entsprechen. Bei der Stufenkante (Abb. 4.12a) ist es gerade umgekehrt. Quadriert man die Ausgänge beider Filter und addiert die Ergebnisse zusammen, so erhält man in beiden Fällen eine eindeutige Antwort mit einem Maximum an der Position der Kante. Ähnliche Ergebnisse wie die in Abb. 4.12 gezeigten erzielt man mit einer großen Klasse von Filterpaaren, von denen jeweils eines gerade und eines ungerade sein muß. Man bezeichnet solche Filter als Quadratur–Paare.* Das Ergebnis eines Quadraturfilters bezeichnet man häufig als „Energie", im vorliegenden Fall also „Kantenenergie". Ein Energieansatz zur Bewegungsdetektion wird in Abschnitt 9.4 dargestellt.

Die Parameter der verwendeten GABOR–Funktionen, die Fensterbreite σ und die Ortsfrequenz ω, bestimmen die Auflösung der Kantendetektion. Auflösungspyramiden (vgl. Abschnitt 3.4.2), die auf GABOR–Funktionen aufbauen, beschreibt Mallat (1989).

---

*Nicht jedes Paar aus einer geraden und einer ungeraden Funktion ist auch ein Quadratur–Paar. Bezeichnet man das gerade Filter mit f_g und das ungerade mit f_u, so muß zusätzlich gelten, daß die Summe $f_g + i f_u$ ($i = \sqrt{-1}$) eine analytische (komplex differenzierbare) Funktion bildet. Anders gesagt müssen die beiden Filterkerne durch die HILBERT–Transformation ineinander überführt werden (vgl. Papoulis 1968).

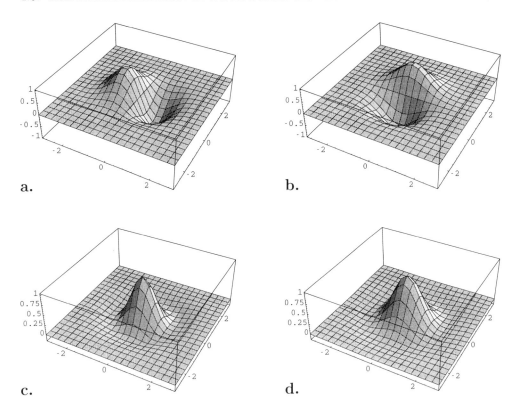

Abbildung 4.13: Kontinuierliche Filterfunktionen in zwei Dimensionen. **a.,b.** Richtungsableitungen der GAUSS–Funktion (Gl. 4.16) für zwei Winkel φ. **c.** LAPLACE–Operator angewandt auf die GAUSS–Funktion (Gl. 4.17). **d.** Differenz zweier GAUSS–Funktionen unterschiedlicher Breite (Gl. 4.18).

4.3 Kantendetektion in zwei Dimensionen

4.3.1 Kontinuierliche Filterkerne

In zwei Dimensionen gibt es verschiedene Möglichkeiten, Ableitungen der GAUSS–Kurve zu definieren (Abb. 4.13). Orientierte Filter, die der ersten Ableitung im eindimensionalen Fall entsprechen, entstehen durch Richtungsableitung der zweidimensionalen GAUSS–Kurve,

$$G'_{\sigma,\varphi}(x,y) = -\frac{1}{2\pi\sigma^4}(x\sin\varphi + y\cos\varphi)\exp\{-\frac{1}{2\sigma^2}(x^2+y^2)\} \qquad (4.16)$$

(Abb. 4.13a,b). Offenbar erhält man für jede Richtung φ ein anderes Filter.

Man kann in Analogie zu Gl. 4.16 auch zweite Richtungsableitungen definieren und diese für die Kantendetektion verwenden. Eine isotrope, d.h. rotationssymmetrische

Maske erhält man, wenn man die zweiten partiellen Ableitungen addiert („LAPLACE–Operator").

$$\left(\frac{\partial^2}{\partial x^2} + \frac{\partial^2}{\partial y^2}\right) G_\sigma(x,y) = \frac{1}{\pi\sigma^4}\left(\frac{x^2+y^2}{2\sigma^2} - 1\right)\exp\{-\frac{1}{2\sigma^2}(x^2+y^2)\}. \qquad (4.17)$$

In der mathematischen Physik kürzt man den LAPLACE–Operator mit den Symbolen Δ (Delta) oder ∇^2 (Nabla Quadrat) ab. In der Bildverarbeitung hat sich inzwischen die Bezeichnung *LoG* für *Laplacian of a Gaussian* eingebürgert.

Der *LoG*–Operator kann in guter Näherung als Differenz zweier GAUSS–Kurven mit unterschiedlicher Breite ersetzt werden. Man bezeichnet diesen Kern mit den Buchstaben *DoG*, für *Difference of Gaussians*:

$$DoG(x,y) := \frac{1}{2\pi\sigma_e^2}\exp\left\{-\frac{x^2+y^2}{2\sigma_e^2}\right\} - \frac{1}{2\pi\sigma_i^2}\exp\left\{-\frac{x^2+y^2}{2\sigma_i^2}\right\}. \qquad (4.18)$$

Die Näherung ist befriedigend für $\sigma_i/\sigma_e = 1,6$ (Marr & Hildreth 1980). Die *DoG*–Funktion ist nichts anderes als eine Formalisierung der lateralen Inhibition (Ratliff 1965): Die mittlere Intensität in einer größeren Umgebung (σ_i) jedes Punktes wird von der Intensität in der unmittelbaren Nachbarschaft (σ_e) abgezogen.

GABOR–Funktionen sind durch die Richtung der Sinus– bzw. Kosinuswelle immer orientiert; isotrope Varianten sind nicht gebräuchlich. Für eine Orientierung φ erhält man z.B. aus Gl. 4.14

$$g_{c,\varphi}(x,y) := \cos(2\pi\omega(x\sin\varphi + y\cos\varphi))\exp\{-\frac{1}{2\sigma^2}(x^2+y^2)\}. \qquad (4.19)$$

Eine analoge Gleichung ergibt sich aus Gl. 4.15.

4.3.2 Diskrete Masken für geradlinige Kantenelemente

Für (näherungsweise) geradlinige Kantenelemente läßt sich die Theorie der vorangegangenen Abschnitte leicht auf den zweidimensionalen Fall übertragen. Man betrachtet in diesem Fall Richtungsableitungen senkrecht zur Kantenorientierung. Die Nullstelle der zweiten Ableitung in dieser Richtung ist dann der Punkt der größten Steigung, an dem die Kante lokalisiert werden soll. Beispiele erhält man durch Abtastung der Funktionen $G'_{\sigma\varphi}$ aus Gl. 4.16 (Abb. 4.13a,b):

$$
v = \begin{array}{|c|c|c|}
\hline
-1 & 0 & 1 \\
\hline
-1 & 0 & 1 \\
\hline
-1 & 0 & 1 \\
\hline
\end{array}
\quad
h = \begin{array}{|c|c|c|}
\hline
1 & 1 & 1 \\
\hline
0 & 0 & 0 \\
\hline
-1 & -1 & -1 \\
\hline
\end{array}
\quad
d = \begin{array}{|c|c|c|}
\hline
0 & 2 & 1 \\
\hline
-2 & 0 & 2 \\
\hline
-1 & -2 & 0 \\
\hline
\end{array}
$$

Dabei steht v für die Verstärkung vertikaler Kanten, h für horizontale und d für diagonale. Tastet man statt G' die Sinus–GABOR–Funktion ab, so ergeben sich im Prinzip die gleichen Masken. Geht man zu den Beträgen der einzelnen Einträge über, so erhält man Näherungen für die zweiten Richtungsableitungen bzw. für die Kosinus–GABOR–Funktion. Will man die mathematischen Vorzüge der GABOR–Funktion ausnutzen, so sind größere Masken mit feinerer Abtastung erforderlich.

Wir erwähnen noch zwei isotrope Filter:

1. **Laterale Inhibition:** Rotationssymmetrische oder isotrope Filter bewerten Kanten jeder Orientierung gleich. Beispiele hierfür sind die bereits eingeführten LAPLACE–gefilterten GAUSS–Kurven *LoG* (Gl. 4.17) bzw. die Differenz zweier GAUSS–Kurven *DoG* (Gl. 4.18; Abb. 4.13c,d). Eine Abtastung eines solchen isotropen Operators ergibt z.B. die Maske

-1	-4	-1
-4	20	-4
-1	-4	-1

2. **Steigung in Richtung des Gradienten:** Die maximale Steigung des Grauwertgebirges tritt in Richtung des Gradienten $\mathrm{grad}I(x,y) = (I_x(x,y), I_y(x,y))$ auf. Die Steigung in dieser Richtung ist gerade der Betrag des Gradienten:

$$s(x,y) := \|I_g(x,y)\| = \left(\left(\frac{\partial I}{\partial x}(x,y) \right)^2 + \left(\frac{\partial I}{\partial y}(x,y) \right)^2 \right)^{\frac{1}{2}}. \tag{4.20}$$

Dabei bezeichnet I_g die Richtungsableitung von I in Gradientenrichtung. Benutzt man für die Bestimmung der partiellen Ableitungen die oben angegebenen 3×3-Masken h und v, so bezeichnet man diesen Kantendetektor als SOBEL–Operator. Er ist nichtlinear.

4.3.3 Gekrümmte Kanten

Im eindimensionalen Fall entsprechen die Orte größter Steigung den Nullstellen der zweiten Ableitung der Bildfunktion. Im zweidimensionalen Fall hatten wir den LAPLACE–Operator benutzt, um ähnliche Punkte zu definieren. Tatsächlich ist dies jedoch nur eine Näherung, die im Bereich von gekrümmten Konturen zu systematischen Fehllokalisationen führt. Mathematisch korrekt wäre es, die zweite Richtungsableitung von I in Gradientenrichtung zu bestimmen, etwa indem man I_g aus Gl. 4.20 noch einmal ableitet. Wir bezeichnen wieder die Gradientenrichtung an einem Punkt (x,y) mit g, $g = \mathrm{grad}I(x,y)/\|\mathrm{grad}I(x,y)\|$, und erhalten:

$$I_{gg}(x,y) = \frac{I_x^2 I_{xx} + 2I_x I_y I_{xy} + I_y^2 I_{yy}}{I_x^2 + I_y^2}. \tag{4.21}$$

Der Zähler des Bruches auf der rechten Seite dieser Gleichung kann als quadratische Form

$$(I_x, I_y) \begin{pmatrix} I_{xx} & I_{xy} \\ I_{xy} & I_{yy} \end{pmatrix} \begin{pmatrix} I_{\dot{x}} \\ I_y \end{pmatrix} \tag{4.22}$$

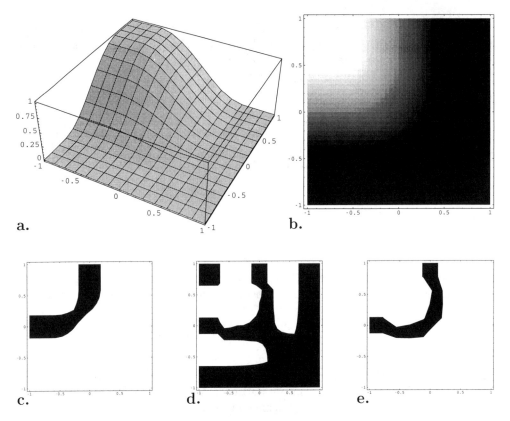

Abbildung 4.14: Lokalisation gekrümmter Kanten. **a.** Grauwertgebirge **b.** Zugehöriges Bild. **c.** Die Punkte größter Steigung in (a) sind durch den SOBEL–Operator markiert. **d.** Bereiche, in denen der LAPLACE–Operator Werte nahe Null annimmt. **e.** Wie (d), jedoch sind die Stellen weggelassen, an denen die Summe der ersten partiellen Ableitungen klein wird, d.h. die Bereiche, in denen das Grauwertbild konstant ist und der LAPLACE–Operator somit trivial null wird. Die Lokalisation der Kante durch den LAPLACE–Operator weicht von den Stellen größter Steigung (c) ab.

geschrieben werden, wobei die Matrix der zweiten partiellen Ableitungen als HESSE–Matrix H_I der Bildfunktion bezeichnet wird.

Der LAPLACE–Operator ist nun nichts anderes als die Spur der HESSE–Martix, d.h. die Summe der Diagonaleinträge. Sein Verschwinden ist im allgemeinen nicht dem Verschwinden der quadratischen Form in Gl. 4.21 äquivalent. Abb. 4.14 zeigt, daß die Nullstellen des *LoG*–gefilterten Bildes (Abb. 4.14e) im Bereich der Krümmung erheblich von den Stellen größter Steigung (Abb. 4.14c) abweichen.

Als Kriterium für die Anwendbarkeit des LAPLACE–Operators kann man die GAUSS–sche Krümmung des Grauwertgebirges betrachten. Im Bereich geradliniger Kantenverläufe wird diese verschwinden. Ein Krümmungsoperator, der sich von der GAUSS–

schen Krümmung nur durch eine Normierung unterscheidet, ergibt sich aus der Determinante der HESSE–Matrix (vgl. Barth et al. 1993):

$$\det H_I(x,y) = I_{xx}(x,y)I_{yy}(x,y) - (I_{xy}(x,y))^2. \tag{4.23}$$

Wie man leicht nachprüft, folgt aus dem gleichzeitigen Verschwinden der Determinante von H_I und des LAPLACE–Operators, daß die gesamte HESSE–Matrix und damit auch die quadratische Form in Gl. 4.21 verschwindet. In Bereichen geradliniger Kanten liefert der LAPLACE–Operator also das gewünschte Ergebnis.

Umgekehrt kann der Operator aus Gl. 4.23 zum gezielten Auffinden gekrümmter Konturabschnitte verwendet werden.

4.3.4 Weiterführende Fragestellungen

In diesem Kapitel wurde lediglich das Problem des Auffindens von Kantenelementen besprochen. Für die Extraktion einer Skizze und eine kantenbasierte Segmentierung des Bildes (Zerlegung in mehr oder weniger homogene Bereiche, die zusammenhängenden Flächenstücken in der abgebildeten Szene entsprechen) ist jedoch auch der Zusammenschluß dieser Kantenelemente zu zusammenhängenden Konturen von großer Bedeutung. Einige der Probleme, die dabei gelöst werden müssen, sind bereits angesprochen worden:

- Eindeutigkeit: Eine Bildkontur wird zuweilen durch zwei parallele Kantenelemente repräsentiert.

- Schnitt– und Knotenpunkte („*junctions*") sowie Linienenden führen häufig zu Fehlern bei der Detektion der Kantenelemente; sie können jedoch als eigenständige Merkmalsklassen direkt aufgesucht werden.

- Der Zusammenschluß von Kantenelementen ist häufig nicht eindeutig möglich und erfordert den Rückgriff auf abgeleitete Bildinformationen (z.B. die Suche nach Bildern bestimmter Objekte, vgl. Brooks (1981), Biederman (1990)). Lokal konsistente aber global inkonsistente Interpretationen von Kantenbildern sind z.B. in den „unmöglichen" Strichzeichnungen M. C. ESCHERs enthalten.

Interessante neurobiologisch und psychophysisch motivierte Ansätze zur Konturwahrnehmung sind z.B. die Modelle von Grossberg & Mingolla (1985), Watt (1990) und Heitger et al. (1992).

Kapitel 5

Farbe und Farbkonstanz

In den vorhergehenden, wie auch in den noch folgenden Kapiteln wird die Bildintensität I als eine skalare Größe betrachtet, die zuweilen auch mit dem Wort „Grauwert" belegt wurde. In Wirklichkeit setzt sich die an einem Bildpunkt eintreffende Irradianz jedoch aus Licht unterschiedlicher Wellenlängen zusammen und wird dementsprechend als unterschiedlich gefärbt wahrgenommen. Man unterscheidet drei wesentliche Begriffe:

Lichter und Spektren bilden die physikalische Grundlage des Farbensehens. Wir schreiben für die spektrale Zusammensetzung des Lichtes $I(\lambda)$.

Pigmente oder Farbstoffe können die spektrale Zusammensetzung eines Lichtes verändern. Man beschreibt dies durch ein Absorptionsspektrum, das mit dem Ausgangsspektrum multipliziert wird, um das Spektrum nach der Absorption zu erhalten.

Farbe ist eine Wahrnehmung, die auf einem komplizierten physiologischen Prozeß beruht.

Die (wahrgenommene) Farbe entspricht nicht einfach dem Spektrum des am Auge eintreffenden Lichtes, sondern hängt von den Spektren der Beleuchtung und der Oberflächenpigmente in unterschiedlicher Weise ab. So erscheinen Oberflächen mit gleichen Absorptionsspektren unter unterschiedlicher Beleuchtung stets mit etwa der selben Farbe. Bei dieser als Farbkonstanz bezeichneten Leistung geht nicht nur die spektrale Zusammensetzung einzelner Bildpunkte, sondern die örtliche Verteilung der Spektren ein. Vom Standpunkt der Informationsverarbeitung besteht das Problem der Farbwahrnehmung also wesentlich darin, die Anteile von Beleuchtung (Lichtquelle) und Reflektivität (Oberfläche) voneinander zu trennen.

Der erste Abschnitt dieses Kapitels befaßt sich mit ortsunabhängigen Eigenschaften der Farbwahrnehmung, während der zweite auf lokale Interaktionen in örtlichen Verteilungen von Farb– und Grauwerten eingeht.

5.1 Die Farbe isolierter Lichtpunkte

Für die Theorie des Farbensehens sind drei Konzepte von Farbenräumen von Bedeutung:

- Physikalisch betrachtet man Spektren von Lichtern. Die Menge aller Spektren ist ein unendlich–dimensionaler Funktionenraum, da die Intensitäten in allen Wellenlängenbereichen im Prinzip unabhängig voneinander sind. Es handelt sich nicht um einen vollständigen Vektorraum, weil nur Funktionen mit nicht–negativen Werten als Spektren in Frage kommen.

- Physiologisch betrachtet man den Raum der möglichen Erregungsmuster in den Rezeptoren („Rezeptorraum", s.u.). Entsprechend der Zahl der Rezeptortypen ist er dreidimensional. Bis auf die Einschränkung auf nicht–negative Intensitäten und Erregungen handelt es sich um einen linearen Unterraum des Spektrenraumes.

- Psychophysisch betrachtet man die Mischungsverhältnisse bei der Nachmischung von Farben; sie bilden den eigentlichen Farbenraum. Je nach Wahl der Grundfarben erhält man andere Koordinatenwerte, doch sind alle diese Farbenräume untereinander und mit dem Rezeptorraum äquivalent.

Die trichromatische Theorie des Farbensehens geht auf die Arbeiten von T. YOUNG (1773 – 1829) und H. VON HELMHOLTZ (1821 – 1894) zurück und hat wegen ihrer formalen Klarheit eine große Rolle in der Untersuchung der visuellen Informationsverarbeitung gespielt. Moderne Darstellungen geben Richter (1981), Wyszecki & Stiles (1982) und Pokorny & Smith (1986). Das trichromatische Farbensehen ist ein klassisches Beispiel für eine Populationskodierung, d.h. die Kodierung einer Größe durch die relative Erregungsstärken unterschiedlich abgestimmter, überlappender Kanäle.

5.1.1 Farbmischung und Metamerie

Alle Farbwahrnehmungen können aus drei Grundfarben additiv gemischt werden. Unter additiver Farbmischung versteht man dabei die Überlagerung von Licht der entsprechenden Einzelfarben, d.h. physikalisch gesehen die punktweise Addition der Spektren. Additive Farbmischung liegt z.B. vor, wenn die Bilder aus mehreren Projektoren, die verschiedenfarbiges Licht ausstrahlen, überlagert werden. Ein anderes Beispiel ist der Farbenkreisel, bei dem farbige Papiere durch die Drehung in schnellem Wechsel gezeigt werden, so daß die Mischung über die Zeit erfolgt. Variiert man die Größe des Sektors, der von den einzelnen Farbpapieren bedeckt wird, so kann man sehr einfach beliebige Mischungsverhältnisse herstellen (vgl. v. Campenhausen 1993). Von großer praktischer Bedeutung ist die additive Farbmischung durch Verschmelzung kleiner Bildpunkte, wie sie bei Farbbildschirmen, beim Offsetdruck, beim Weben, oder in der pointillistischen Malerei verwendet wird. Der additiven Farbmischung steht die sog. subtraktive Farbmischung gegenüber, bei der Pigmente zusammengefügt werden, wobei sich deren Absorptionsspektren multiplizieren. Beispiele sind das Vermischen

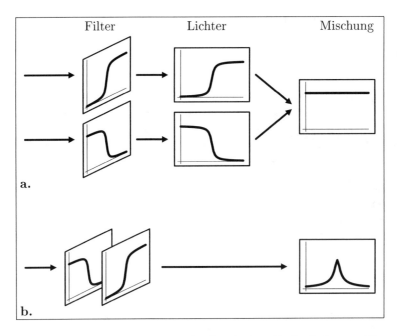

Abbildung 5.1: Schema zur additiven und subtraktiven Farbmischung. Alle gezeigten Kurven sind Funktionen der Wellenlänge λ. Die perspektivisch gezeigten Filterkurven sind Absorptionsspektren, die übrigen Kurven sind die Spektren der Lichter. **a.** Additive Farbmischung: durch zwei Filter mit Absorption im kurzwelligen (oben) bzw. langwelligen (unten) Bereich fällt weißes Licht. Nach der Absorption erhält man gelbes bzw. blaues Licht. Überlagert man diese Lichter, so entsteht wieder ein konstantes Spektrum, d.h. ein weißes Licht: Blau „plus" Gelb = Weiß. **b.** Subtraktive Farbmischung: das weiße Licht fällt jetzt nacheinander durch ein Gelbfilter und ein Blaufilter. Das Ergebnis ist die Multiplikation der beiden Absorptionsspektren; das ausfallende Licht weist einen Gipfel im grünen Bereich auf: Gelb „minus" Blau = Grün.

von Pigmenten für die Malerei oder das Übereinanderlegen von Farbfolien auf einem Tageslichtprojektor (Abb. 5.1).

Drei Grundfarben reichen aus, um (fast) alle sichtbaren Farben nachzumischen. Dies bedeutet, daß Lichter mit sehr verschiedener spektraler Zusammensetzung den gleichen Farbeindruck hervorrufen können. Ein Beispiel hierfür ist die Nachmischung eines weißen Lichtes aus den reinen Spektralfarben Rot, Grün und Blau. Das Spektrum der Nachmischung hat die drei Linien im roten, grünen und blauen Bereich. Dieses Linienspektrum führt genauso zu der Wahrnehmung „weiß", wie ein konstantes Spektrum, das alle Wellenlängen zu gleichen Anteilen enthält. Solche Intensitätsverteilungen, die trotz unterschiedlicher Spektren die gleiche Farbwahrnehmung hervorrufen, heißen *metamer*. Lichter mit gleichen Spektren heißen dagegen isomer.

Grundlage für die Mischbarkeit aller Farben aus drei Grundfarben und damit für

die Metamerie ist die Existenz von drei Typen von Zapfen, also von Rezeptorzellen in
der Retina, die unterschiedliche Empfindlichkeitsmaxima im Bereich kurz–, mittel–
und langwelligen Lichtes aufweisen. Ausschlaggebend für die Farbwahrnehmung ist
allein die Erregung der drei Zapfentypen, Unterschiede in der spektralen Zusammensetzung, die sich nicht auf die Erregungen auswirken, sind unerheblich (wenn man
von der chromatischen Aberration des dioptrischen Apparates einmal absieht). Es
sei daran erinnert, daß das Zapfensystem die Grundlage des bei hellem Licht allein
arbeitenden photopischen Systems ist. Das skotopische (Stäbchen–) System, das bei
niedrigen Beleuchtungsstärken arbeitet, ist farbenblind, da mit nur einem Rezeptortyp
nicht zwischen Intensität und Wellenlänge unterschieden werden kann.

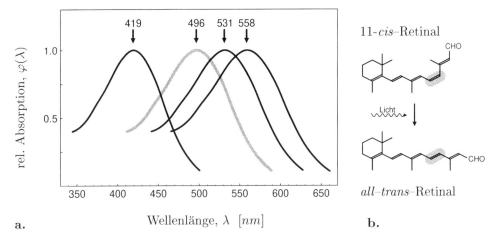

a.   Wellenlänge, λ $[nm]$ b.

Abbildung 5.2: **a.** Absorptionskurven der drei Zapfentypen (schwarze Kurven) und der
Stäbchen (graue Kurve) nach Daten von Dartnall et al. (1983). Die Kurvenverläufe
werden identisch, wenn man die Absorption gegen die vierte Wurzel der Wellenlänge
aufträgt. **b.** In allen Fällen ist 11-cis–Retinal das eigentlich absorbierende Molekül.
Die Unterschiede der Spektren gehen auf die beteiligten *Opsine*, d.h. die Proteinanteile
der Rhodopsine, zurück. Vgl. Kirschfeld (1996)

Die Absorptionsspektren der Pigmente der menschlichen Retina zeigt Abb. 5.2a.
Die Kurven dieser Abb. beziehen sich auf isolierte Rezeptoren, deren Transmission
mittels sehr kleiner Strahlenbündel unter dem Mikroskop bestimmt wurde. Die Häufigkeit der einzelnen Rezeptortypen, die für die Wahrnehmung natürlich von großer Bedeutung ist, geht hier nicht ein. Die psychophysische Empfindlichkeit für kurzwelliges
(blaues) Licht ist etwa um einen Faktor 4,5 geringer als die für rotes oder grünes
Licht. Dieser Faktor hängt jedoch auch von der Größe und Zeitdauer des Testreizes
ab. Die Empfindlichkeitsmaxima der drei Zapfentypen liegen im violetten (kurzwelligen), grünen (mittelwelligen) und gelben (langwelligen) Bereich. Einen eigentlichen
Rotrezeptor besitzen wir nicht. Das ist erstaunlich, wenn man die Signalfunktion und
generelle Auffälligkeit der Farbe Rot bedenkt. Die sensorische Grundlage hierfür ist
aber nicht ein eigener Rezeptor, sondern das Verhältnis der Erregungen in den mittel–

und langwelligen Rezeptoren.

Interessanterweise verwenden die Augen aller Tiergruppen sowie alle Rezeptorty-pen das gleiche Molekül (Retinal, Abb. 5.2b) für die Photorezeption. Die unterschied-lichen Absorptionsspektren entstehen durch den Proteinanteil des Rezeptors, das Op-sin. Die Universalität des Retinals spricht bei aller Verschiedenheit des Augenbaus für eine ursprüngliche Homologie der Sehorgane. Neuerdings ist diese Homologie durch die Identifizierung eines universellen Augen–Schaltergenes belegt worden (Halder et al. 1995). Eine vergleichende Übersicht über das Farbensehen bei Säugetieren gibt Jacobs (1993). Bei Primaten wird diskutiert, daß die Evolution der beiden Rezeptor-typen im mittel– und langwelligen Bereich eng mit der Lebensweise im immergrünen Regenwald verbunden ist. Die Wahrnehmung der Gelb– und Rotabstufungen soll der Erkennung von eßbaren Früchten und der Beurteilung ihres Reifegrades dienen (z.B. Osorio & Vorobyev, 1996).

5.1.2 Der Rezeptorraum

Bezeichnet man mit $\varphi_i(\lambda)$, $i \in \{k, m, l\}$ die Empfindlichkeit eines Rezeptors (Abb. 5.2a) und mit $I(\lambda)$ den Spektralgehalt eines Reizes, so erhält man die Erregung des Re-zeptors durch Summation der mit der Empfindlichkeit gewichteten spektralen Anteile. Wir bezeichnen die Erregungen mit e_k, e_m und e_l für Zapfen mit Absorptionsmaxima im kurz–, mittel– und langwelligen Bereich:

$$
\begin{aligned}
e_k &= \int \varphi_k(\lambda) I(\lambda) d\lambda \\[2mm]
e_m &= \int \varphi_m(\lambda) I(\lambda) d\lambda \\[2mm]
e_l &= \int \varphi_l(\lambda) I(\lambda) d\lambda.
\end{aligned}
\tag{5.1}
$$

Hierbei ist angenommen worden, daß die Beiträge verschiedener Spektralbereiche li-near summiert werden. Gl. 5.1 beschreibt die Projektion der spektralen Verteilung des Lichtes auf das Absorptionsspektrum der Rezeptoren mit Hilfe des Skalarprodukts. Dies ist natürlich nur näherungsweise richtig, da die Rezeptorzellen Schwelle und Sätti-gung aufweisen, die zudem über Adaptationsmechanismen von der mittleren Helligkeit abhängen. Man bezeichnet die Größen e_i daher richtiger als Quantenausbeute oder *photon catch*. Die Erregung ist eine monotone Funktion der Quantenausbeute.

Die Menge aller möglichen Spektren $I(\lambda)$ bildet einen unendlich–dimensionalen Raum, da die Intensität für jede Wellenlänge unabhängig variieren kann. Dieser Raum ist jedoch kein vollständiger Vektorraum im Sinne der linearen Algebra, weil negative Intensitäten nicht vorkommen. Ein naheliegendes Koordinatensystem dieses Raum-es ist durch die reinen Spektralfarben $I_{\lambda_o}(\lambda) = \delta(\lambda - \lambda_o)$ gegeben, wobei mit δ der DIRAC-Impuls gemeint ist (vgl. Glossar). $I_{\lambda_o}(\lambda)$ ist also ein Linienspektrum mit ei-ner einzigen Linie an der Stelle λ_o. Der unendlich–dimensionale Raum der Spektren wird nun durch das Gleichungssystem 5.1 auf den dreidimensionalen Raum der Re-

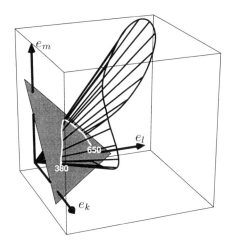 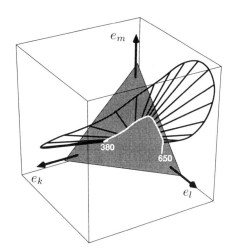

Abbildung 5.3: Illustration des Raumes der Rezeptorerregungen von verschiedenen Ansichten. Die geschwungene Raumkurve zeigt den Spektralfarbenzug, $(\varphi_k(\lambda), \varphi_m(\lambda), \varphi_l(\lambda))^\top$ von 380 bis 650 nm. Sie entspricht Lichtern konstanter Irradianz (physikalischer Leistung). Entlang der Strahlen vom Ursprung ändert sich nur die Helligkeit, nicht das Verhältnis der Erregungen der einzelnen Rezeptoren. Die Durchstoßpunkte mit dem grauen Dreieck zeigen Farben mit konstanter Summe der Rezeptorerregungen.

zeptorerregungen $\vec{e} = (e_k, e_m, e_l)^\top$ projiziert. Der mit dieser Dimensionsreduzierung verbundene Informationsverlust ist die Ursache der bereits besprochenen Metamerie.

Geht man davon aus, daß jeder Zapfentyp Erregungen im Intervall $[0, 1]$ annehmen kann, so könnte man sich den Raum der Rezeptorerregungen als den Würfel $[0, 1]^3$ vorstellen. Tatsächlich sind aber wegen des großen Überlaps der Absorptionskurven nicht alle $\vec{e}$–Vektoren aus diesem Würfel möglich. So gibt es z.B. keine Möglichkeit, einen der drei Rezeptoren alleine zu reizen; Erregungsvektoren der Art $\vec{e} = (1, 0, 0)^\top$ können also nicht auftreten. Die Form des Rezeptorraumes, d.h. der Menge aller möglichen $\vec{e}$–Vektoren, erhält man aus folgender Überlegung. Zunächst ist klar, daß die Erregungsvektoren, die durch die reinen Spektralfarben erzeugt werden, im Raum enthalten sind; man erhält den Spektralfarbenzug $(\varphi_k(\lambda), \varphi_m(\lambda), \varphi_l(\lambda))$ (Abb. 5.3). Weiterhin ist $\vec{e} = (0, 0, 0)$ Element des Erregungraumes. Alle anderen Farben sind Linearkombinationen der genannten Vektoren mit positiven Koeffizienten. Formal ergibt sich der Rezeptorraum damit als die konvexe Hülle* der Strahlen von $(0, 0, 0)$ durch den Spektralfarbenzug, soweit diese innerhalb des Würfels $[0, 1]^3$ liegen.

Die Menge der realisierbaren Rezeptorerregungen hat also eine mehr oder weniger

---

*Die konvexe Hülle einer Menge M ist die kleinste Menge $\hat{M}$, die M enthält und dazu alle Punkte x mit der Eigenschaft, daß $x = \mu a + (1 - \mu)b$ für zwei beliebige Elemente $a, b \in M$ und $\mu \in [0, 1]$. Anschaulich heißt das, daß die Verbindungslinien zwischen zwei Punkten von M jeweils ganz in $\hat{M}$ liegen. $\hat{M}$ hat also keine Höhlungen.

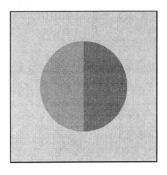

Abbildung 5.4: Wahrnehmungsexperiment zum Farbabgleich. Vor einem gleichförmigen Hintergrund wird ein zweiteiliges Farbfeld gezeigt. Eine Hälfte enthält die vorgegebene Farbprobe. In der anderen Hälfte können die Grundfarben in beliebigen Verhältnissen additiv gemischt werden. Aufgabe der Versuchsperson ist es, die Probe möglichst ununterscheidbar nachzumischen.

kegelförmige Gestalt. Wir bemerken zwei wichtige Eigenschaften:

1. Ein Koordinatensystem mit orthogonalen Achsen und dem Ursprung $(0,0,0)$ kann es in diesem Raum nicht geben, da der Öffnungswinkel des Kegels zu klein ist. Dies ist eine Konsequenz des Überlapps der Absorptionsfunktionen.

2. Der Kegel ist im Querschnitt etwa dreieckig (Abb. 5.3), wobei zwei Seiten des Mantels durch die Spektralfarbenfläche gegeben sind. Die dritte Seite ergibt sich durch die Bildung der konvexen Hülle dieser Fläche; ihr Schnitt mit dem Dreieck in Abb. 5.3 ist die sog. Purpurlinie (s.u.).

5.1.3 Der psychophysische Farbenraum

Farbmischung

In der Farbmetrik betrachtet man nicht den Rezeptorraum, sondern Koordinatensysteme eines psychophysischen Farbenraums, die durch drei Grundfarben aufgespannt werden. Vor einem farblosen Hintergrund zeigt man ein zweiteiliges Feld, dessen eine Hälfte eine Probe zeigt, während in der anderen Hälfte die Farbe der Probe mit Hilfe dreier Grundfarben additiv nachgemischt werden kann (Abb. 5.4). Man muß dabei noch fordern, daß keine der Grundfarben aus den beiden anderen nachgemischt werden kann, daß sie also linear unabhängig sind.

Man wählt zunächst drei Grundfarben mit den Spektren $b_j(\lambda)$, $j \in \{1,2,3\}$, die z.B. den Farben rot, grün und blau entsprechen. Durch additive Mischung kann man daraus alle Spektren der Form $\sum_j a_j b_j(\lambda)$ für $0 \le a_j \le 1$ erzeugen. Stellt die Versuchsperson nun zu einem beliebigen Spektrum $f(\lambda)$ eine Mischung mit den Anteilen a_j als ununterscheidbar ein, so müssen die Erregungsvektoren gleich sein; nach Gl. 5.1 gilt daher folgende Beziehung:

$$\int \varphi_i(\lambda) \underbrace{f(\lambda)}_{\text{Probe}} d\lambda = \int \varphi_i(\lambda) \underbrace{\left(\sum_j a_j b_j(\lambda) \right)}_{\text{Nachmischung}} d\lambda \quad \text{mit} \ i \in \{k,m,l\}. \qquad (5.2)$$

Man bezeichnet die Koeffizienten a_i als Farbwerte (*tristimulus values*). In Gl. 5.2 ist es formal möglich, daß die Anteile a_i negative Werte annehmen. Im Experiment bedeutet das, daß man die betreffende Farbe nicht dem Abgleichfeld, sondern der Probe selbst zumischt. Damit würde sie in Gl. 5.2 mit positivem Vorzeichen auf der linken Seite eingehen. Das ist aber der Berücksichtigung mit negativem Vorzeichen auf der rechten Seite äquivalent.

Spektralwertfunktionen

Eine große Rolle in der Farbmetrik spielen die sog. *Spektralwertfunktionen*, $\bar{b}_i$. Das sind die Farbwerte, mit denen reine Spektralfarben aus den drei Grundfarben nachgemischt werden können. Wir bezeichnen wieder mit $(b_1(\lambda), b_2(\lambda), b_3(\lambda))$ die Spektren dreier linear unabhängiger Grundfarben. Die Erregung des i–ten Rezeptortyps bei Betrachtung einer reinen Spektralfarbe mit Wellenlänge λ_o ist offenbar $\varphi_i(\lambda_o)$. Die Nachmischung aus den drei Grundfarben sei $\sum_i \bar{b}_i(\lambda_o)b_i(\lambda)$. Da die Rezeptorerregungen für die reine Spektralfarbe und die Nachmischung gleich sein müssen folgt wie bei Gl. 5.2:

$$\int \varphi_i(\lambda) \left(\sum_j \bar{b}_j(\lambda_o)b_j(\lambda) \right) d\lambda = \varphi_i(\lambda_o). \tag{5.3}$$

Die Funktionen $\bar{b}_j(\lambda_o)$ sind dabei die Spektralwertfunktionen; sie treten an die Stelle der allgemeinen Farbwerte a_j in Gl. 5.2.

Für das Verständnis der Farbmetrik von großer Bedeutung ist nun die Tatsache, daß man bei Kenntnis der Spektralwertfunktionen die Farbwerte beliebiger Lichter, also solcher mit zusammengesetzten Spektren, vorhersagen kann. Anschaulich kann man das so verstehen, daß man ein beliebiges Spektrum zunächst in seine einzelnen Linien zerlegt. Jede einzelne Linie entspricht dann einer Spektralfarbe und eine Nachmischung kann mit Hilfe der Spektralwertfunktionen angegeben werden. Addiert man schließlich alle diese Nachmischungen, die ja alle auf den selben drei Grundfarben beruhen, zusammen, so erhält man eine Nachmischung des ursprünglichen zusammengesetzten Spektrums.

Formal kann man diesen Zusammenhang folgendermaßen zeigen: Wir betrachten ein beliebiges Spektrum $f(\lambda)$. Man erhält die Rezeptorerregungen wie gewöhnlich (Gl. 5.1) zu

$$e_i = \int \varphi_i(\lambda) f(\lambda) d\lambda. \tag{5.4}$$

Wir setzen nun hier die linke Seite von Gl. 5.3 für $\varphi_i(\lambda)$ ein, wobei wir den Index o weglassen und die Integrationsvariable aus Gl. 5.3 in λ' umbenennen:

$$e_i = \int \int \varphi_i(\lambda') \left(\sum_j \bar{b}_j(\lambda)b_j(\lambda') \right) d\lambda' \, f(\lambda) d\lambda. \tag{5.5}$$

Man kann dann den Term $f(\lambda)$ in das innere Integral und die Summe hineinziehen, die Reihenfolge der Integrationen vertauschen (Satz von FUBINI) und die Terme in λ

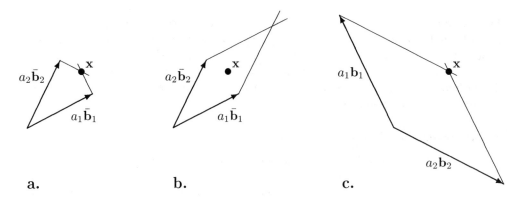

a.   **b.**   **c.**

Abbildung 5.5: Zur Bedeutung von Koordinatenwerten in affinen Koordinatensystemen. **a.** Die „deskriptiven" Koordinaten eines Vektors $\mathbf{x}$ können durch senkrechte Projektion auf die Achsen $\bar{\mathbf{b}}_1$ und $\bar{\mathbf{b}}_2$ definiert werden. Dies führt zu den Koeffizienten a_1, a_2. **b.** Addiert man die gleichen Basisvektoren im Verhältnis a_1, a_2 zusammen, so entsteht ein von $\mathbf{x}$ verschiedener Vektor: $\mathbf{x} \neq a_1\bar{\mathbf{b}}_1 + a_2\bar{\mathbf{b}}_2$. **c.** Durch Auflösung der Gleichungen $(\bar{\mathbf{b}}_i \cdot \sum_j a_j\mathbf{b}_j) = a_i$ kann man zwei Vektoren $\mathbf{b}_1, \mathbf{b}_2$ berechnen, mit denen eine solche Rekonstruktion von $\mathbf{x}$ möglich ist. Im n–dimensionalen Raum steht $\mathbf{b}_i$ senkrecht auf allen $\bar{\mathbf{b}}_j$ mit $j \neq i$. Die Spektralwertfunktionen entsprechen den Basisvektoren $\bar{\mathbf{b}}_i$, die Spektren der Grundfarben den $\mathbf{b}_i$ und die Farbwerte den a_i.

zusammenfassen:

$$e_i = \int \varphi_i(\lambda') \left(\sum_j b_j(\lambda') \int f(\lambda)\bar{b}_j(\lambda)d\lambda \right) d\lambda'. \tag{5.6}$$

Der innere Ausdruck $\int f(\lambda)\bar{b}_j(\lambda)d\lambda$ ist nun aber nichts anderes, als die Projektion von f auf die Spektralwertfunktion $\bar{b}_j$. Wegen der Gleichheit des gesamten Ausdrucks mit der rechten Seite von Gl. 5.4 folgt, daß der Farbwert a_j in der Nachmischung von f gerade durch die Projektion von f auf die Spektralwertfunktion $\bar{b}_j$ gegeben ist,

$$a_j = \int f(\lambda)\bar{b}_j(\lambda)d\lambda. \tag{5.7}$$

Die Basis des Farbenraums

Wir haben nun mit den Spektren der Grundfarben $\{b_i(\lambda)\}$ und den Spektralwertfunktionen $\{\bar{b}_j(\lambda)\}$ zwei Gruppen von jeweils drei Funktionen kennengelernt, die gewisse Eigenschaften einer Basis oder eines Koordinatensystems aufweisen. Die Koordinaten einer Farbe sind die Farbwerte a_i. Die Grundfarben bilden eine „konstruktive" Basis, mit deren Hilfe man das zu den Farbwerten gehörige Spektrum vermöge $f(\lambda) = \sum_i a_i b_i(\lambda)$ angeben kann. Die Spektralwertfunktionen bilden eine „deskriptive" Basis, mit deren Hilfe man die Farbwerte eines Spektrums findet: $a_i = \int f(\lambda) \bar{b}_i(\lambda) d\lambda$.

Grundfarben und Spektralwertfunktionen verhalten sich zueinander somit wie kovariante und kontravariante Koordinaten in der affinen Geometrie (Abb. 5.5). Betrachtet man die Farbwerte der Grundfarben, so hat man sofort*

$$\int b_i(\lambda) \bar{b}_j(\lambda) d\lambda = \left\{ \begin{array}{ll} 0 & \text{für} \quad i \neq j \\ 1 & \text{für} \quad i = j \end{array} \right. . \tag{5.8}$$

Anschaulich bedeutet dies, daß die „Nachmischung" einer der Grundfarben nur aus dieser Grundfarbe selbst besteht. Mathematisch kann man Gl. 5.8 so interpretieren, daß b_i auf allen $\bar{b}_j$ mit $j \neq i$ senkrecht steht. Dies hat zur Folge, daß in dem Raum der möglichen Spektren, die ja nur nicht–negative Werte zwischen 0 und 1 annehmen können, nicht alle b_i und $\bar{b}_i$ gleichzeitig Platz haben. Anders gesagt: wenn man von realisierbaren Grundfarben ausgeht, werden die zugehörigen Spektralwertfunktionen immer negative Werte aufweisen. Transformiert man dagegen das Koordinatensystem so, daß die Spektralwertfunktionen überall positiv werden, so gibt es keine realen Grundfarben für die Nachmischung. Die unten besprochenen speziellen Systeme (RGB und XYZ) wählen entweder realisierbare Grundfarben (RGB) oder realisierbare Spektralwertfunktion (XYZ).

Die Grundfarben im Farbenraum kann man beliebig wählen, solange sichergestellt ist, daß keine der Grundfarben durch die beiden anderen nachgemischt werden kann. Je nach dem, welche Grundfarben man wählt, erhält man für eine gegebene Farbe unterschiedliche Farbwerte. Man kann zeigen, daß die Farbwerte für verschiedene Grundfarben über eine lineare Transformation zusammenhängen, deren Matrix aus den Farbwerten der neuen Grundfarben bezogen auf die alten besteht. Da diese Transformationen im allgemeinen nicht orthonormal sind, bleiben beim Wechsel zwischen verschiedenen Grundfarbensystemen Abstände und Winkel nicht erhalten. Da kein Grundfarbensystem ausgezeichnet ist, bedeutet das, daß man im Farbenraum Abstände und Winkel nicht sinnvoll definieren kann. Man bezeichnet daher den Farbenraum als affinen Raum.

Wir fassen die wichtigsten Größen des Farbenraumes noch einmal zusammen

1. Die Spektren der Grundfarben $b_i(\lambda)$ spannen das Koordinatensystem im Nachmischexperiment auf.

2. Die Farbwerte a_i sind die eigentlichen Koordinaten einer Farbe. Mischt man die Grundfarben im Verhältnis der a_i, so entsteht ein dem ursprünglichen Licht metameres Spektrum.

3. Spektralwertfunktionen $\bar{b}_i(\lambda)$ sind die Farbwerte des Spektralfarbenzugs. Aus ihnen kann man die Farbwerte beliebiger Farben vorhersagen. Sie entsprechen

---

*Gl. 5.8 folgt auch aus der Beziehung $a_j = \int \bar{b}_j(\lambda) \sum_i a_i b_i(\lambda) d\lambda$, die für alle j und jeden Farbwertvektor $(a_1, a_2, a_3)^\top$ erfüllt sein muß.

somit den Empfindlichkeitsverteilungen realer oder gedachter Rezeptoren, mit deren Hilfe die Farbwerte direkt gemessen werden können. Da die Grundfarben nicht orthogonal zueinander sein können, sind die Spektralwertfunktionen nicht mit den Spektren der Grundfarben identisch (Abb. 5.5).

4. Alle linear unabhängigen Grundfarbensysteme sind äquivalent. Da sich beim Übergang zwischen verschiedenen Grundfarbensystemen Winkel und Abstände verändern, können diese insgesamt nicht sinnvoll definiert werden.

Das Farbendreieck

Der dreidimensionale Farbenraum umfaßt neben den verschiedenen Farben auch Variationen der Helligkeit. Da man häufig nicht an diesen interessiert ist, betrachtet man statt der Farbwerte a_1, a_2, a_3 die normierten Farbwertanteile, (*chromaticities*):

$$c_1 = \frac{a_1}{a_1 + a_2 + a_3}; \quad c_2 = \frac{a_2}{a_1 + a_2 + a_3}. \tag{5.9}$$

Jede Farbe ist jetzt also durch zwei Zahlen bestimmt; eine Größe $c_3 = 1 - c_1 - c_2$ ist nicht mehr erforderlich. Der Übergang von den Farbwerten zu den Farbwertanteilen entspricht der Projektion des Farbenraumes auf das Dreieck $a_1 + a_2 + a_3 = 1$, wie in Abb. 5.3 gezeigt. Man bezeichnet dieses Dreieck als Farbendreieck, Farbtafel, oder, im Englischen, als *chromaticity diagram*.

Die grundsätzlichen Eigenschaften des Farbendreiecks zeigt bereits Abb. 5.3. Der Spektralfarbenzug bildet eine nicht geschlossene Kurve. Alle realen Farben können aus je zwei Spektralfarben nachgemischt werden, d.h. sie liegen auf einer Linie zwischen zwei Punkten des Spektralfarbenzugs. Die Gesamtheit dieser Linien ist die bereits erwähnte konvexe Hülle des Spektralfarbenzugs. Dieser Bereich der realen Farben ist in dem Normfarbendreieck in Abb. 5.6 grau unterlegt. Er ist nach unten durch die sog. Purpurlinie begrenzt. Farben außerhalb dieses Bereichs sind wegen des Überlapps der Rezeptorkurven nicht realisierbar.

Durch die Wahl der drei Grundfarben legt man ein Koordinatensystem des Farbenraumes fest. Im Prinzip sind alle diese Systeme gleichwertig, ihre Farbendreiecke gehen durch lineare Verzerrungen ineinander über. In Anwendungen werden vor allem zwei Systeme verwendet:

Das RBG–System benutzt als Grundfarben reine Spektralfarben mit den Wellenlängen

$$\lambda_R = 700nm; \quad \lambda_G = 546,1nm; \quad \lambda_B = 435,8nm.$$

Die Spektralwertfunktionen dieses Systems nehmen zum Teil negative Werte an. So kann die reine Spektralfarbe mit $\lambda = 500nm$ nicht nachgemischt werden, sondern nur eine Mischung von ihr mit R (700 nm). Dies ist ein Beispiel für die bereits besprochene Situation, in dem formal negative Farbwerte a_R auftreten.

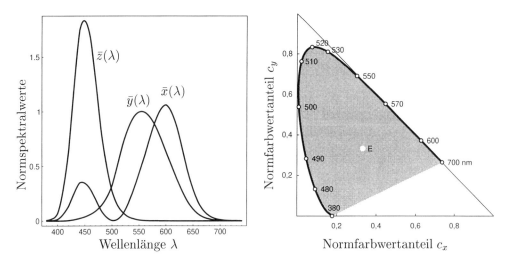

Abbildung 5.6: Links: Normspektralwertfunktionen für den „CIE 1931 Standard Beobachter" (XYZ–System). **Rechts:** CIE–Farbendreieck mit dem Spektralfarbenzug, dem Weißpunkt E und der Purpurlinie (unterer Abschluß des Farbenraums).

Das XYZ–System ist das Standardsystem der Farbmetrik, wie von der „*Commission Internationale de l'Eclairage*" (CIE) 1931 definiert. Es beruht auf Messungen mit den gleichen Grundfarben wie das RGB–System, doch führt man anschließend eine Koordinatentransformation durch, die den Spektralwertfunktionen und dem Farbendreieck bestimmte einfache Eigenschaften verleiht. Die Spektralwertfunktionen sind überall nicht–negativ, können also durch Filter realisiert werden, während die Grundfarben irreal sind (Abb. 5.6). Die Spektralwertfunktion $\bar{y}(\lambda)$ ist mit der Kurve des Helligkeitsempfindens beim photopischen Sehen (Zapfensehen) identisch. Die Achsen c_x und c_y des Normfarbendreiecks stehen senkrecht aufeinander, so daß in c_x–Richtung die wahrgenommene Helligkeit konstant ist. Weißes Licht wird im XYZ–Farbendreieck auf den Punkt $(c_x, c_y) = (\frac{1}{3}, \frac{1}{3})$ abgebildet (Weißpunkt E in Abb. 5.6).

Wir fassen die wichtigsten Eigenschaften des Farbendreiecks noch einmal zusammen:

1. *Weiß– oder Unbunt–Punkt:* Im Fall $a_x = a_y = a_z$ erhält man die „Farbe" weiß. Sie hat im Normfarbendreieck die Koordinaten $c_x = c_y = \frac{1}{3}$. Die Farben in der Nähe des Weißpunktes heißen „ungesättigt".

2. *Reale und irreale Farben:* Nicht alle Koordinaten x, y entsprechen realen Farben. Wegen des Überlapps der Spektralwertfunktionen kann es z.B. kein physikalisches Spektrum geben, das nur die Farbwerte $(1, 0, 0)$ hervorruft. Die Eckpunkte des Farbendreiecks und ein gewisser Bereich darum sind daher nicht besetzt.

3. *Spektralfarbenzug:* Den Rand des besetzten Bereichs bildet nach oben der Spektralfarbenzug. Er enthält zusammen mit der Pupurlinie die am stärksten gesättig-

ten Farben.

4. *Purpurlinie:* Nach unten ist der besetzte Bereich durch eine Gerade begrenzt, die Anfang und Ende des Spektralfarbenzuges miteinander verbindet.

5. *Farbmischung:* Alle Mischfarben zweier Farben liegen bei additiver Mischung im Farbendreieck auf der Verbindungslinie zwischen den Farborten der beiden Grundfarben. Alle Mischfarben zwischen n Farben liegen in einem durch diese Farben aufgespannten Polygon (der konvexen Hülle der Grundfarborte). Ein Bildschirm mit drei Phosphoren kann daher nie alle Farben darstellen, sondern nur die in dem durch die Grundfarben aufgespannten Dreieck.

HSB–System

Die Darstellung von Farben durch geradlinige Koordinatensysteme im Farbenraum ist für die Erzeugung von Farben durch additive Farbmischung sehr hilfreich. Anschaulicher ist jedoch die Darstellung in den Größen „Buntton" (*hue*), „Sättigung" (*saturation*) und „Helligkeit" (*brightness*). Dabei ist die Helligkeit die Länge der Farbvektoren, die beim Übergang vom Farbenraum auf das Farbendreieck weggelassen wurde; Ton und Sättigung sind gewissermaßen Winkel und Radius in einer Polarkoordinatendarstellung des Farbendreiecks mit dem Weißpunkt als Zentrum. In der Farbkarte nach DIN 6164 sind die Linien konstanten Farbtons Geraden vom Weißpunkt zum Spektralfarbenzug. Die Linien konstanter Sättigung sind keine Kreise sondern parallel zur Pupurlinie verlängert (vgl. Richter 1981). Das psychophysische Auflösungsvermögen im HSB–System zeigt Tabelle 5.1.

Im HSB–System und ähnlichen Systemen ist man bemüht, Farbabstufungen in für die Wahrnehmung gleichmäßigen (äquidistanten) Schritten vorzunehmen. Solche Systeme können daher nicht mehr auf dem bloßen Abgleichexperiment beruhen, das ja nur die Frage stellt, ob zwei Farben gleich oder verschieden sind. Fragt man z.B. ob der gesehene Unterschied den Ton oder die Sättigung betrifft, so begibt man sich in das Gebiet der „höheren Farbmetrik".

5.1.4   Gegenfarben

Benachbarte Farben im Farbendreieck gehen kontinuierlich ineinander über. Insofern ist es keine Schwierigkeit, sich ein gelbliches Rot oder ein bläuliches Grün vorzustellen. Daneben gibt es aber auch Farbpaare, zwischen denen ein kontinuierlicher Übergang, der nicht über weiß oder eine dritte Farbe führt, unvorstellbar ist: ein grünliches Rot oder ein gelbliches Blau kann es nicht geben. Nach E. HERING (1834–1918) gibt es drei solcher gegensätzlicher Paare:

$$
\begin{array}{ccl}
\text{Rot} & \Longleftrightarrow & \text{Grün} \\
\text{Gelb} & \Longleftrightarrow & \text{Blau} \\
\text{Hell} & \Longleftrightarrow & \text{Dunkel.}
\end{array}
$$

Tabelle 5.1: Die HSB–Koordinaten im Farbenraum

Dimension	Interpretation	Unterscheidbare Stufen
Farbton (*hue*)	Qualität der Farbwahrnehmung (rot, grün, gelb, blau), Wellenlängen der Spektralfarben	ca. 200
Sättigung (*saturation*)	Grad der Buntheit. Wieviel Weiß ist zugemischt?	ca. 20
Helligkeit (*brightness*)	Lichtintensität gewichtet mit der spektralen Empfindlichkeitsverteilung (candela/m^2)	ca 500
Insgesamt		> 1.000.000

Gegenfarben widersprechen nicht der trichromatischen Theorie, sondern stellen einen höheren Verarbeitungsschritt dar, der sich bereits auf der Ebene der retinalen Ganglienzellen nachweisen läßt (Abb. 5.7). Dabei werden die Differenzen der Signale verschiedener Zapfentypen gebildet.

Gegenfarbkanäle bilden Differenzen (oder z.T. auch Summen) der Rezeptorerregungen. Der Nutzen der Gegenfarbkodierung besteht in einer Dekorrelation der Erregungen der drei Zapfentypen (Buchsbaum & Gottschalk, 1983). Bezeichnet man die drei Gegenfarbkanäle mit a, p, q und ihre Erregungen entsprechend mit g_a, g_p, g_q, so kann man die Vorwärtsverschaltung von den Rezeptoren auf die Gegenfarbkanäle durch eine Gewichtsmatrix W beschreiben:

$$\begin{pmatrix} g_a \\ g_p \\ g_q \end{pmatrix} = \begin{pmatrix} w_{ak} & w_{am} & w_{al} \\ w_{pk} & w_{pm} & w_{pl} \\ w_{qk} & w_{qm} & w_{ql} \end{pmatrix} \begin{pmatrix} e_k \\ e_m \\ e_l \end{pmatrix}. \tag{5.10}$$

Dabei ist z.B. w_{ak} das Gewicht, mit dem der K–Zapfen den Gegenfarbmechanismus a erregt, bzw. hemmt. Wegen des großen Überlaps der spektralen Empfindlichkeiten der Rezeptorkurven (Abb. 5.2a) sind nun z.B. die Erregungen e_m und e_l hoch korreliert. Im Detail hängt diese Korrelation von der spektralen Verteilung des Lichtes in der betrachteten Szene ab. Mit den Methoden der multivariablen Statistik (Hauptachsentransformation) kann man eine Matrix W berechnen, deren Anwendung dazu führt, daß die Erregungen der Gegenfarbkanäle unkorreliert werden, d.h. die maximal mögliche Informationsmenge transportieren. Wie Buchsbaum & Gottschalk (1983) zeigen, erhält man einen achromatischen Kanal a, in den alle Rezeptortypen mit positivem Vorzeichen eingehen, einen Differenzkanal p aus M und L–Zapfen („Gelb minus Grün") sowie einen weiteren Differenzkanal q, in dem die kombinierte Erregung der M und L–Zapfen von der der K–Zapfen abgezogen wird („Blau minus Gelb"). Die meiste Information enthält der achromatische (hell/dunkel) Kanal (97,2 % der Varianz),

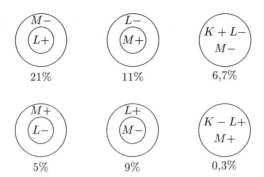

Abbildung 5.7: Rezeptive Felder von Retinalen Ganglienzellen mit Gegenfarb–Charakteristik. Obere Reihe: *on–center* Neurone. Untere Reihe: *off–center* Neurone. K, M, L: Zapfentypen, von denen die Zelle Signale erhält. $+$, $-$: Vorzeichen des Einflusses dieser Signale (hemmend, erregend). Die Prozentzahlen geben die Häufigkeit dieser Zelltypen beim Rhesus–Affen an; die verbleibenden 47% waren nicht farbspezifisch. Nach Zrenner 1983; vgl. auch Dacey 1996

der Rot/Grün–Kanal enthält noch 2,78 %, während der Blau/Gelb–Kanal nur noch 0,02 % der Signalvarianz enthält. Die aufgrund der informationstheoretischen Überlegungen gefundenen Kanäle stimmen in ihrer spektralen Empfindlichkeitsverteilung gut mit den psychophysisch belegten Gegenfarben überein.

Gegenfarben liegen im Farbendreieck nicht genau gegenüber. Man kann jedoch die maximal gesättigten Farben in einem Kreis anordnen, in dem die Gegenfarben dann in der Tat gegenüberliegen. Dieser Kreis ist zwischen Blau und Rot durch die Farbwahrnehmung „Purpur" geschlossen. Das HSB–System der Farbmetrik lehnt sich an diesen „Farbenkreis" an.

Physiologische Grundlage der Gegenfarben ist die Verschaltung der Zapfen auf die Ganglienzellen der Retina. In guter Übereinstimmung mit den psychophysischen Befunden und den theoretischen Überlegungen findet man Zellen für alle drei Gegenfarbkanäle. Die Kombination erfolgt aber nicht einfach pro retinalem Ort, wie in der skizzierten Theorie von Gottschalk & Buchsbaum (1983) vereinfachend angenommen. Dies ist streng genommen auch gar nicht möglich, weil Zapfen verschiedener Typen nie genau den gleichen Bildpunkt besetzen. Tatsächlich folgen die Verschaltungsmuster dem Schema der lateralen Inhibition, wobei z.B. zentrale langwellige Eingänge von lateralen mittelwelligen abgezogen werden (*„green–on–center, red–off–surround"*). Da keine negativen Erregungen der Ganglienzellen möglich sind, benötigt man für den rot–grün Kanal insgesamt vier verschiedene Typen von Ganglienzellen. Für den achromatischen und den gelb–blau Kanal gibt es jeweils nur zwei (Abb. 5.7).

Die farbspezifischen Ganglienzellen der Retina gehören zum sog. *parvozellulären* (kleinzelligen) Typ. Ihm steht der achromatische *magnocelluläre* Typ gegenüber, der durch eine höhere zeitliche Auflösung charakterisiert ist. Die Separation der beiden Zelltypen setzt sich im LGN und im visuellen Cortex fort, so daß man eine getrennte

Verarbeitung von Farb– und Bewegungsinformation im visuellen System postuliert hat („farbenblindes Bewegungssehsystem"). Neuere Arbeiten zeigen jedoch, daß es Wechselwirkungen zwischen beiden Systemen gibt und daß das Bewegungssehen nicht völlig farbenblind ist (vgl. Gegenfurtner & Hawken 1996).

5.1.5 Populationskodierung

Man könnte nun meinen, daß die Dekorrelation der Farbkanäle durch die Gegenfarben eine bloße „Reparaturmaßnahme" ist, die ohne den Überlapp der Rezeptorsensitivitäten nicht erforderlich wäre. Dabei muß man sich aber klar machen, daß dieser Überlapp eine wesentlich effizientere Kodierung erlaubt, als es bei nicht überlappenden Sensitivitäten der Fall wäre. Allgemein bezeichnet man solche Kodes mit überlappenden Empfindlichkeiten als Populationskodes, weil jedes Signal (jede Wellenlänge) in ein Erregungsmuster aller Kanäle (Rezeptortypen) kodiert wird. Im Gegensatz dazu steht der Intervallkode, bei dem die Empfindlichkeitskurven der Kanäle nicht überlappen.

Die größere Effizienz des Populationskodes zeigt folgende Überlegung: Um mit der gegebenen Anzahl von Kanälen die größtmögliche Menge von Information zu übertragen, sollten alle Kanäle im Mittel gleichhäufig erregt und nicht erregt sein (Optimalkode im Sinne der Informationstheorie, vgl. Cover & Thomas 1991). Im Intervallkode wird jeder Kanal aber nur dann erregt sein, wenn ein Signal genau in das Intervall fällt, für das der Kanal zuständig ist; in allen anderen Fällen schweigt er. Im Populationskode werden demgegenüber stets mehrere der verfügbaren Kanäle genutzt, so daß insgesamt mehr Information über das Signal vorhanden ist. Zum gleichen Ergebnis führt die Überlegung, daß die Differenz zweier Kanalerregungen, die bei überlappenden Empfindlichkeiten sehr feine Abstufungen im Überlappungsbereich darstellen kann, bei der Intervallkodierung praktisch keine Information enthält.

Populationskodierung ist ein allgemeines Prinzip der Wahrnehmung, das außer beim Farbensehen noch in vielen anderen Zusammenhängen verwirklicht ist. Beispiele

Tabelle 5.2: Beispiele für Populationskodierung in der visuellen Wahrnehmung

Meßgröße	Kanäle mit überlappender Selektivität
Farben	spektrale Empfindlichkeit der Rezeptortypen (Abb. 5.2)
retinale Position (Überauflösung bei der Nonius–Sehschärfe)	rezeptive Felder als örtliche Verteilungen der Empfindlichkeit (Abs. 3.4.1)
Kontrast und Ortsfrequenz	Auflösungskanäle (Abb. 3.11)
Stereopsis	Disparitätstuning binokularer Neurone (Abb. 6.17)
Eigenbewegung	*matched filter* für bestimmte Muster des optischen Flusses (Abb. 10.11)

für Intervallkodes sind dagegen selten. Einige Beispiele, die in anderen Kapiteln dieses Buches erwähnt werden, sind in Tabelle 5.2 zusammengestellt. Zur Theorie vergleiche Snippe (1996).

5.2 Farbe in Bildern

5.2.1 Farberscheinung

Die Wahrnehmung, die ein Licht mit gegebenem Spektrum hervorruft, hängt stark davon ab, welche Farben gleichzeitig in der Umgebung des Testlichtes gezeigt werden, bzw. welche Farben vorher zu sehen waren. Ein graues Papier vor einem roten Hintergrund erscheint grünlich, vor grünem Hintergrund rötlich. Legt man umgekehrt einen roten und einen grünen Karton nebeneinander und gleicht die Farben zweier auf diese Kartons gelegten Papiere ab, so werden die Farbwerte beider Proben sehr verschieden sein. Diese anschauliche Gleichheit verschiedener Farbwerte („Farbumstimmung") darf nicht mit der Metamerie verwechselt werden. Während die Metamerie durch die Beschränkung auf drei Farbkanäle entsteht, geht die Farbumstimmung auf Wechselwirkungen zwischen den Rezeptorerregungen verschiedener Bildorte (vgl. Abb. 5.7) bzw. zu verschiedenen Zeitpunkten zurück.

Die Wechselwirkungen zwischen den Farben einer Szene und der Beleuchtung bilden eine Gruppe von verwandten Phänomenen, die man je nach der betrachteten Variablen unterschiedlich bezeichnet:

Farbkonstanz ist die Unabhängigkeit der wahrgenommenen Farbe von der Farbe der Lichtquelle. In erster Näherung kann man dies so beschreiben, daß ein mittlerer Farbvektor reizabhängig als weiß (unbunt) definiert und alle anderen Vektoren durch Adaptation der Empfindlichkeiten der Rezeptoren darauf bezogen werden. Dem liegt die vereinfachende Annahme zugrunde, daß die mittlere Farbe einer Szene unbunt ist (*gray world assumption*).

Sukzessiver Farbkontrast: Farbkonstanz geht mit einer Adaptation an die vorherrschende Farbe der Szene einher. Ändert sich die Beleuchtung oder die farbliche Zusammensetzung der Szene plötzlich, so entsteht ein Nacheffekt. Wechselt man z.B. von roter auf weiße Beleuchtung, so erscheint die Szene zunächst grünstichig.

Simultaner Farbkontrast: Wie bereits erwähnt, erscheinen kleine graue Flächen auf rotem Hintergrund grünlich, auf grünem Hintergrund dagegen rötlich. Hier geht die örtliche Summation der Gegenfarbzellen (Abb. 5.7) ein. Allerdings ist der simultane Farbkontrast nicht einfach eine laterale Inhibition, da er durch das Fehlen oder Vorhandensein von Kanten beeinflußt werden kann. Abb. 5.8 zeigt einen grauen Ring, der zur Hälfte vor einem dunkleren, zur Hälfte vor einem helleren Hintergrund liegt (sog. KOFFKA–Ring). In Bildteil b ist der Ring durch eine dünne Linie, die der Grenze der Hintergründe folgt, geteilt. Durch laterale Inhibition ensteht eine Kontrast-

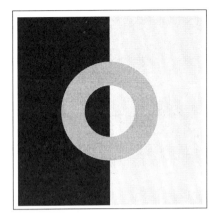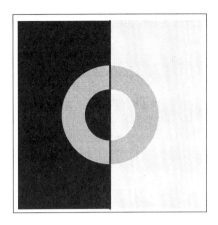

Abbildung 5.8: KOFFKA–Ringe zur Illustration der Abhängigkeit wahrgenommener Intensitäten von Kanten. In beiden Bildern hat der graue Ring überall den gleichen Grauwert. Während er links auch im wesentlichen so erscheint, scheinen die beiden Hälften im rechten Bild unterschiedlich hell zu sein: vor dem hellen Hintergrund wirkt der Ring dunkler. Diese Wahrnehmung wird durch die hinzugefügte Trennlinie erzeugt, die es leichter macht, den beiden Hälften verschiedenen Grauwerte zuzuordnen.

verstärkung, die in Abb. 5.8a und b gleich sein sollte. Tatsächlich ist die Kontrast-verstärkung in Bildteil b wesentlich stärker. Fehlt die Kante, so versucht man, dem Ring einen einheitlichen Grauwert zuzuschreiben. Durch die Einführung der Trennungslinie entfällt diese Notwendigkeit und die Kontrastverstärkung kann ungehindert wirken. (vgl. Metzger 1975).

5.2.2 Problemstellung

Wie schon in Kapitel 2 dargestellt, setzt sich die Bildintensität multiplikativ aus Reflektivität und eingestrahltem Licht zusammen:

$$I(\vec{x}, \lambda) = E(\vec{x}, \lambda) S(\vec{x}, \lambda). \tag{5.11}$$

Dabei ist $E(\vec{x}, \lambda)$ die Irradianz an der Stelle in der Szene, die auf den Bildpunkt $\vec{x}$ abgebildet wird. $S(\vec{x}, \lambda)$ ist die Reflektivität der Oberfläche an derselben Stelle; im Fall des LAMBERTschen Strahlers (Gl. 2.5) ist $S = c(\vec{n} \cdot \vec{l})$. Gl. 5.11 gilt für jede Wellenlänge λ unabhängig. Geht man zu den Erregungen in den Farbkanälen über (Gl. 5.1), so bleibt die einfache multiplikative Struktur nicht erhalten, da dann über die Wellenlängen integriert wird. Das Problem der Farbkonstanz ist nun, die beiden Größen auf der rechten Seite der Gl. 5.11 zu trennen und damit die Oberflächeneigenschaften $S(\vec{x}, \lambda)$ unabhängig von der Beleuchtung $E(\vec{x}, \lambda)$ zu ermitteln.

Dieses Problem ist nicht in voller Allgemeinheit lösbar und auch die Wahrnehmung ist nicht ideal farbkonstant. Hat man jedoch hinreichend viele verschiedene

Farbflächen im Bild und eine nicht zu spezielle Beleuchtung, so gibt es befriedigende
Lösungen.

5.2.3   Lineare Transformationen

Wir folgen in diesem Abschnitt einer Arbeit von Maloney und Wandell (1986). Reale
Oberflächen zeigen nur eine recht beschränkte Variation ihrer Absorptionsspektren.
Dies hängt damit zusammen, daß Absorptionsspektren in der Regel stetig und band-
begrenzt sind. Tatsächlich kann man mit nur drei bis fünf Basisspektren $S_j(\lambda)$ die
meisten realen Absorptionsspektren nachbilden. Man kann daher S als Summe

$$S(\vec{\mathbf{x}}, \lambda) = \sum_{j=1}^{J} \sigma_j(\vec{\mathbf{x}}) S_j(\lambda) \qquad (5.12)$$

ansetzen, wobei die Basisspektren fest vorgegeben sind, während die Koeffizienten
σ_i die Ortsabhängigkeit enthalten. Wir nehmen weiterhin vereinfachend an, daß die
Beleuchtung in spektraler Zusammensetzung und Intensität über die ganze Szene
konstant sei. Setzt man die Gln. 5.11, 5.12 in Gl. 5.1 ein, so erhält man

$$e_i(\vec{\mathbf{x}}) = \int E(\lambda) \sum_j \sigma_j(\vec{\mathbf{x}}) S_j(\lambda) \varphi_i(\lambda) d\lambda. \qquad (5.13)$$

wobei der Index $i = 1, ..., 3$ für die Rezeptortypen steht, während j die Freiheitsgrade
der Absorptionsspektren durchläuft. Bezeichnet man mit Λ_ϵ die $j \times i$ Matrix

$$\Lambda_\epsilon = \left\{ \int E(\lambda) S_j(\lambda) \varphi_i(\lambda) d\lambda \right\}_{(j,i)}, \qquad (5.14)$$

so geht Gl. 5.13 in die Vektorgleichung

$$\vec{\mathbf{e}} = \Lambda_\epsilon \vec{\sigma} \qquad (5.15)$$

über. Die Matrix Λ_ϵ beschreibt die Rolle der Beleuchtung beim Übergang der durch
$\sigma_1, ..., \sigma_J$ gegebenen Oberflächenreflektivität auf die Rezeptorerregungen. Der Index
ϵ soll andeuten, daß sie von der Beleuchtung E abhängt. Als Übungsaufgabe kann
man sich überlegen, daß metamere Beleuchtungen derselben Szene unterschiedliche
Beleuchtungsmatrizen und damit unterschiedliche Erregungsmuster in den Zapfen
erzeugen können.

Abb. 5.9 zeigt ein Beispiel. Wir nehmen an, daß die Oberflächenfarben in der Sze-
ne im wesentlichen nur in zwei Freiheitsgraden variieren. Die Matrix Λ_ϵ hat dann 2×3
Koeffizienten und die Orte aller Erregungsvektoren $\vec{\mathbf{e}}$ im Rezeptorraum bilden nach
Gl. 5.15 eine Ebene durch den Nullpunkt. Den Schnitt dieser Ebene mit dem Farbendreieck zeigt die graue Gerade in Abb. 5.9. Für verschiedene Beleuchtungen erhält
man verschiedene Ebenen im Rezeptorraum und damit die verschiedenen Geraden
der Abb. 5.9.

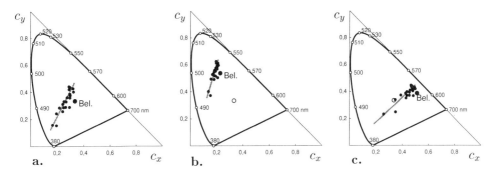

Abbildung 5.9: Einfluß der Beleuchtung auf die Farbwertanteile. Die Abb. zeigt die Farbwertanteile einer Stichprobe von Oberflächenfarben unter wechselnder Beleuchtung. **a.** Weiße Beleuchtung. Die Farben der Stichprobe fallen auf eine Gerade im blaugrünen Bereich. **b.** Unter grüner Beleuchtung sind die Farborte entsprechend verschoben. **c.** Dasselbe für rote Beleuchtung. Bel.: Farbe der Beleuchtung. Der offene Kreis ○ markiert den Weißpunkt. Er fällt in **a.** mit dem Farbort der Beleuchtung zusammen.

Das Problem der Farbkonstanz ist gelöst, wenn die Matrix Λ_ϵ bestimmt ist und zusätzlich die Beleuchtungsmatrix Λ_o für weiße Beleuchtung bekannt ist. Zu einem beliebigen Erregungsvektor $\vec{e}$ erhält man in diesem Fall den Erregungsvektor $\vec{e}_o$, den die gleichen Oberflächen unter weißer Beleuchtung hervorgerufen hätten, aus der Beziehung

$$\vec{e}_o = \Lambda_o (\Lambda_\epsilon^\top \Lambda_\epsilon)^{-1} \Lambda_\epsilon^\top \vec{e}. \tag{5.16}$$

Dabei ist $(\Lambda_\epsilon^\top \Lambda_\epsilon)^{-1} \Lambda_\epsilon^\top$ die sog. Pseudoinverse* von Λ_ϵ, deren Existenz wir bei nicht zu speziellen Beleuchtungen voraussetzen können. Falls Λ_ϵ quadratisch ist, geht die Pseudoinverse in die gewöhnliche inverse Matrix über.

Gl. 5.16 beschreibt die lineare Transformation der Farborte der Abb. 5.9b,c auf die der Abb. 5.9a, wenn man für die Berechnung von Λ_ϵ jeweils die in Abb. 5.9b,c benutzte grüne bzw. rote Beleuchtung zugrunde legt. Man erkennt, daß das Verfahren von Maloney und Wandell (1986) nicht einfach den Schwerpunkt der Farborte der Stichprobe auf den Weißpunkt abbildet, sondern genauere Ergebnisse liefert, die es zulassen, daß überwiegend einfarbige Bilder auch nach Berechnung der Farbkonstanz noch die vorherrschende Farbe zeigen. Würde man stattdessen einfach den Schwerpunkt auf den Weißpunkt transformieren, würde eine grüne Wiese nach längerer Betrachtung grau erscheinen.

Es bleibt nun noch das Problem, die Matrix Λ_ϵ aus Bilddaten zu bestimmen. Da man weder die Basisspektren der Oberflächenfarben S_j, noch das Spektrum der

---

*Wenn Λ_ϵ nicht quadratisch ist, multipliziert man in Gl. 5.15 von links mit der transponierten Matrix $\Lambda_\epsilon^\top$. Die Matrix $\Lambda_\epsilon^\top \Lambda_\epsilon$ ist in jedem Fall quadratisch. Wenn ihre Inverse existiert, kann man Gl. 5.15 nach $\vec{\sigma}$ auflösen. Durch Einsetzen in $\vec{e}_o = \Lambda_o \vec{\sigma}$ erhält man Gl. 5.16.

Beleuchtung E, noch die Absorptionsspektren der Rezeptoren φ_i als bekannt voraussetzen kann, bleibt nur die Auflösung des Gleichungssystems 5.15. Geht man von J Freiheitsgraden für die Oberflächenfarben aus, so hat Λ_ϵ insgesamt $3J$ Komponenten, die alle unbekannt sind. Für jede Farbfläche erhält man aus Gl. 5.15 drei Bestimmungsgleichungen und noch einmal J Unbekannte $\sigma_1(\vec{x}), ..., \sigma_J(\vec{x})$. Eine Lösung ist also nur möglich, wenn $J < 3$, wenn die Oberflächenfarben also tatsächlich nur zwei Freiheitsgrade aufweisen. Hat man in diesem Fall sechs Farbflächen an den Orten $\vec{x}_1, ..., \vec{x}_6$, so kann man die sechs Koeffizienten von Λ_ϵ sowie die 2×6 Koeffizienten der Oberflächenfarben $\sigma_1(\vec{x}_1), ..., \sigma_2(\vec{x}_6)$ bestimmen. Ist die angenommene Zweidimensionalität der Oberflächenfarben nicht erfüllt, so wird die Schätzung umso schlechter, je mehr die Farborte der Stichprobe von einer Geraden abweichen. Für die recht engen Punktwolken in Abb. 5.9 würde man z.B. noch akzeptable Ergebnisse erzielen.

Eine weitere Einschränkung für die Matrix Λ_ϵ, die Maloney und Wandell (1986) nicht ausnutzen, besteht darin, daß die Transformation der Gl. 5.16 nicht aus dem Farbendreieck bzw. dem Raum der realen Farben hinausführen darf. Insbesondere bei der Verwendung großer Stichproben von Oberflächenfarben ist dies eine starke Einschränkung, die die Berechnung der Farbkonstanz wesentlich verbessern kann (vgl. Forsyth 1990, Finlayson 1996).

Einen psychophysischen Vergleich zwischen der linearen Theorie und der menschlichen Farbkonstanzleistung geben Lucassen & Walraven (1996).

5.2.4 Stückweise konstante Oberflächeneigenschaften

Aufgrund der Bedeutung von Kanten für die Farbkonstanz entwickelte E. LAND die sog. Retinex–Theorie der Farbkonstanz, die als einer der Ursprünge der Bildverarbeitung gelten kann (Land & McCann 1971). Wir gehen hier kurz auf diese historisch bedeutende Theorie ein, obwohl sie für die Modellierung des menschlichen Farbensehens und für technische Anwendungen inzwischen eher von untergeordneter Bedeutung ist (Brainard & Wandell 1986; vgl. aber Jobson et al. 1997). Wir folgen dabei nicht

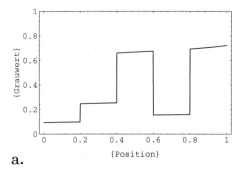

a.   b.

Abbildung 5.10: Grauwertverlauf des Bildes einer Fläche mit stückweise konstanter Reflektivität („MONDRIAN–Muster") unter inhomogener Beleuchtung. **a.** Grauwertprofil. **b.** Bild

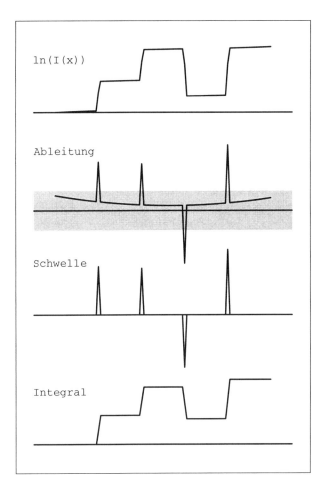

Abbildung 5.11: Schematische Darstellung des eindimensionalen Retinex–Verfahrens. Das Grauwertprofil (Abb. 5.10) wird zunächst logarithmiert und dann abgeleitet. Durch eine geeignete Schwellenoperation kann man dann die „langsamen" Grauwertänderungen eliminieren. Integriert man die verbleibenden Zacken auf, so erhält man eine Schätzung für den Anteil der Reflektivitätsverteilung im Ausgangsprofil. Zum Schluß muß noch die Exponentialfunktion angewandt werden, um den Logarithmus wieder aufzuheben (nicht gezeigt).

der originalen Arbeit von LAND, sondern einem in vieler Hinsicht äquivalenten, aber formal klareren Vorschlag von Horn (1974).

Wir betrachten eine Ebene mit stückweise konstanter Reflektivität. Solche Reizmuster werden nach dem niederländischen Maler P. M. MONDRIAN häufig als „Mondrians" bezeichnet, obwohl ihre Ähnlichkeit mit den Gemälden MONDRIANs eher gering ist. Unter geeigneter Beleuchtung erhält man dann eine Intensitätsverteilung wie in Abb. 5.10 angedeutet. Wir betrachten das Problem hier lediglich eindimensional, d.h. für Bilder wie in Abb. 5.10b. Die Idee der Retinex–Theorie besteht dann darin, daß man

1. zunächst die Kanten in $I(x)$ bestimmt,

2. die „langsamen" Änderungen (z.B. glatte Änderung der Beleuchtungsstärke über den Ort) eliminiert und

3. schließlich $S(x)$ aus den Kanten rekonstruiert.

Abb. 5.11 zeigt die Grundidee des Retinex–Verfahrens schematisch. Die Intensitätsverteilung weicht wegen der schwach ortsvarianten Beleuchtung leicht von dem für die Oberflächenreflektivität S angenommenen stückweise konstanten Verlauf ab. Man bildet zunächst den Logarithmus der Intensitäten, um so die Multiplikation von Oberflächenreflektivität und Beleuchtung (Gl. 5.11) in eine Addition der logarithmierten Größen zu überführen.[*]

Mit Hilfe eines Kantendetektionsverfahrens sucht man dann die Sprungstellen zwischen den einzelnen Farbflächen der Szene auf. Im einfachsten Fall ist dies eine Ableitung nach dem Ort. Die langsamen Änderungen der Intensitäten, die auf die Beleuchtungseinflüsse zurückgehen, können jetzt herausgefiltert werden, da sie nach Logarithmieren und Ableiten einen additiven Anteil bilden, der unter einer Schwelle bleibt. Man setzt also alle Anteile unterhalb einer Schwelle zu null und behält nur die Information an den Sprungkanten übrig. Als letzten Schritt muß man nun aus diesen Kanten das Bild wieder rekonstruieren. Im eindimensionalen Fall gelingt dies mit einer Integration, die die Ableitung invertiert. Der Logarithmus wird dann durch die Exponentialfunktion invertiert und man erhält eine stückweise konstante Intensitätsverteilung, die im Idealfall die Oberflächenreflektivität wiedergibt.

Das Retinex–Verfahren arbeitet befriedigend, wenn kleinere Schwankungen der Beleuchtung aus dem Bild eliminiert werden sollen (Jobson et al. 1997). Die Rekonstruktion der Farben läuft im wesentlichen auf eine Normierung heraus, bei der der mittlere Farbwert in der Szene auf den Weißpunkt geschoben wird. Dem liegt die Annahme zugrunde, daß die Welt im Mittel in etwa grau ist („gray–world assumption"). Ist diese Annahme nicht erfüllt, z.B. bei der Betrachtung einer Wiese, so macht das Retinex–Verfahren die erwarteten Fehler. Damit hängt auch zusammen, daß der simultane Farbkontrast, den das Verfahren erzeugt, viel größer ist, als der in der menschlichen Wahrnehmung (Brainard & Wandell 1986).

---

[*]Brainard & Wandell (1986) weisen zu Recht darauf hin, daß die spektrale Irradianzverteilung $I(x, \lambda)$, für die allein die multiplikative Verrechnung gilt, nicht bekannt ist, sondern nur die Rezeptorerregungen $e_i(x)$. Das Integral in Gl. 5.1 kann aber nicht mit dem Logarithmus vertauscht werden, so daß diese Grundidee des Retinex–Verfahrens grundsätzlich nicht gerechtfertigt ist. Ein wichtiger Spezialfall, in dem die Logarithmierung dennoch zum Ziel führt, liegt z.B. bei der Beleuchtung einer Szene durch eine schwache Lampe vor. In diesem Fall ist die spektrale Verteilung der Beleuchtung in der ganzen Szene konstant, während die Intensität mit dem Abstand von der Lampe absinkt. Die Abhängigkeiten der Beleuchtung von Ort und Wellenlänge sind daher separierbar, $E(x, \lambda) = E_1(x)E_2(\lambda)$. In diesem Fall kann die Ortsabhängigkeit aus dem Integral in Gl. 5.1 herausgezogen werden und die Logarithmierung führt zu dem gewünschten Ergebnis.

Teil III

Räumliche Tiefe

Die Rekonstruktion räumlicher Tiefe aus ebenen Helligkeitsverteilungen ist ein klassisches Problem der visuellen Informationsverarbeitung. Einige Informationsquellen, die er erlauben, aus Bildern auf räumliche Tiefe zu schließen, sind die folgenden:

Datenbasis	Tiefenhinweis	vgl. Kapitel
einzelnes Bild	Schattierungen & Schatten	7
	Texturgradienten & Perspektive	8
	Verdeckung	
	Größe bekannter Objekte	
Bildpaare:	verschiedene Typen von Disparität	6
Bildfolgen: Bewegung	Bewegungsparallaxe (Bewegung des Beobachters)	10
	Dynamische Verdeckung	
	Kinetischer Tiefeneffekt (Bewegung eines Objektes)	(10)

Bei der menschlichen Wahrnehmung werden alle diese Tiefenhinweise genutzt. Jeder Tiefenhinweis liefert andere „Primärinformationen"; so enthalten Schattierungen und Texturen Informationen über Oberflächenorientierungen, während binokulare Stereopsis bei Kenntnis der Augenstellung die Ermittlung absoluter Abstände erlaubt. Da bei der natürlichen Wahrnehmung die einzelnen Tiefenhinweise nicht isoliert auftreten, entsteht das Problem der *Integration von Tiefenhinweisen.*

Der Begriff „wahrgenommene Tiefe" kann für eine Reihe recht verschiedener Wahrnehmungen bzw. Sinnesleistungen verwendet werden. Unter anderem kann damit die Wahrnehmung von Abständen, dreidimensionalen Formen und lokalen Oberflächeneigenschaften (z.B. Orientierung, Krümmung) oder scheinbarer Größe gemeint sein. Von einem mehr am Verhalten orientierten Standpunkt kann man auch die Formung der Hand vor dem Ergreifen eines Objektes oder Richtung und Reichweite einer Greifbewegung als Ausdruck wahrgenommener Tiefe auffassen und im Experiment nutzen. In den folgenden Kapiteln wird jedoch nur von einfachen geometrischen Konzepten wie Tiefenkarten und Oberflächenorientierungen die Rede sein. Wir besprechen zunächst das stereoskopische Tiefensehen; in den folgenden Kapiteln werden dann als monokulare Tiefenhinweise Schattierung und Textur behandelt. Auf Bewegungsparallaxe und den kinetischen Tiefeneffekt werden wir im Zusammenhang mit dem optischen Fluß kurz eingehen.

Kapitel 6

Stereopsis

6.1 Parallaktische Bildunterschiede

Stereoskopisches Tiefensehen beruht auf den durch die Parallaxe bedingten Unterschieden zwischen den Bildern der beiden Augen (sog. Halbbilder eines Stereogramms). Abb. 6.1 zeigt schematisch das von Wheatstone (1838) entwickelte Spiegelstereoskop, mit dessen Hilfe der Zusammenhang zwischen stereoskopischem Tiefeneindruck und Bildunterschieden bewiesen wurde. Es trennt die Bilder mit Hilfe zweier gegeneinander gekippter Spiegel. Andere Prinzipien für Stereoskope beruhen auf der Bildtrennung durch Farbfilter („Anaglyphen–Brille") oder Polarisationsfilter. In Computergrafik und virtueller Realität weit verbreitet ist die zeitliche Bildtrennung, bei der die Halbbilder in schnellem Wechsel geflickert werden (z.B. mit 60 Hertz) und durch Brillen mit entsprechend geschalteten Verschlüssen betrachtet werden. Eine Übersicht über Stereoskope und ihre Funktionsprinzipien geben Howard & Rogers (1995).

Mit einiger Übung kann man zwei nebeneinander angeordnete Bilder auch frei fusionieren, indem man mit einem Auge das linke, mit dem anderen das rechte Halbbild

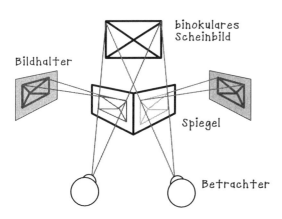

Abbildung 6.1: Schema eines Spiegelstereoskops nach WHEATSTONE. Die beiden Halbbilder werden an den Bildhaltern angebracht und über die beiden Spiegel betrachtet. Es entsteht ein fusioniertes Scheinbild mit einem starken, stereoskopischen Tiefeneindruck.

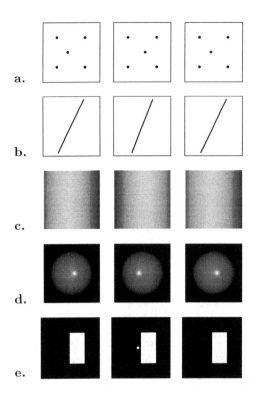

Abbildung 6.2: Typen von Bildunterschieden. **a.** Punktdisparität. **b.** Orientierungs– und Punktdisparität. **c.** Grauwertdisparität. **d.** photometrische Disparität (disparates Glanzlicht). **e.** Monokulare Verdeckung. Zur Erzeugung des stereoskopischen Eindrucks deckt man zunächst die rechte Spalte ab und stellt einen weißen Karton zwischen die beiden linken Spalten. Man blickt dann senkrecht von oben auf die Abbildung, wobei sich die Nasenspitze genau über dem Karton befindet, so daß das linke Auge nur die linke Spalte sieht und das rechte nur die mittlere. Deckt man umgekehrt die linke Spalte ab und stellt die Blende zwischen die beiden rechten Spalten, so sieht man dieselben Stereogramme mit vertauschten Halbbildern.

betrachtet (freie Fusion). Eine Anleitung hierfür gibt die Legende von Abb. 6.2. Parallaktische Bildunterschiede oder Disparationen kommen in verschieden Typen vor:

1. *Querdisparität:* Ein isolierter Punkt in der dreidimensionalen Welt wird in den beiden Bildern an leicht verschiedenen Stellen abgebildet. Die horizontal gemessene Differenz der Abstände zum Bildmittelpunkt (bzw. der Winkel zur Sehachse) heißt Querdisparität (Abb. 6.2a).

2. *Vertikale Disparität:* Bei vergierenden Blickachsen treten auch vertikale Positionsdifferenzen auf (siehe unten); sie heißen dementsprechend vertikale Disparitäten (Rogers & Bradshaw 1993).

3. *Orientierung von Linien:* Eine schiefe Gerade im Raum wird in den beiden Augen in der Regel mit unterschiedlicher Steigung abgebildet (Abb. 6.2b). Diese Orientierungsdisparität ist experimentell nur schwer ohne gleichzeitig vorhandene Punktdisparität darzubieten, kann aber ebenfalls zur stereoskopischen Tiefenwahrnehmung genutzt werden. Bei bewegten Punkten werden in ähnlicher Weise die projizierten Geschwindigkeiten disparat sein (Cagenello & Rogers 1993).

4. *Form– und Größenunterschiede:* Bedingt durch die unterschiedlichen Abstände zum linken und rechten Auge sowie durch die unterschiedlichen Blickwinkel wer-

den ausgedehnte Figuren in unterschiedlicher Weise verzerrt. So kann z.B. das Seitenverhältnis von Rechtecken oder die Exzentrizität von Ellipsen in beiden Bildern unterschiedlich abgebildet werden.

5. *Schattierungsdisparitäten:* Glatte Oberflächen reflektieren Licht nach Maßgabe ihrer Orientierung in Bezug auf Lichtquelle (Einfallsrichtung) und Betrachter (Ausfallsrichtung). Betrachtet man etwa eine glatt schattierte Kugel mit zwei Augen, so sind die Grauwertverläufe in beiden Bildern disparat. Dies hängt zum einen damit zusammen, daß

   (a) die an korrespondierenden Netzhautpunkten abgebildeten Oberflächenpunkte verschiedene lokale Orientierung haben (Abb. 6.2c) und

   (b) im Falle glänzender Oberflächen selbst ein und derselbe Punkt in verschiedene Richtungen (d.h. zu den beiden Augen) unterschiedlich viel Licht ausstrahlt (Abb. 6.2d). Diese Form der Disparität entsteht durch die Reflexionseigenschaften der Oberfläche, nicht durch ihre Geometrie; wir bezeichnen sie als *photometrische* Disparität.

   Beide Arten von Schattierungsdisparitäten werden in der Wahrnehmung genutzt (Arndt et al. 1995, Blake & Bülthoff 1991).

6. *Monokulare Verdeckung:* An Sprungkanten ist ein Teil der weiter zurückliegenden Fläche oft nur von einem Auge aus sichtbar. Bildelemente, die kein Gegenstück im anderen Halbbild haben, können umgekehrt als Hinweis auf solche Sprungkanten dienen (Abb. 6.2e; Anderson & Nakayama 1994, Nakayama 1996).

Während die Geometrie der binokularen Abbildung bei allen genannten Formen der Disparität eine Rolle spielt, gehen die Materialeigenschaften der abgebildeten Oberflächen nur bei den Schattierungsdisparitäten ein. Für den Fall, daß keine monokularen Verdeckungen im Bild vorkommen, daß also die betrachtete Oberfläche von beiden Augen ganz einsehbar ist, kann man das geometrische Problem folgendermaßen formulieren: Es seien $I_l(\vec{x}')$ und $I_r(\vec{x}')$ das linke bzw. rechte Halbbild. Gesucht ist dann eine vektorwertige Funktion $\vec{d}(\vec{x}')$ mit der Eigenschaft

$$I_l(\vec{x}') = I_r(\vec{x}' - \vec{d}(\vec{x}')). \tag{6.1}$$

Die Komponenten des Vektorfeldes $\vec{d}(\vec{x}')$ sind die schon erwähnten horizontalen und vertikalen Disparitäten.

Gl. 6.1 erfaßt nur einen — wenn auch wichtigen — Spezialfall des Stereosehens. Einige weitere Probleme sind:

1. *Tiefensprünge.* Die Annahme einer von beiden Augen vollständig einsehbaren Oberfläche ist recht speziell. Im Bereich von Tiefensprüngen oder hinreichend großen Tiefengradienten werden in den meisten Bildern Bereiche auftreten, für die eine Zuordnung im Sinne der Gl. 6.1 nicht möglich ist. Als Konsequenz davon ist das Verschiebungsfeld $\vec{d}$ im allgemeinen nicht stetig.

2. *Transparenz.* Im Falle transparenter Oberflächen muß jeder Punkt des einen Halbbildes mehreren Punkten des anderen Halbbildes zugeordnet werden; die jeweiligen Verschiebungen entsprechen dabei den Tiefen der einzelnen durchsichtigen Oberflächen. Dies ist in Gl. 6.1 nicht vorgesehen, da pro Bildpunkt nur ein Verschiebungsvektor auftritt.

3. *Photometrische Effekte.* Wie bereits erwähnt, berücksichtigt Gl. 6.1 nur die Geometrie, nicht aber die Reflexionseigenschaften der Oberfläche.

6.2 Stereogeometrie (binokulare Perspektive)

Die wichtigste Ursache für Disparitäten, d.h. Unterschiede zwischen den beiden Halbbildern eines Stereogramms, ist die Positionsdifferenz der beiden Kameras oder Augen sowie die evtl. unterschiedliche Ausrichtung ihrer Achsen. Die inneren Kameraparameter (Brennweite und Position des Targets in Bezug auf den Knotenpunkt) sollen bei beiden Kameras gleich sein. Dies ist in praktischen Fällen u.U. ein Problem, da durch kleine Justierungsfehler der Kameratargets die internen Koordinatensysteme (x_l, y_l) bzw. (x_r, y_r) leicht voneinander abweichen können. Will man Disparitäten als metrische Größen bestimmen, muß man daher die Kameras sehr genau kalibrieren. Wir werden diesem Problem hier nicht weiter nachgehen.

Für die Abbildungsgeometrie unterscheiden wir zwei Fälle:

1. Parallele Kameraachsen: In diesem Fall gibt es nur horizontale Disparitäten, jedoch keine Punkte ohne Disparität.

2. Konvergente Kameraachsen: Es gibt Punkte mit horizontaler und/oder vertikaler Disparität, aber auch Punkte ohne Disparität. Ein solcher Punkt ohne Disparität ist offenbar der Schnittpunkt der Blickachsen. Die Menge aller Punkte im Raum, die ohne Disparität abgebildet werden, nennt man den theoretischen Horopter. Er spielt für das Verständnis der Stereogeometrie eine große Rolle.

6.2.1 Parallele Kameraachsen

Im einfachsten Fall sind die Kameraachsen parallel zueinander ausgerichtet und die Verbindungslinie der Kameraknotenpunkte, die *Basis b* des Stereokamerasystems, bildet einen rechten Winkel mit ihnen (Abb. 6.3). Wir betrachten das Bild eines Punktes P mit dem vertikalen Abstand z von der Basislinie (gemessen in Richtung der Kameraachsen), das links auf die Position x_l und rechts auf die Position x_r fallen soll. Durch Parallelverschiebung des Projektionsstrahls LP und anschließende Anwendung des Strahlensatzes hat man sofort:

$$d = \vec{\mathbf{d}}_x := x_l - x_r = -f\frac{b}{z}. \tag{6.2}$$

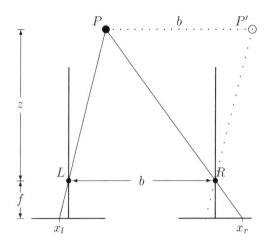

Abbildung 6.3: Querdisparität bei paralleler Kameraausrichtung. Der Punkt P wird mit den x–Koordinaten x_l bzw. x_r im linken und rechten Bild abgebildet. Die Disparität ist $d = x_l - x_r$. Durch Parallelverschiebung des linken Strahls von P nach P' und Anwendung des Strahlensatzes folgt: $d = -f\frac{b}{z}$.

Das Minus–Zeichen in Gl. 6.2 wird verständlich, wenn wir zum Fall konvergierender Kameraachsen kommen. Dort haben Punkte vor dem Fixierpunkt negative Disparitäten, Punkte dahinter positive.

Die *Querdisparität* als Positionsdifferenz der Bildkoordinaten ist die x–Komponente des Verschiebungsfeldes aus Gl. 6.1. Sie ist dem Abstand des Punktes umgekehrt proportional und wächst mit Brennweite f und Basisabstand b an. In technischen Systemen verwendet man daher zuweilen sehr große Basisabstände, um die Tiefenauflösung zu verbessern. Ein Extremfall ist die kartographische Profilvermessung aus Flugzeugen, bei der mit nur einer Kamera Bildfolgen aufgenommen werden. Die Rolle der Basislinie spielt dann die zwischen zwei Aufnahmen zurückgelegte Flugstrecke. Betrachtet man solche Stereogramme im Stereoskop, so wirken die dargestellten Objekte oft merkwürdig klein und unecht. Dies hängt damit zusammen, daß der Wahrnehmungsapparat weiterhin von einem physiologischen Basisabstand von $b \approx 6,5\ cm$ ausgeht. Die großen Disparitäten sind dann nur zu erklären, wenn man annimmt, daß man auf eine nahe Modellandschaft schaut. Man bezeichnet dieses Phänomen als Mikropsie.

Die Geometrie der Abb. 6.3 bleibt erhalten, wenn P nicht in der durch L, R und die optischen Achsen aufgespannten, horizontalen Ebene liegt. Die Bilder von P haben daher stets die gleichen y–Komponenten; im Fall paralleler Kameraachsen gibt es daher keine vertikalen Disparitäten.

6.2.2 Konvergierende Kameraachsen

Wir betrachten wieder ein Stereokamerasystem mit Basisabstand b, doch sollen sich die optischen Achsen jetzt in einem Punkt F („Fixierpunkt") schneiden. Im Fall beweglicher Kameras (oder Augen) ist die Existenz eines solchen Schnittpunktes nicht selbstverständlich, doch werden wir im Rahmen dieser Einführung stets davon ausgehen, daß ein solcher Schnittpunkt existiert.

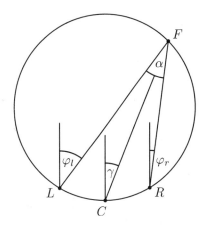

Abbildung 6.4: Binokulare Geometrie bei konvergierender Kameraausrichtung. Der Winkel zwischen den Linien vom Fixierpunkt F zu den beiden Knotenpunkten (L, R) ist der Vergenzwinkel α. Alle Punkte auf dem Kreis durch L, R und F (VIETH–MÜLLER–Kreis) haben den gleichen Vergenzwinkel. Die Winkel zwischen der aktuellen Blickrichtung und der Ruheposition der Augen („geradeaus", Kopforientierung) heißen φ_l und φ_r. C ist der sog. zyklopische Punkt, der den Bogen zwischen den beiden Knotenpunkten halbiert. Die von ihm aus gemessene Blickrichtung ist die *Version* γ.

Wenn sich die Sehachsen schneiden, verschwindet an dieser Stelle die Disparität. Allgemein bezeichnet man die Menge aller Punkte im Raum, deren Disparität verschwindet, als den *theoretischen Horopter*. Er hängt von der Lage des Fixierpunktes ab. Im Gegensatz zum theoretischen Horopter umfaßt der empirische Horopter alle Punkte, die einem Betrachter genauso weit entfernt erscheinen wie der Fixierpunkt.

Vergenz und Version

Den Winkel, unter dem sich die optischen Achsen der Kameras schneiden, bezeichnet man als *Vergenzwinkel* α (Abb. 6.4a). Er ändert sich nicht, wenn man statt F einen anderen Punkt auf dem Kreis durch L, R und F fixiert; dieser Kreis heißt VIETH–MÜLLER–Kreis. Die Gleichheit der Scheitelwinkel für alle Punkte P auf dem VIETH–MÜLLER–Kreis ist eine Anwendung des Satzes des THALES. Bezeichnet man, wie in Abb. 6.4 gezeigt, die Blickrichtungen der beiden Augen relativ zur Vorausrichtung des Kopfes mit φ_l und φ_r, so gilt:

$$\alpha = \varphi_l - \varphi_r. \tag{6.3}$$

Dabei sind die Winkel φ_l und φ_r jeweils von der Vorausrichtung nach rechts (im Uhrzeigersinn) gemessen worden. Die Vergenz wird 0, wenn die Kameraachsen parallel zueinander sind, d.h. wenn der Fixierpunkt im Unendlichen liegt. Für endliche Fixierpunkte ist sie stets positiv.

Den Mittelwert der beiden Blickrichtungen bezeichnet man als Version, γ:

$$\gamma = \frac{1}{2} \left(\varphi_l + \varphi_r \right). \tag{6.4}$$

Die anschauliche Interpretation dieses Winkels ergibt sich wiederum aus dem Satz des THALES: Bezeichnet man mit C den sog. zyklopischen Punkt, der den Bogen des VIETH–MÜLLER–Kreises zwischen den beiden Knotenpunkten halbiert, so schließt die Gerade $\overline{CF}$ mit der Vorausrichtung den Winkel γ ein.

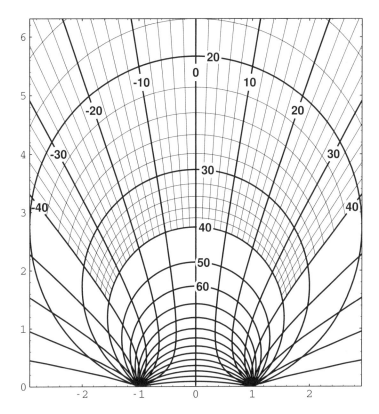

Abbildung 6.5: HERING–Koordinaten der horizontalen Ebene. Die Kreise sind Kurven konstanter Vergenz (VIETH–MÜLLER–Kreise), die Hyperbeln Kurven konstanter Version (HILLEBRAND–Hyperbeln). Die Knotenpunkte der Augen liegen bei $R, L = (\pm 1, 0)$; die Verhältnisse für das Sehsystem des Menschen erhält man also, indem man als Längeneinheit 3,25 *cm* ansetzt. Die fett gezeichneten Linien zeigen ein 10° Netz; die dünnen Linien eines von 2°. Die Vergrößerung der Maschen mit zunehmendem Abstand spiegelt die abnehmende Genauigkeit der Stereopsis wider.

Version und Vergenz bilden die sog. HERING–Koordinaten der Ebene durch die Knotenpunkte und den Fixierpunkt. Die Kurven konstanter Vergenz sind Kreise durch die Knotenpunkte, d.h. VIETH–MÜLLER–Kreise für verschieden weit entfernte Fixierpunkte. Die Kurven konstanter Version heißen HILLEBRAND–Hyperbeln und verlaufen jeweils durch einen der beiden Knotenpunkte. Beide Kurventypen zeigt Abb. 6.5. Die Bezeichnungen Vergenz und Version werden nicht nur für die festen Winkel α bzw. γ verwendet, sondern auch für binokulare Augenbewegungen, die zu Veränderungen dieser Winkel führen. Vergenzen sind also gegensinnige Augenbewgungen (beide Augen bewegen sich zur Nase: Konvergenz; beide Augen bewegen sich zur Schläfe: Divergenz). Gleichsinnige Augenbewegungen, bei denen sich beide Augen nach rechts bzw. links bewegen, heißen Versionen (vgl. Abschnitt 2.4.2).

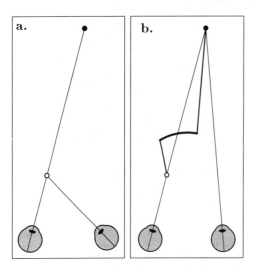

Abbildung 6.6: Vergenz und Version als innere Variable binokularer Augenbewegungen (sog. HERINGsches Gesetz). **a.** Beide Augen fixieren einen mit o markierten Punkt. Der nächste Fixierpunkt (•) liegt vom linken Auge aus betrachtet genau hinter dem ersten, so daß links eigentlich keine Augenbewegung erforderlich ist. **b.** Will man nun den hinteren Punkt fixieren, so bewegt sich das linke Auge zunächst etwas nach links, dann nach rechts und dann wieder nach links, bis es die Ausgangsposition wieder erreicht hat. Der Schnittpunkt der Sehachsen läuft dabei abwechselnd auf Kurven konstanter Version bzw. Vergenz.

Warum zieht man nun für die Beschreibung die abgeleiteten Winkel α, γ den Blickrichtungen φ_l, φ_r vor? Ein Vorteil des HERINGschen Systems ist, daß es, wie wir im nächsten Abschnitt sehen werden, eine geschlossene Beschreibung der Beziehung von Vergenz und Disparität bei Augenbewegungen erlaubt. Ein physiologisches Argument, das als „HERINGsches Gesetz" bekannt ist, ist die Tatsache, daß binokulare Augenbewegungen durch ihre Kinematik in Vergenz– und Versionskomponenten zerlegt werden. Abb. 6.6 zeigt schematisch den Fall einer Augenbewegung zwischen zwei Fixierpunkten, bei der das linke Auge seine Blickrichtung nicht verändern müßte. Tatsächlich wird jedoch zunächst eine langsame Vergenzbewegung initiiert, bei der die Augen in etwa spiegelsymmetrisch auseinanderwandern. Die Version bleibt dabei konstant; der Schnittpunkt der Sehachsen läuft auf einer HILLEBRAND-Hyperbel nach hinten. Mit etwas größerer Latenz findet dann eine schnelle Versionsbewegung (Sakkade) statt, d.h. beide Augen bewegen sich gleichsinnig und bei unveränderter Vergenz nach links, so daß der Schnittpunkt der Sehachsen einem VIETH–MÜLLER–Kreis folgt. Ist so die gewünschte Version erreicht, wird der Rest der Vergenzbewegung ausgeführt. Die Kinematik der Augenbewegungen und die Tatsache, daß das linke Auge eigentlich unnötige Bewegungen ausführt, legt somit den Schluß nahe, daß Vergenz und Version physiologisch getrennt gesteuert werden. Genauere Experimente zeigen, daß das HERINGsche Gesetz nur näherungsweise erfüllt ist. So können Sakkaden z.B. auch kleine Vergenzanteile enthalten.

Querdisparität

Bei konvergierenden Kameraachsen ist es günstig, die Disparität als Winkelgröße aufzufassen. Wir betrachten wieder nur die horizontale Ebene und bezeichnen den Winkel, unter dem P bei Fixation von F erscheint, als ϱ (Abb. 6.7); die Größen $\varrho_{l,r}$ sind

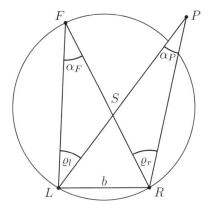

Abbildung 6.7: Zur Berechnung der Querdisparität δ als Winkelgröße. $\alpha = \alpha_F$: Vergenz. P: beliebiger Punkt, der während des Fixierens von F in der Peripherie erscheint. α_P: Zielvergenz (target vergence) von P. ϱ_l, ϱ_r: Azimuth des Punktes P in kamerazentrierten Polarkoordinaten. S: Schnittpunkt der Geraden $\overline{LP}$ und $\overline{RF}$. Es gilt: $\delta = \varrho_r - \varrho_l = \alpha_F - \alpha_P$.

also die Exzentrizitäten der Bilder des Punktes P bei Fixation von F. Die Querdisparität (für Punkte in der horizontalen Ebene) ist dann als die Differenz $\delta := \varrho_r - \varrho_l$ definiert. Sie ist also z.B. positiv, wenn der Punkt im rechten Auge weiter rechts erscheint, als im Linken. Man kann sie auf die Scheitelwinkel α_F (den Vergenzwinkel) und α_P zurückführen, indem man in Abb. 6.7 die Winkelsummen der Dreiecke $\triangle LFS$ und $\triangle RPS$ betrachtet. Da der Winkel am Punkt S bei beiden gleich ist, folgt sofort $\alpha_F + \varrho_l = \alpha_P + \varrho_r$ und daraus

$$\delta = \varrho_r - \varrho_l = \alpha_F - \alpha_P. \tag{6.5}$$

Die Disparität ergibt sich also als Differenz der Scheitel– bzw. Vergenzwinkel.

Aus Gl. 6.5 ergeben sich einige wichtige Eigenschaften:

1. Die Additivität von Vergenz und Disparität in Gl. 6.5 bedeutet, daß man die Disparität eines Punktes direkt zur Steuerung der Vergenz nutzen kann, wenn man diesen Punkt etwa zum Fixierpunkt machen will. Die in Abb. 6.5 gezeigten HERING–Koordinaten können nun auch zum Ablesen der Disparitäten genutzt werden: fixiert man einen beliebigen Punkt, so ergibt sich Querdisparität aller anderen Punkte aus der Differenz der α–Werte.

2. Punkte auf dem VIETH–MÜLLER–Kreis haben die Querdisparität $\delta = 0$. Man bezeichnet diesen Kreis daher auch als den (theoretischen) Horopter. Punkte im Innern des VIETH–MÜLLER–Kreises haben negative Disparitäten, Punkte außerhalb davon positive.

3. Fixiert man einen Punkt der Mittelebene im Abstand z, so ergibt sich für die Disparität eines Punktes, der um Δz hinter dem Fixierpunkt liegt, die Beziehung

$$\delta(z, \Delta z) = 2\left(\arctan\frac{b}{2z} - \arctan\frac{b}{2(z + \Delta z)}\right) \approx b\frac{\Delta z}{z^2}. \tag{6.6}$$

Die Näherung gilt für große z und kleine Δz (Abb. 6.8).

4. Außerhalb der Mittelebene hängen Disparität und Tiefe in komplizierterer Weise miteinander zusammen, wie in Abb. 6.5 gezeigt. Fixiert man mit einem Vergenzwinkel α_F, und betrachtet einen Punkt mit der Disparität δ, so liegt dieser Punkt

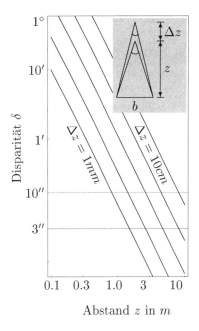

Abbildung 6.8: Zusammenhang zwischen Tiefe und Querdisparität in der Mittelebene (Gl. 6.6). Doppel–logarithmische Auftragung. Die Linien zeigen die Disparität eines festen Tiefenintervalls Δz im Abstand z; sie fällt in etwa mit dem Quadrat dieses Abstandes ab. Der Basisabstand ist mit $b = 6,5$ cm angenommen. Die fünf Linien entsprechen den Tiefenintervallen $\Delta z = 1mm$, $3mm$, $1cm$, $3cm$ und $10cm$. Die horizontalen Linien markieren die Wahrnehmungsschwelle. Im Abstand von 3 Metern können Tiefenvariationen von weniger als 1 cm nicht mehr stereoskopisch erkannt werden. Die Einschaltfigur zeigt noch einmal die beteiligten Größen; die Disparität entspricht der Differenz der beiden Scheitelwinkel.

auf einem VIETH–MÜLLER–Kreis mit Mittelpunkt M und Radius r:

$$M = \left(0, \frac{b}{2}\cot(\alpha_F + \delta)\right)$$

$$r = \frac{b}{2\sin(\alpha_F + \delta)}. \qquad (6.7)$$

Dabei liegen die Knotenpunkte an den Stellen $(\pm b/2, 0)$. Der tatsächliche Abstand hängt somit außer vom Vergenzwinkel und der Disparität auch von der Version und der „zyklopischen" Exzentrizität $\frac{1}{2}(\varrho_l + \varrho_r)$ ab. Dieser Zusammenhang läßt sich nicht dadurch vereinfachen, daß man Disparität als Strecke statt als Winkel definiert.

Vertikale Disparität und epipolare Linien

Die Stereogeometrie der Abb. 6.3 und 6.4 gilt in der dargestellten Form nur für Punkte in der durch L, R und F aufgespannten Ebene, die wir bei nicht geneigtem Kopf als Horizontalebene bezeichnen wollen. Hat man nun einen Punkt P_l im linken Bild, so liegen alle möglichen Urbilder P von P_l auf einer Geraden durch P_l und den linken Kameraknotenpunkt. Wenn P_l nicht selbst in der Horizontalebene liegt, ist diese Gerade geneigt; betrachtet man sie vom rechten Auge aus, so bildet sie eine ebenfalls geneigte Gerade auf der rechten Bildebene. Das rechte Abbild von P, P_r wird also sowohl in horizontaler, als auch in vertikaler Richtung gegen P_l verschoben

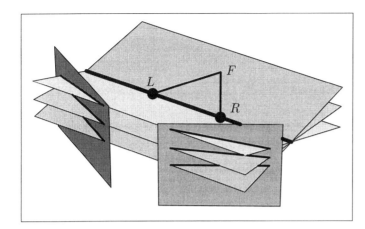

Abbildung 6.9: Epipolare Linien und vertikale Disparitäten bei vergierenden Stereosystemen. L, R: Knotenpunkte. F Fixierpunkt. Die Bildebenen stehen auf den Geraden $\overline{LF}$ bzw. $\overline{RF}$ senkrecht. Die epipolaren Linien weichen jeweils zur Mitte des Systems hin auseinander.

sein, wobei durch die Steigung der Geraden ein festes Verhältnis zwischen horizontaler und vertikaler Disparität vorgegeben ist.

Man kann nun umgekehrt die Gerade der möglichen Urbilder von P_r vom linken Auge aus betrachten und erhält auch dort eine geneigte Bildgerade. Alle genannten Geraden sowie die Sehstrahlen, die zu ihrer Konstruktion verwendet wurden, liegen in einer Ebene, die durch die beiden Knotenpunkte und den Objektpunkt P (oder einen der Bildpunkte P_l, P_r) aufgespannt wird. Diese Ebene heißt *epipolare Ebene* zum Punkt P. Ihre Schnittgeraden mit den beiden Bildebenen bilden Paare von *epipolaren Linien*. Die stereoskopische Entsprechung eines Punktes in einem der beiden Augen kann immer nur auf der entsprechenden epipolaren Linie im anderen Auge auftreten.

Die Geometrie der epipolaren Linien und Ebenen zeigt Abb. 6.9. Da alle epipolaren Ebenen die beiden Knotenpunkte enthalten, bilden sie insgesamt eine fächerförmige Struktur, ähnlich den Seiten eines aufgefächerten Buches, mit der Geraden durch L und R als „Buchrücken". Da die Bildebenen beim vergierenden System nicht zu der Geraden $\overline{LR}$ parallel sind, sind die Schnittlinien des Fächers mit den Bildebenen geneigt, und zwar so, daß sie zur Mitte des Stereosystems auseinanderstreben. Würde man die Bildebene nach außen soweit verlängern, daß sie die Gerade $\overline{LR}$ schneidet, so würden dort auch alle epipolaren Linien zum Schnitt kommen. Man macht sich anschaulich leicht klar, daß im Fall paralleler Kameraachsen ($\alpha = 0$) die epipolaren Linien horizontal (und damit parallel zueinander) werden und die vertikalen Disparitäten verschwinden. Weiterhin sind die epipolaren Linien der horizontalen Ebene stets horizontal, so daß hier niemals vertikale Disparitäten auftreten. Schließlich verschwinden vertikale Disparitäten bei symmetrischer Vergenz (Fixierpunkt in der medianen Ebene) entlang der y–Achse der Bildebene (vertikaler Meridian des Auges).

Vertikale Disparitäten sind für einen gegebenen Vergenzwinkel fest mit der Querdisparität verkoppelt. Sie bieten damit eine Möglichkeit, den Vergenzwinkel und damit absolute Abstände aus dem Bild zu bestimmen. Diese Möglichkeit scheint in der Wahrnehmung tatsächlich genutzt zu werden (Rogers & Bradshaw 1993).

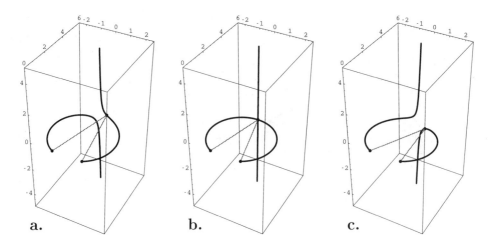

Abbildung 6.10: Räumlicher Horopter für ein Stereosystem mit den Knotenpunkten $(\pm 1, 0, 0)^\top$. **a.** Fixierpunkt $(0.5, 0.5, 4)^\top$. **b.** Fixierpunkt $(0, 0, 4)^\top$. **c.** Fixierpunkt $(0.5, -0.5, 4)$. Drehung der Augen zum Fixierpunkt nach LISTING-Koordinaten.

Der räumliche Horopter

Als (theoretischen) Horopter bezeichnet man die Menge aller Punkte im Raum, die ohne Disparität (horizontal oder vertikal) auf die beiden Kameras oder Augen abgebildet werden. Fixiert man einen Punkt in der Mittellinie der horizontalen Ebene, so besteht der räumliche Horopter aus dem VIETH–MÜLLER–Kreis und einer senkrechten Geraden durch den Fixierpunkt (Abb. 6.10b). Im allgemeinen ist der räumliche Horopter eine komplizierte Kurve (Abb. 6.10a,c), deren analytische Beschreibung hier zu weit führt (vgl. Solomons 1975).

Die Kurven der Abb. 6.10 sind unter der Annahme berechnet, daß die Augen nach LISTINGS Gesetz (Abs. 2.4.1) zum Fixierpunkt gedreht werden. Bei technischen Stereosystemen verwendet man meist das einfacher zu implementierende, biologisch aber nicht realisierte HELMHOLTZ–System (vgl. Abb. 2.18). In diesem Fall hat der Raumhoropter stets die Form der Abb. 6.10b, jeweils gekippt um den Nickwinkel.

6.3 Stereo–Algorithmen

6.3.1 Das Korrespondenzproblem

Die geometrischen Überlegungen des vorangegangenen Abschnitts zeigen, wie aus der Disparität auf die räumliche Tiefe geschlossen werden kann. Bei der Ermittlung der Disparität stellt sich nun ein zusätzliches Problem, nämlich die Zuordnung „korrespondierender" Bildmerkmale in beiden Halbbildern eines Stereogramms (vgl. Abb. 6.11). Dabei heißen zwei Bildmerkmale „korrespondierend", wenn sie Abbilder desselben

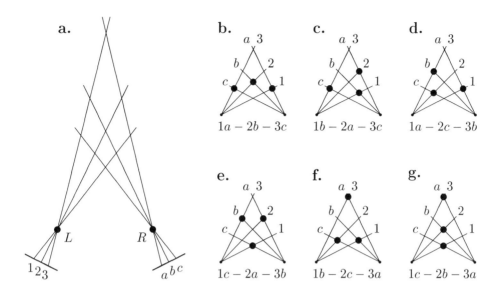

Abbildung 6.11: Das Korrespondenzproblem des Stereosehens. **a.** Im linken Bild sind Bildmerkmale an den Stellen $1, 2, 3$ vorhanden, im rechten an a, b, c. Zu diesen drei Bildmerkmalen gibt es $3! = 6$ mögliche Zuordnungen (**b.** – **g.**), die die Forderungen nach Eindeutigkeit und Vollständigkeit erfüllen. Jede Zuordnung führt zu einer anderen räumlichen Interpretation. L, R: Knotenpunkte des linken und rechten Auges.

Objektpunktes in der Außenwelt sind.[*] Sind die Bildmerkmale ununterscheidbar, so hat man bei jeweils n Merkmalen in jedem Halbbild $n!$ mögliche Zuordnungen, die alle zu anderen räumlichen Interpretationen führen. Erst wenn das Korrespondenzproblem gelöst ist, kann man durch Triangulation die Tiefen der abgebildeten Objekte bestimmen.

Abb. 6.11 zeigt eine Variante der bekannten zwei–Nadel Illusion (*double–nail illusion*, Krol & van de Grind 1980, von Campenhausen 1993). Hält man zwei Nadeln in der Mittelebene der Augen hintereinander und verdeckt die Enden mit einer Blende, so erscheinen die Nadeln nebeneinander. Dabei wird das Bild der linken Nadel im linken Auge mit dem Bild der rechten Nadel im rechten Auge fusioniert, so daß das Korrespondenzproblem sinnvoll (wenn auch physikalisch falsch) gelöst ist. Ein weiteres Beispiel für das Korrespondenzproblem ist die Tapetenillusion (*wallpaper illusion*), bei der man Korrespondenzen zwischen benachbarten Wiederholungen eines periodischen Musters (z.B. Blumen auf einer Tapete) herstellt und dementsprechend

---

[*]Dieser Sprachgebrauch weicht von dem in der Optometrie üblichen ab. Dort bezeichnet man Netzhautorte als korrespondierend, die gleiche Bildkoordinaten haben. Korrespondierende Punkte in unserem Sinn können aber durchaus disparat sein und werden dann nicht genau auf korrespondierende Netzhautorte im Sinne der Optometrie abgebildet.

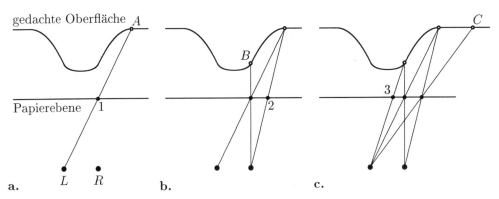

Abbildung 6.12: Schema zur Konstruktion eines Autostereogramms. Gezeigt werden soll die jeweils oben dargestellte „gedachte Oberfläche". **a.** Man beginnt, indem man zufällig einen Punkt (1) auf die Papierebene setzt. Aus der Sicht des linken Auges entspricht er einem Objektpunkt A. **b.** Aus der Sicht des rechten Auges muß zunächst ein Bildpunkt (2) für den Objektpunkt A eingetragen werden. Der Bildpunkt 1 entspricht weiterhin einem Objektpunkt B. **c.** Aus des Sicht des linken Auges muß jetzt der Bildpunkt 2 „versorgt" werden, was zu einem Objektpunkt C führt. Die Abbildung des Objektpunktes B ergibt weiterhin den Bildpunkt 3. Setzt man dieses Verfahren fort, so erhält man schließlich ein Autostereogramm der gedachten Oberfläche.

falsche Tiefen wahrnimmt. Sind die Muster nicht exakt periodisch, sondern weichen benachbarte Wiederholungen leicht voneinander ab, so sieht man überdies Tiefenvariationen. Solche Bilder, bei der durch Fehlfusion Tiefeneindrücke entstehen, nennt man „Autostereogramme" (vgl. Abb. 6.12 und Tyler & Clark 1990). Sie demonstrieren das Korrespondenzproblem des Stereosehens auf besonders elegante Weise.

Die Vieldeutigkeit der stereoskopischen Interpretation, die im Korrespondenzproblem und den genannten Illusionen zum Ausdruck kommt, ist ein weiteres Beispiel für die generelle Unterbestimmtheit der visuellen Wahrnehmung: die „Invertierung" der optischen Abbildung ist nicht immer in befriedigender Weise möglich.

Technische Verfahren zur Bestimmung von räumlicher Tiefe aus Stereogrammen befassen sich in erster Linie mit der Lösung des Korrespondenzproblems. Eine Übersicht über die große Zahl der vorgeschlagenen Verfahren geben Dhond & Aggarwal (1989), Jenkin et al. (1991) sowie Förstner (1993).

6.3.2 Korrespondenz lokalisierter Bildelemente

Aufbauend auf einer klassischen Arbeit von Marr & Poggio (1979) formuliert man Stereoalgorithmen häufig in den folgenden vier Schritten:

1. Merkmalsextraktion. Zunächst werden aus dem Grauwertbild Merkmale wie Kanten, Linienenden etc. (vgl. Kapitel 4) extrahiert. Wichtig ist dabei die Lokalisation dieser Merkmale, da die Disparität nach erfolgter Lösung des Korrespondenzproblems als Positionsdifferenz bestimmt wird.

2. Lösung des Korrespondenzproblems. Hier soll eine Zuordnung der Bildelemente aus den vielen denkbaren Zuordnungen ausgewählt werden. Dies ist nicht notwendigerweise die „richtige" Lösung, sondern lediglich eine plausible. Man verwendet verschiedene Typen von Vorwissen, Einschränkungen und Plausibilitätsbetrachtungen:

(a) Suchraum
   Zu einem Bildelement im linken Halbbild wird man ein passendes Element im rechten Halbbild nur in einem gewissen Bildausschnitt suchen. Dies ist zunächst die entsprechende epipolare Linie. Als weitere Einschränkung nimmt man zumeist an, daß Disparitäten klein sind. Dies ist besonders in Zusammenhang mit der noch zu besprechenden „grob–zu–fein" Strategie sinnvoll.

(b) Merkmalseigenschaften
   Sind die Bildelemente unterscheidbar, so wird man nur solche gleichen Typs (Kante, Linienende) und mit gleichen Eigenschaften (z.B. Farbe, Kontrastpolarität) einander zuordnen.

(c) Ordnungsbedingungen
   Mit der Festlegung einer Korrespondenz ändert sich die Plausibilität anderer Korrespondenzen. Regeln für solche Wechselwirkungen zwischen Korrespondenzen sind:

   • Eindeutigkeit und Vollständigkeit: Jedem Bildelement im linken Bild wird genau ein Bildelement im rechten Bild zugeordnet. Diese Regel trägt der Tatsache Rechnung, daß monokulare Verdeckungen selten sind. Sie sind allerdings durchaus möglich.

   • Reihenfolge: Hat man eine Korrespondenz (l_i, r_j) gefunden, so soll ein rechts von l_i gelegenes Element auch mit einem rechts von r_j gelegenen kombiniert werden. Dadurch werden Lösungen bevorzugt, die benachbarten Punkte ähnliche Tiefenwerte zuschreiben. Anschaulich entspricht dies der Tatsache, daß sich die Tiefe entlang Oberflächen im Raum nur stetig ändert, während die Objektgrenzen, an denen Tiefensprünge auftreten, selten sind (Abb. 6.13).

(d) Grob–zu–fein Strategie
   Die Komplexität des Korrespondenzproblems wächst mit der Anzahl der vorhanden Bildelemente. Man benutzt als Bildrepräsentation daher meist eine Auflösungspyramide (Kapitel 3) und beginnt auf dem gröbsten Auflösungsniveau. Hat man die hier relativ wenigen Merkmale zugeordnet, geht man zum nächst feineren Niveau über und verschiebt dabei den Suchraum um die bereits gefundene grobe Disparität.

3. Triangulation. Sind die Korrespondenzen und damit die Disparitäten als Positionsdifferenzen korrespondierender Bildelemente bekannt, kann die Tiefe (bei bekannter Kamerageometrie) durch Triangulation bestimmt werden.

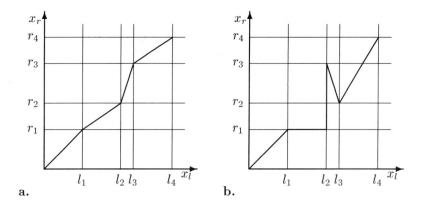

Abbildung 6.13: Suchraum für das Korrespondenzproblem entlang zweier Bildzeilen (Epipolarlinien). **a.** Die eingetragene Interpretation erfüllt die im Text genannten Ordnungsbedingungen. **b.** Bei dieser (durchaus möglichen) Interpretation ist für die Bildelemente r_1 und l_2 die Eindeutigkeit verletzt. Weiter ändert sich vom Paar (l_2, r_3) nach (l_3, r_2) die Reihenfolge.

4. Oberflächenrekonstruktion. Durch die Beschränkung auf lokalisierbare Bildelemente liefern derartige Lösungen des Korrespondenzproblems Tiefenwerte nur für isolierte Punkte („spärliche Daten"). Man muß daher in einem weiteren Schritt eine glatte Oberfläche durch die Datenpunkte interpolieren, z.B. mit Hilfe zweidimensionaler *Spline*–Verfahren (Grimson 1982).

6.3.3 Intensitätsbasierte Verfahren

Während bei den Korrespondenzverfahren nur noch die (symbolischen) Bildmerkmale evtl. inclusive einiger Eigenschaften auf der binokularen Stufe der Verarbeitung berücksichtigt werden, gehen bei den intensitätsbasierten Verfahren die Grauwerte ein. Man erhält so dichtere Bilddaten und kann auf eine eigene Oberflächeninterpolation in der Regel verzichten. Wir betrachten der Einfachheit halber eindimensionale „Bilder" $I_l(x)$ und $I_r(x)$, für die eine stetige Disparitätskarte $d(x)$ bestimmt werden soll. Wir erwähnen zwei Ansätze:

Korrelation

Als Disparität definiert man hier die relative Verschiebung zweier Grauwertverläufe, bei der ihre Ähnlichkeit maximal wird. Die Ähnlichkeit erhält man dabei aus der Korrelation oder besser aus der quadratischen Abweichung:

$$\Phi_\sigma(x, s) = \int w(\frac{x - x'}{\sigma}) \left(I_l(x' + \frac{s}{2}) - I_r(x' - \frac{s}{2}) \right)^2 dx'. \tag{6.8}$$

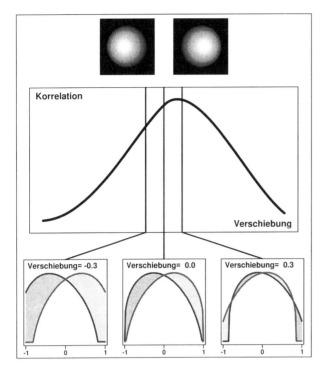

Abbildung 6.14: Schema des Korrelationsverfahrens zur intensitätsbasierten Bestimmung von Disparitäten. Die unteren Einschaltfiguren zeigen Schnitte durch die Halbbilder (oben) für verschiedene Verschiebungen s. Die grau unterlegten Flächen deuten die Differenz zwischen den beiden Grauwertverläufen an. Die Korrelationsfunktion in der Mitte wird maximal für die Verschiebung $s = 0.3$; sie entspricht bis auf eine additive Konstante der Funktion $-\Phi_\infty(x, s)$ aus Gl. 6.8.

Dabei ist $w(x)$ eine geeignete „Fensterfunktion", z.B. $w(x) = \exp\{-x^2\}$. Indem man diese Fensterfunktion auf die Stelle x positioniert, mißt man die lokale Disparität an dieser Stelle. Die Auflösung der Messung ist durch die Breite der Fensterfunktion σ limitiert.

Die Disparität bestimmt man dann durch Maximierung der Ähnlichkeit Φ in der Verschiebung s:

$$x \mapsto d(x) \quad \text{mit} \quad \Phi(x, d(x)) = \max_s \Phi(x, s). \tag{6.9}$$

Je schärfer der Gipfel an dieser Stelle ausgeprägt ist, um so zuverlässiger ist die Messung der Disparität.

Den Korrelationsverfahren verwandt sind die sog. Cepstrum–Verfahren (Yeshurun & Schartz 1989, Ludwig et al. 1994), die Korrelationen über relativ große Fenster auswerten. Motiviert sind sie von dem neuroanatomischen Befund, daß die Eingänge von beiden Augen bei vielen Säugern separat in Form sog. Okulardominanzstreifen im visuellen Cortex abgelegt sind, so daß die beiden Halbbilder verzahnt in einer Ebene vorliegen. Die Verarbeitung findet dann in dieser Ebene statt.

Phasenverschiebung

Verschiebt man eine Tafel mit einem sinusförmigen Grauwertverlauf in der Tiefe, so erhält man Stereogramme, die in beiden Halbbildern den gleichen Grauwertverlauf in unterschiedlicher Phasenlage zeigen. Bei Kenntnis der Wellenlänge des Sinusmusters entspricht die Phasenverschiebung gerade der Disparität. Dieses Prinzip kann man auch bei beliebigen Grauwertverläufen anwenden, wenn man zuvor durch geeignete Filter einzelne Frequenzen aus dem Bild herausfiltert (Sanger 1988). Man benutzt dafür jeweils einen symmetrischen und einen antisymmetrischen Filterkern. Für I_l erhält man z.B. die beiden Filterausgänge:

$$I_{l,\sin,\sigma}(x,\omega) = \int w\left(\frac{x-x'}{\sigma}\right) I_l(x') \sin(\omega(x-x'))dx'$$

$$I_{l,\cos,\sigma}(x,\omega) = \int w\left(\frac{x-x'}{\sigma}\right) I_l(x') \cos(\omega(x-x'))dx'. \tag{6.10}$$

Wählt man als Fensterfunktion wieder die GAUSSsche Glockenkurve und gibt man feste Beziehungen zwischen ω und σ vor, so beschreibt Gl. 6.10 die Faltung mit GABOR–Funktionen.

Als lokale Phasendifferenz erhält man

$$\Delta\phi(x,\omega) = \arctan\frac{I_{l,\sin}(x,\omega)}{I_{l,\cos}(x,\omega)} - \arctan\frac{I_{r,\sin}(x,\omega)}{I_{r,\cos}(x,\omega)}. \tag{6.11}$$

Hieraus läßt sich schließlich für jede Ortsfrequenz ω eine Disparität nach der Formel

$$d_\omega(x) = \frac{\Delta\phi(x,\omega)}{\omega} \tag{6.12}$$

berechnen. Wegen der Periodizität der Phase ist auch die Phasendifferenz in Gl. 6.12 nur bis auf eine additive Konstante $2n\pi, n \in \mathbb{Z}$ bestimmt. Durch Vergleich der Phasenverschiebungen von Filtern mit unterschiedlicher Mittenfrequenz ω kann man diese Mehrdeutigkeit in der Regel beheben. Generell muß eine konsistente Disparitätsschätzung aus den Werten für die einzelnen Ortsfrequenzen abgeleitet werden. Dies entspricht einer Berücksichtigung des gesamten Auflösungsraumes (vgl. Theimer & Mallot 1994).

Beide genannte Verfahren lösen das Korrespondenzproblem nicht. Wendet man z.B. das Korrelationsverfahren auf das zwei–Nagel Stereogramm an, so erhält man für jede mögliche Korrespondenz einen Korrelationsgipfel, wobei die Höhe des Gipfels die Anzahl der in einer Disparitätsebene liegenden Korrespondenzen wiedergibt. Dies ist solange kein Problem, wie die abgebildeten Oberflächen glatt sind. Im allgemeinen kann man so vorgehen, daß man lokale Disparitätsdetektoren nach einem der beiden Verfahren aufbaut und dann auf deren Ausgangsdaten weiterarbeitet. Solche Verfahren sind insbesondere im Bereich der neuronalen Netze entwickelt worden, wobei die lokalen Disparitätsdetektoren den disparitätsselektiven Neuronen ensprechen (Abs. 6.4).

6.3.4 Globale Verfahren

Die Bestimmung von Tiefenkarten ist für die Erkennung und Manipulation von Objekten von großer Bedeutung. Darüberhinaus gibt es aber Anwendungen bzw. Verhaltensaufgaben, bei denen hochauflösende Tiefenkarten nicht erforderlich sind. So

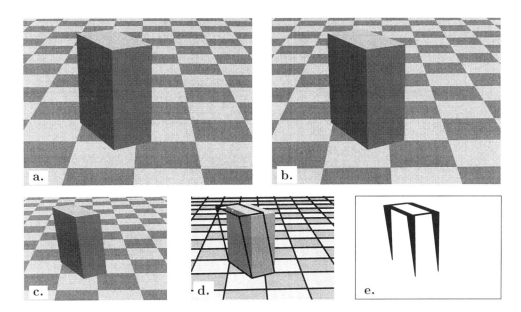

Abbildung 6.15: Hindernisvermeidung durch „inverse Perspektive". **a.,b.** Bild einer Szene von der linken bzw. rechten Kamera. **c.** Vorhersage des rechten Bildes durch invers perspektivische Verzerrung des linken. **d.** Vergleich des tatsächlichen rechten Bildes (Grauwerte) mit dem verhergesagten (Konturen). Während die Bilder im Bereich der Grundebene übereinstimmen, weichen sie für das Hindernis mit zunehmender Höhe über Grund immer stärker voneinander ab. **e.** Differenz von tatsächlichem und vorhergesagtem Bild. Das Hindernis ist vom Hintergrund abgetrennt.

genügt für das Ergreifen eines Objektes etwa die Wahrnehmung eines mittleren Tiefenwertes für das ganze Objekt, Tiefenvariationen der Oberfläche sind allenfalls für Details des eigentlichen Griffes, nicht aber für die vorhergehende Armbewegung von Bedeutung. Ähnliches gilt für die Auslösung von Vergenzbewegungen, für deren Steuerung ebenfalls ein globaler Disparitätswert ausreicht (Theimer & Mallot 1994, Mallot et al. 1996c). Man kann in solchen Fällen Gleichung 6.8 mit einem sehr großen Fenster (im Extremfall $w(x) \equiv 1$) anwenden und erhält daraus den gewünschten globalen Tiefenwert. Psychophysische Evidenz für globale Tiefenschätzung nach diesem Verfahren geben Mallot et al. (1996a,c) und Mallot (1997b,c).

Auf die Bestimmung von Disparitäten kann man vollständig verzichten, wenn man etwa nur feststellen will, ob eine bestimmte Tiefenstruktur vorliegt oder nicht. Dies ist z.B. bei der Hindernisvermeidung der Fall, bei der Abweichungen der Fahrstrecke von der Horizontalebene bestimmt werden sollen. In diesem Fall kann man das Bild der linken Kamera benutzen, um das in der rechten Kamera zu erwartende Bild vorherzusagen. Man projiziert dazu das Bild der linken Kamera rückwärts auf die Grundebene und betrachtet dieses Bild dann vom Blickpunkt der rechten Kamera („inverse Per-

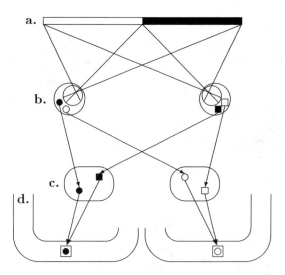

Abbildung 6.16: Schema der Sehbahn eines Säugetieres. Das Gesichtsfeld (**a.**) wird auf die Retinae der beiden Augen (**b.**) abgebildet. In jedem Auge sind zwei Ganglien-zellen angedeutet: •, ○: linkes Auge. ■, □: rechtes Auge. ○, □: linkes Gesichtsfeld. •, ■: rechtes Gesichtsfeld. Die Axone der nasal gelegenen Zellen (○,■) kreuzen im *Chiasma opticum* zur gegenüberliegenden Hirnhälfte, wo sie in das *Corpus geniculatum late-rale* **c.** eintreten. Die Zellen dort werden jeweils nur von einem Auge innerviert. Erst bei der folgenden Projektion auf den visuellen Cortex (**d.**) konvergieren die Signale beider Augen auf *binokulare* Zellen.

spektive", Abb. 6.15). Die resultierende Abbildung der linken auf die rechte Bildebene ist eine Kollineation im Sinne der projektiven Geometrie (Mallot et al. 1989,1992, vgl. auch Gl. 8.8 in Kapitel 8). Zieht man nun die beiden Bilder voneinander ab, so erhält man in den Bildbereichen, die tatsächlich die Grundebene zeigen, keinen Beitrag, während Hindernisse im Differenzbild deutlich hervortreten. Dieses Verfahren testet die Gegenwart einer bestimmten Oberfläche ab, es stellt also gewissermaßen ein *mat-ched filter* für diese Fläche dar. In technischen Hindernisvermeidungssystemen etwa für die Fahrzeugsteuerung auf der Autobahn sind derartige Verfahren vielfach im Einsatz (Zielke et al. 1990, Košecka et al. 1995, Luong et al. 1995, Mester et al. 1996).

6.4 Neuronale Netze

Aufgrund von psychophysischen Messungen postulierte RICHARDS (1971) die Existenz disparitätsselektiver „Kanäle" in der menschlichen Wahrnehmung. Als neurophysio-logisches Korrelat solcher Kanäle gelten heute disparitätsselektive Neurone, die bei allen stereofähigen Wirbeltieren (z.B. Salamander, Eulen, Säugetiere) gefunden wur-den; eine neuere Übersicht über die Verhältnisse bei Primaten gibt Poggio (1995; vgl.

auch Regan et al. 1990). Solche Neurone verfügen über zwei rezeptive Felder, eines in jedem Auge, und erfordern somit eine entsprechende Konvergenz der Fasern von korrespondierenden Retinaorten. Diese ist bei den Säugetieren durch das sog. unvollständige Chiasma realisiert, in dem jeweils der nasale Teil der retinalen Fasern zur anderen Seite kreuzt, während der temporale (schläfenseitige) auf seiner Seite verbleibt. Binokulare Zellen, die also Eingänge von beiden Augen erhalten, finden sich zum ersten Mal im visuellen Cortex (Abb. 6.16).

Um nun für bestimmte Disparitäten selektiv zu sein, müssen die binokularen Neurone leicht verschiedene rezeptive Felder in den beiden Augen aufweisen. Sind zum Beispiel die retinalen Positionen und damit die Blickrichtungen unterschiedlich, so ergibt sich die Vorzugsdisparität aus der Positionsdifferenz (Abb. 6.17a), ähnlich wie in Gl. 6.8. Alternativ sind Phasendifferenzen von rezeptiven Feldern als elementare Disparitätsmessung vorgeschlagen worden, wobei dann GABOR–Funktionen die Profile des rezeptiven Felder beschreiben (DeAngelis et al. 1995; vgl. auch Gl. 6.10).

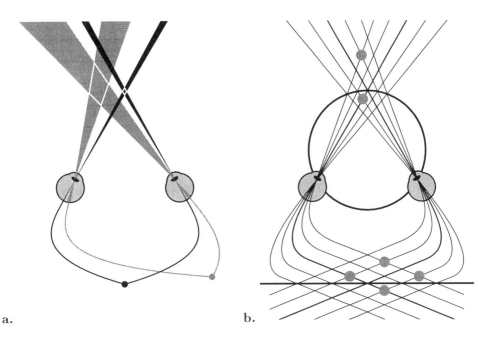

a.

b.

Abbildung 6.17: **a.** Disparitätsselektive Neurone haben in beiden Augen leicht verschiedene rezeptive Felder. Nur wenn sich ein Objekt innerhalb des weiß umrahmten Vierecks befindet, findet eine binokulare Reizung der entsprechenden Zelle statt (vgl. Poggio 1995). **b.** Hypothetische Anordnung disparitätsselektiver Neurone in einer Disparitätskarte (sog. KEPLER–Projektion). In dem Raster im unteren Teil der Abbildung (Disparitätskarte) variiert in vertikaler Richtung die Vorzugsdisparität und in horizontaler Richtung die mittlere („zyklopische") Blickrichtung der Neurone. Stereomechanismen werden als Erregungsdynamik auf der Disparitätskarte modelliert.

Die Erregung einer disparitätsselektiven Zelle signalisiert also eine bestimmte Disparität. Abb. 6.17b zeigt eine hypothetische Anordnung von disparitätsselektiven Neuronen in einer sog. KEPLER-Projektion. Die retinalen Orte in beiden Augen sind mit Leitungsbahnen verbunden, an deren Schnittpunkten jeweils Neurone sitzen, deren binokulare rezeptive Felder den mit ihnen verbundenen Retinaorten entsprechen. Dies ist nur eine geometrische Rückprojektion der Sehstrahlen und entspricht nicht der realen Anordnung der disparitätsselektiven Zellen im Gehirn.

Abb. 6.17b zeigt ebenfalls, daß Disparitätsselektivität alleine nicht ausreicht, um das Korrespondenzproblem zu lösen. Die beiden grauen Punkte im Objektbereich erregen Zellen an den vier gezeigten Orten in der Disparitätskarte. Dieselben vier Zellen würden auch erregt, wenn die Objekte nebeneinander statt hintereinander angeordnet wären. Um nun eindeutige Tiefeninterpretationen in der Disparitätskarte zu erzeugen, führt man geeignete Erregungsdynamiken ein. So sollen sich z.B. Zellen mit ähnlichen Vorzugsdisparitäten gegenseitig verstärken, während sich solche mit verschiedenen Disparitäten am gleichen Ort hemmen (siehe Marr & Poggio 1976, sowie die Übersicht von Blake & Wilson 1991). Durch die Beschränkung der Reichweite der Hemmung kann man mehrere transparente Tiefenebenen zulassen (Pridmore et al. 1990). Mit entsprechenden Netzwerkmodellen läßt sich zeigen, daß die Berechnung von Stereodisparitäten durch Kooperation und Wettbewerb disparitätsspezifischer Neurone möglich ist.

6.5 Psychophysik

Ohne hier in die Tiefe zu gehen, seien einige wichtige Eigenschaften des menschlichen Stereosehens, insbesondere im Vergleich zu den technischen Verfahren, aufgelistet. Weiterführende Literatur findet man etwa in Arditi (1986), Westheimer (1994) und Arndt et al. (1995) sowie in der umfassenden Darstellung von Howard & Rogers (1995).

Fusion und Einfach–Sehen. Disparate Bilder werden verschmolzen (nicht als Doppelbilder) wahrgenommen, wenn die Disparitäten kleiner als ca. ±12 Bogenminuten sind (PANUMs Bereich). Für sinusförmige Intensitätsverläufe wächst die Größe des Fusionsareals mit der Periode des Musters (Schor & Wood 1983). Die Fusion schließt die Identifizierung korrespondierender Punkte ein. Sind die Disparitäten größer, sieht man entweder Doppelbilder oder nur das Bild eines der beiden Augen („binokulare Rivalität").

Disparität und Tiefe. Die wahrgenommene Tiefe entspricht nur im PANUMschen Bereich der Disparität. Für größere (d.h. nicht fusionierbare) Disparitäten weicht sie zunehmend von den theoretischen Werten ab und geht schließlich auf null zurück. Erstaunlicherweise kann man aber auch nicht fusionierten Bildelementen Tiefenwerte zumessen.

1	2	3	4	5	6	7	8
9	10	11	12	13	14	15	16
17			a	b	c	d	18
19			e	f	g	h	20
21			i	j	k	l	22
23			m	n	o	p	24
25	26	27	28	29	30	31	32
33	34	35	36	37	38	39	40

1	2	3	4	5	6	7	8
9	10	11	12	13	14	15	16
17	a	b	c	d			18
19	e	f	g	h			20
21	i	j	k	l			22
23	m	n	o	p			24
25	26	27	28	29	30	31	32
33	34	35	36	37	38	39	40

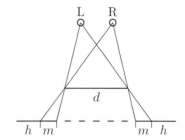

Abbildung 6.18: Zur Konstruktion eines Zufalls–Stereogramms (*Random Dot Stereogram*) nach Julesz (1971). **Links:** Felder mit gleichen Nummern oder Buchstaben im linken und rechten Halbbild werden mit dem gleichen Grauwert (schwarz oder weiß) besetzt. Die nicht numerierten Felder können beliebig gewählt werden. Bei stereoskopischer Betrachtung erscheint das mit Buchstaben numerierte Feld in der Tiefe verschoben. **Rechts:** 3D–Interpretation bei stereoskopischer Betrachtung. h: Null–Disparitäts–Bereich (Zahlen im linken Teil der Abb.) m: monokular verdeckter Bereich (unmarkierte Felder im linken Teil der Abb.) d: disparater Bereich (Buchstaben im linken Teil der Abb.).

Querdisparität gibt immer nur relative Tiefenwerte in bezug auf den Fixierpunkt an. Absolute Tiefenwahrnehmung setzt die Kenntnis des Vergenzwinkels voraus, der im Prinzip als Efferenzkopie, propriozeptiv oder über die Verteilung der vertikalen Disparitäten ermittelt werden könnte. Absolute Tiefenwahrnehmung ist wesentlich schlechter als relative.

Auflösung. Das Auflösungsvermögen für senkrechte disparate Linien (Nonius–Auflösung) beträgt 3 – 10 Bogensekunden. Wie im monokularen Fall handelt es sich um eine Überauflösung (*hyperacuity*), da der Rezeptordurchmesser in der Fovea etwa 30 Bogensekunden beträgt (vgl. Kapitel 3 und McKee et al. 1990). Die Auflösung für Tiefenmodulationen glatter Oberflächen ist wesentlich geringer. Zeigt man etwa eine sinusförmig in der Tiefe variierte Oberfläche („Wellblech") als Zufallsstereogramm, und vermindert bei konstanter Amplitude die Wellenlänge, so bricht die Wahrnehmung einer Fläche bei etwa vier Perioden pro Grad Sehwinkel zusammen. Bei kleineren Wellenlängen verschwindet die Tiefenwahrnehmung nicht vollständig, sondern geht in eine Transparenz über. Man sieht dann eine Punktwolke oder –scheibe mit der Tiefenamplitude als Dicke (Tyler 1974).

Elemente des Bildvergleichs („matching primitives"). Die stereoskopische Wahrnehmung kann mit monokular bedeutungslosen Punktmustern erzeugt werden, die erst in der Verteilung der Disparitäten sinnvolle Muster erkennen lassen. Dies zeigen die von Bela Julesz (1971) entwickelten Zufallsstereogramme (vgl. Abb. 6.18). Punktdisparitäten reichen also zur Erzeugung des stereoskopischen Tiefeneindrucks aus.

Grauwertvariationen, die nicht an lokalisierte Bildmerkmale (Kanten, Punkte) gebunden sind, können ebenfalls zu stereoskopischen Wahrnehmungen führen, die jedoch eine geringe Ortsauflösung zeigen (Mayhew & Frisby 1981, Bülthoff & Mallot 1988, Arndt et al. 1995). Dieses Ergebnis läßt sich nur schwer mit merkmalsbasierten Stereoalgorithmen vereinbaren und deutet auf einen intensitätsbasierten Mechanismus hin.

„Höhere" Disparitäten, also solche, die komplexere Bildelemente voraussetzen, werden ebenfalls nicht einfach ignoriert. Wie bereits in Abb. 6.2 angedeutet, können z.B. auch Linienorientierung oder die Kantenverhältnisse von Rechtecken zum stereoskopischen Tiefensehen beitragen (Cagenello & Rogers, 1993).

Korrespondenz. Psychophysische Demonstrationen des Korrespondenzproblems sind die bereits erwähnte zwei–Nagel Illusion und die bei periodischen Mustern auftretende Tapetenillusion. Daß das menschliche Sehsystem auch in schwierigen Fällen sinnvolle Lösungen des Korrespondenzproblems finden kann, zeigen wiederum die Zufallsstereogramme von Julesz (1971; Abb. 6.18).

Von den in Abschnitt 6.3.2 erwähnten Verfahren und Annahmen zur Lösung des Korrespondenzproblems benutzt die Wahrnehmung nur einen Teil. So kann man zum Beispiel zeigen, daß die Eindeutigkeit der Zuordnung der Bildelemente des rechten und linken Halbbildes nicht immer erzwungen wird (Weinshall 1991). Dies ermöglicht die Wahrnehmung von Transparenz, d.h. von mehreren Tiefenwerten am selben Bildort, was in technischen Systemen meist nicht vorgesehen ist. Farbe als Markierung von korrespondierenden Bildelementen wird teilweise genutzt (Jordan et al. 1990). In anderen Fällen können jedoch auch verschiedenfarbige Bildelemente fusioniert werden, selbst wenn eine Interpretation existiert, bei der gleichfarbige Objekte miteinander korrespondieren (z.B. Krol & van de Grind 1980). Man nimmt dann eine Mischfarbe wahr, die aus den Farbreizen beider Augen entsteht (binokulare Farbmischung).

Kleine Disparitäten werden bei der Lösung des Korrespondenzproblems bevorzugt. Erscheint etwa ein periodisches Muster mit einem geeigneten Tiefenversatz zum Fixierpunkt, so bevorzugt man die Lösung des Korrespondenzproblems bei der möglichst kleine Disparitäten entstehen (McKee & Mitchison 1988). Da das Muster außerhalb der Fixationsebene gezeigt wurde, tritt dabei eine Fehlfusion aus, d.h. es werden nicht identische Wiederholungen des periodischen Musters fusioniert. Ein entsprechender Zusammenhang zwischen der Vergenz und der Lösung des Korrespondenzproblems läßt sich auch für die zwei–Nagel–Illusion zeigen (Mallot & Bideau 1990).

Das stereoskopische Sehsystem verfügt über verschiedene Auflösungskanäle, die jedoch anscheinend nicht im Sinne einer grob–zu–fein Strategie genutzt werden (siehe Diskussion in Mallot et al. 1996b). Wahrscheinlicher ist eine Kombination der Kanäle im Sinne eines *maximum–likelihood* Schemas, wie es auch sonst für Kanalcodes verwendet wird. Ein Zusammenhang zwischen einer dynamisch von grob nach fein fortschreitenden Lösung des Korrespondenzproblems und entsprechenden Vergenzbewegungen konnte nicht gefunden werden (Mowforth et al. 1981).

Kapitel 7

Form aus Schattierung

Schattierungen sind Variationen des Grauwertes im Bild, die auf unterschiedliche Orientierungen der abgebildeten Oberfläche relativ zur Lichtquelle und zum Betrachter zurückgehen. Die verschiedenen Typen richtungsabhängiger Reflexion (matt, glänzend) sind in Abschnitt 2.1 ausführlich behandelt worden; der wichtigste ist durch die LAMBERTsche Formel gegeben:

$$I = cI_o(\mathbf{n} \cdot \mathbf{l}) = cI_o \cos(\angle \mathbf{n}, \mathbf{l}). \tag{7.1}$$

Von Schatten unterscheiden sich Schattierungen dadurch, daß sie nicht durch Verdeckung der Lichtquelle sondern durch graduelle Abwendung von ihr entstehen (Abschattung); sie werden von der schattierten Oberfläche selbst erzeugt und nicht auf einen Hintergrund „geworfen". Man unterscheidet dementsprechend Schattierungen (englisch *shading* oder *attached shadows*) von Schattenwürfen (englisch *cast shadows*).

Abbildung 7.1: Schattiertes Bild einer Kugel bei Beleuchtung von links oben. Die *Selbstschattengrenze* ist dadurch definiert, daß die Lichtrichtung hier senkrecht auf der lokalen Oberflächennormalen steht. Die Umrißlinie der Kugel ist eine Verdeckungskante (*occluding contour*), an der sich die Oberfläche vom Betrachter wegdreht. Die lokale Oberflächennormale steht hier also senkrecht auf dem Sehstrahl. Bei Beleuchtung mit einer punktförmigen Lichtquelle am Blickpunkt des Betrachters fallen Selbstschattengrenze und Verdeckungskante zusammen.

Zwei wichtige Typen von Konturen, die nicht durch die intrinsische Geometrie der abgebildeten Oberfläche bestimmt sind, zeigt Abb. 7.1. Die *Selbstschattengrenze*

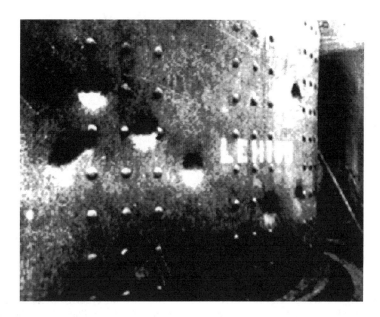

Abbildung 7.2: Der Einfluß der Größe auf die konvex–konkav Inversion bei der Interpretation von Schattierungen. Die großen runden Beulen in der Wand des Kessels sehen je nach Orientierung des Bildes vertieft oder erhöht aus. Die kleinen Nieten wirken dagegen fast immer erhaben, unabhängig von der Drehung des Bildes. Mit einer „*common light source assumption*" müßten sich Beulen und Nieten gleich verhalten (nach Ramul, 1938; vgl. auch Metzger 1975).

markiert die Punkte der Oberfläche, an denen die Beleuchtung parallel zur Oberfläche einfällt, so daß diese gerade nicht mehr von den Lichtstrahlen getroffen wird. Die *Verdeckungskante* besteht aus den Punkten der Oberfläche, an denen der Sehstrahl zum Knotenpunkt des abbildenden Systems parallel zur Oberfläche verläuft. Solche Verdeckungskanten können nicht nur als Umrißlinien, sondern auch im Inneren von Bildbereichen auftreten und dort auch blind enden; Beispiele bietet etwa der Faltenwurf eines Vorhangs. Beide Kantentypen enthalten Informationen über die lokale Oberflächenorientierung. Diese für die Schattierungsanalyse wichtige Eigenschaft unterscheidet sie von anderen Kantentypen, z.B. von Texturkanten (etwa aufgemalte Linien) oder von den geometrischen Kanten etwa eines Würfels.

7.1 Psychophysik

Zur Schattierungsanalyse ist bisher relativ wenig psychophysische Forschung betrieben worden. Der Grund hierfür liegt hauptsächlich darin, daß es lange problematisch war, adäquate Stimuli zu erzeugen. Die Helligkeit einer Oberfläche wird von ihrer Position, der Orientierung zu Beobachter und Lichtquellen, ihrer Reflektivität, der

Helligkeit und spektralen Zusammensetzung der Lichtquellen sowie durch die Wechselwirkung mit den umliegenden Oberflächen bestimmt. Erst der Einsatz von Computergrafiksystemen erlaubt es, so komplizierte Stimuli unter hinreichend kontrollierten Bedingungen zu erstellen. Einige wichtige Beobachtungen und Ergebnisse sind die folgenden:

Quantifizierung. Schattierung ist ein relativ schwacher Tiefenhinweis, der eher qualitative als quantitative Daten liefert (Todd & Mingolla 1983, Bülthoff & Mallot 1988). Bei weit entfernten Oberflächen gewinnt er — wohl wegen der dann nachlassenden Zuverläßigkeit der Stereopsis — aber an Bedeutung. Im Gegensatz zu den Ergebnissen von Todd & Mingolla (1983) finden Koenderink et al. (1996), daß die lokale Orientierung von Oberflächen recht gut aus der Schattierung wahrgenommen werden kann. Dabei scheint allerdings die Umrißlinie (Verdeckungskante) eine wesentliche Rolle zu spielen (Mamassian & Kersten, 1996).

Globale Zweideutigkeit. Schattierungsinformationen sind in vielen Fällen global zweideutig in dem Sinne, daß je nach Annahmen über die Lichtrichtung z.B. konvexe oder konkave Oberflächen wahrgenommen werden (sog. Mondkrater–Illusion, vgl. Metzger 1975 und Abb. 1.4). Ramachandran (1988) postuliert eine *„common light source assumption"*, nach der diese Annahme für alle in einem Bild vorhandenen Objekte gleich sei. Dem widerspricht jedoch das von Ramul (1938) in seiner Abb. 10 gegebene Beispiel (siehe Abb. 7.2 und Metzger, 1975).

Lichtquelle. Informationen über die Lage der Lichtquelle scheinen keine große Rolle zu spielen. Die Korrelation zwischen der Genauigkeit der Tiefenschätzung und der Schätzung der Position der Lichtquelle ist sehr klein (Mingolla & Todd 1986). In zweideutigen Fällen werden die Bilder bevorzugt so interpretiert, daß die Lichtquelle oben liegt. Hershberger (1970) zeigte für Hühnchen, daß diese Interpretationsweise angeboren ist und nicht durch Aufzucht in einer von unten beleuchteten Umgebung aufgehoben werden kann.

Gaußsche Krümmung. Die Gaußsche Theorie von Oberflächen unterscheidet zwischen Punkten positiver Krümmung (elliptische Punkte) und solchen mit negativer Krümmung (hyperbolische Punkte). Die Krümmungszentren aller Kurven durch elliptische Punkte liegen auf der gleichen Seite der Oberfläche, während Kurven durch hyperbolische Punkte Krümmungszentren auf gegenüberliegenden Seiten der Oberfläche aufweisen (vgl. Glossar, Abb G.4). Mamassian et al. (1996) zeigen, daß Versuchspersonen in der Lage sind, aufgrund der Schattierungen zwischen elliptischen und hyperbolischen Bereichen einer Oberfläche zu unterscheiden. Man beachte, daß dieses Resultat nicht der vorher erwähnten konvex/konkav–Illusion widerspricht, da sowohl konvexe als auch konkave Punkte positive Gaußsche Krümmung aufweisen.

Präattentive Wahrnehmung. Schattierungen haben für die qualitative Bildinterpretation große Bedeutung. Ramachandran (1988) zeigt z.B., daß Hohlformen (Löcher) zwischen vielen Kugeln (Beulen) aufgrund ihrer Schattierung sofort auffallen; zeichnet man die Schattierung an der Selbstschattengrenze als scharfen (binären) schwarz–weiß Kontrast, geht der Tiefeneindruck und mit ihm die unmittelbare Auffälligkeit verloren. Diese Auffälligkeit ist ein Beispiel für die Unterscheidung zwischen

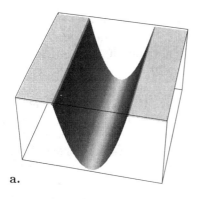
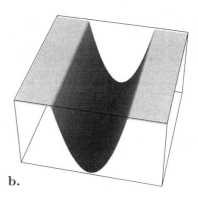

a.   **b.**

Abbildung 7.3: Schattierung bei gerichteter und ungerichteter Beleuchtung. **a.** Bild eines Tales unter paralleler Beleuchtung von oben. Die Talsohle erscheint hell, weil das Licht hier senkrecht auf die Oberfläche trifft (LAMBERTsche Reflexion). **b.** Bei diffuser Beleuchtung durch eine ausgedehnte Lichtquelle (bedeckter Himmel) ist die Helligkeit eines Oberflächenpunktes nicht durch seine Normalenrichtung bestimmt, sondern durch den Ausschnitt der Himmelkuppel, von dem er Licht empfängt. Die Talsohle ist daher der dunkelste Bereich. Langer & Zucker (1994) behandeln diesen Fall unter der Bezeichnung „Shape–from–shading on a cloudy day".

einer sog. präattentiven Verarbeitung, die parallel und ohne besondere Suchabsicht überall im Bild erfolgt, und einer seriellen, aufmerksamkeitsgetriebenen Verarbeitung, wie sie im Fall der scharfen Selbstschattengrenze erforderlich ist (vgl. Treisman 1986).

Matte und glänzende Oberflächen. Glanzlichter verbessern die Tiefenwahrnehmung aus Schattierungen (Todd & Mingolla 1983). Dies gilt verstärkt für binokulare Betrachtung (Blake & Bülthoff 1990).

Umrisse. Die Tiefenwahrnehmung wird stark durch den Umriß des schattierten Objektes beeinflußt (Barrow & Tennenbaum 1981). Schneidet man etwa aus einem homogenen Graukeil eine kreisförmige Figur aus, so meint man, die Oberflächenkrümmung einer Kugel zu sehen. Schneidet man dagegen ein längliches Rechteck aus, so sieht man einen Zylinder.

7.2   Problemstellung

7.2.1   Lokale Vieldeutigkeit

Zur Theorie der Schattierungsanalyse sind eine Reihe von Ansätzen entwickelt worden, von denen wir hier nur den von K. IKEUCHI und B. HORN begründeten besprechen wollen, der auf der Inversion der lokalen Reflektivitätsgleichung beruht (Ikeuchi & Horn, 1981; Horn & Brooks, 1989). Eine interessante Alternative ist der Ansatz von Langer & Zucker (1994), der auch nicht–lokale Effekte berücksichtigt, insbesondere die partielle Beschattung eines Punktes durch andere Bereiche einer Oberfläche bei

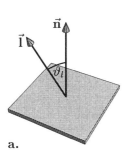
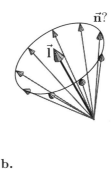

a.   **b.**

Abbildung 7.4: Lokale Vieldeutigkeit der Schattierungsanalyse im Fall des LAM-BERTschen Strahlers. **a.** Bei Kenntnis von $\vec{l}$ und $\vec{n}$ kann man den eingeschlossenen Winkel ϑ_l und damit den Grauwert des zugehörigen Bildpunktes bestimmen. **b.** Kennt man umgekehrt nur den Grauwert bzw. den Winkel ϑ_l und die Lichtrichtung $\vec{l}$, so sind alle Oberflächennormalen möglich, die auf einem Kegelmantel um $\vec{l}$ mit Öffnungswinkel $2\vartheta_l$ liegen.

ausgedehnten Lichtquellen (vgl. Abb. 7.3).

Als typischen Fall betrachtet man eine gleichmäßig weiße Oberfläche unter ebenfalls gleichmäßiger (ortsunabhängiger) Beleuchtung und ohne Schattenwurf. Grauwertvariationen im Bild gehen dann ausschließlich auf Variationen der Oberflächennormalen zurück. Der Zusammenhang zwischen Grauwert und Normalenrichtung wird durch eine lokale Reflexionsregel beschrieben, meist durch die LAMBERTsche Formel (Gl. 7.1 und Abschnitt 2.1).

Das Problem besteht nun darin, daß die Oberflächennormale an einem Punkt nicht eindeutig aus dem dort gemessenen Grauwert bestimmt werden kann, da die LAM-BERTsche Gleichung 7.1 auch bei bekannter Lichtrichtung $\vec{l}$ nicht nach $\vec{n}$ aufgelöst werden kann (Abb. 7.4). Diese Unterbestimmtheit ist keine Eigenheit der LAMBERTschen Reflexion, sondern besteht für alle Schattierungsmodelle, die nur von der lokalen Oberflächenorientierung und der Lichtrichtung abhängen: der Grauwert I reicht als skalare Meßgröße nicht zur Bestimmung der Oberflächennormalen $\mathbf{n}$ aus.

Die genannten Annahmen (konstante Albedo, homogene parallele Beleuchtung, keine gegenseitige Beleuchtung verschiedener Flächenteile) sind natürlich sehr speziell. Allgemein ist die Frage von Interesse, ob man einer gegebenen Grauwertvariation ansehen kann, ob sie auf Schattierung oder auf Albedovariation, d.h. Textur beruht. Dies ist im allgemeinen nicht möglich: wie jede Fotografie beweist, kann jede Schattierung durch Textur vorgetäuscht werden. Umgekehrt gibt es aber Grauwertverteilungen, die nicht auf lokale Schattierungen glatter Flächen zurückgeführt werden können. So gibt es zum Beispiel keine glatte Fläche, deren schattiertes Bild unter den o.a. Annahmen einen kontinuierlich in einen hellen Hintergrund übergehenden dunklen Fleck (z.B. $I(r) = r^2/(1 + r^2)$) zeigt (vgl. Brooks et al. 1992). In dem in Abb. 7.3b gezeigten Fall gibt es eine solche Fläche allerdings durchaus.

Aus der in Abb. 7.4 gezeigten lokalen Vieldeutigkeit könnte man folgern, daß die

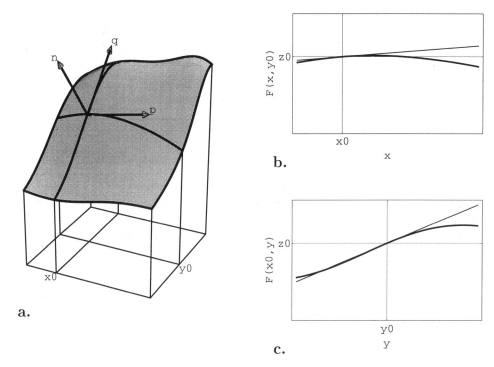

a.

b.

c.

Abbildung 7.5: **a.** Repräsentation einer vollständig einsehbaren Oberfläche durch eine Funktion F. Gezeigt sind neben dem Graphen von F die lokale Oberflächennormale $\vec{n}$ an der Stelle (x_o, y_o) sowie die beiden partiellen Ableitungen $\vec{p}$, $\vec{q}$ an dieser Stelle. **b.,c.** Schnitte durch die Oberfläche zur Berechnung der partiellen Ableitungen.

Schattierungsanalyse ein schlecht gestelltes inverses Problem ist, bei dem man nur durch Zusatzannahmen zu plausiblen Lösungen kommen kann (Regularisierung). Die Vieldeutigkeit der Inversion entsteht jedoch streng genommen erst dadurch, daß man versucht, punktweise die Oberflächen*orientierung* zu rekonstruieren. Die Oberfläche selbst ist aber lokal durch einen *Tiefenwert z* gegeben, d.h. durch eine skalare Größe, deren Bestimmung durch punktweise Messung des ebenfalls skalaren Grauwertes im Prinzip möglich sein sollte.

7.2.2   Bezeichnungen

Oberfläche

Wir repräsentieren die zu rekonstruierende Oberfläche als den Graphen einer Funktion $F(x, y)$ mit der Interpretation, daß (x, y) die Bildebene darstellt und $F(x, y)$ jeweils den lokalen Tiefenwert angibt. Im Gegensatz zur Parameterdarstellung von Oberflächen bezeichnet man dies zuweilen als Graphen– oder MONGE–Darstellung.

Bei der Abbildung handele es sich um eine Parallelprojektion:

$$\begin{pmatrix} x \\ y \\ F(x,y) \end{pmatrix} \mapsto \begin{pmatrix} x \\ y \end{pmatrix}. \tag{7.2}$$

Zur Ermittlung der lokalen Oberflächennormalen $\vec{\mathbf{n}}$ bestimmen wir nun zunächst zwei Tangenten der Oberfläche mit unterschiedlicher Richtung, z.B.:

$$\vec{\mathbf{p}}(x,y) = \begin{pmatrix} 1 \\ 0 \\ \frac{\partial F(x,y)}{\partial x} \end{pmatrix}, \quad \vec{\mathbf{q}} = \begin{pmatrix} 0 \\ 1 \\ \frac{\partial F(x,y)}{\partial y} \end{pmatrix}. \tag{7.3}$$

Die Komponenten

$$p := \frac{\partial F(x,y)}{\partial x}, \quad q := \frac{\partial F(x,y)}{\partial y} \tag{7.4}$$

sind dabei die partiellen Ableitungen von F in Richtung von x bzw. y; sie entsprechen somit den Steigungen der Tangenten an entsprechende Schnitte durch den Graphen von F (vgl. Abb. 7.5). Zur Berechnung der Oberflächennormale benutzt man dann das Vektorprodukt (vgl. Glossar), das ja auf beiden Multiplikanten senkrecht steht:

$$\vec{\mathbf{n}} = \frac{\vec{\mathbf{p}} \times \vec{\mathbf{q}}}{\|\vec{\mathbf{p}} \times \vec{\mathbf{q}}\|} = \frac{1}{\sqrt{1 + p^2 + q^2}} \begin{pmatrix} -p \\ -q \\ 1 \end{pmatrix}. \tag{7.5}$$

Reflektivität

Für feste Licht– und Betrachtungsrichtungen ist die Reflexion der Oberfläche im wesentlichen von der lokalen Oberflächennormalen $\vec{\mathbf{n}}$ abhängig. Wir repräsentieren die Normale durch die partiellen Ableitungen p, q aus Gl. 7.5 und fassen die Reflexionseigenschaften der Oberfläche in der sog. Reflektivitätskarte $R(p,q)$ zusammen, die für jede Orientierung die Reflexion angibt.

Für den LAMBERTschen Strahler hat man z.B. (Abb. 7.6)

$$R(p,q) = c(\vec{\mathbf{l}} \cdot \vec{\mathbf{n}}) = c \frac{l_3 - l_1 p - l_2 q}{\sqrt{1 + p^2 + q^2}}. \tag{7.6}$$

Mißt man lokal die Bildintensität I, so durchläuft die Höhenlinie $R(p,q) = I$ alle Oberflächenorientierungen (p,q), die mit dem gemessenen Grauwert konsistent sind. Die Höhenlinie entspricht damit dem Kegelmantel in Abb. 7.4b.

Ein für die Modellierung der menschlichen Wahrnehmung irrelevantes, für das Verständnis der Zusammenhänge aber instruktives Beispiel ist das sog. *photometrische Stereo*. Man beleuchtet hierbei einen Punkt auf der betrachteten Fläche nacheinander aus drei verschiedenen Lichtrichtungen $\vec{\mathbf{l}}_1, \vec{\mathbf{l}}_2, \vec{\mathbf{l}}_3$. Aus jedem Grauwert folgt eine Bestimmungsgleichung für (p,q), durch die die Oberflächenorientierung auf eine Höhenlinie der jeweiligen Reflektivitätskarte eingeschränkt wird. Der Schnittpunkt dieser drei Höhenlinien markiert dann die Orientierung des Oberflächenstückes (Abb. 7.6c).

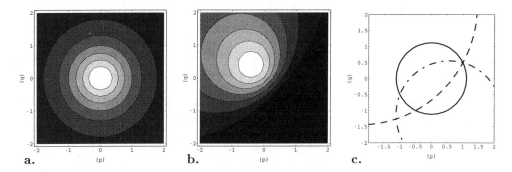

Abbildung 7.6: **a.** Höhenlinien der Reflektivitätskarte $R(p, q)$ für einen LAMBERTschen Strahler mit der Beleuchtungsrichtung $\vec{\mathbf{l}} = (0, 0, 1)^\top$. **b.** Dasselbe für die Beleuchtungsrichtung $\vec{\mathbf{l}} = \frac{1}{\sqrt{3}}(-1, -1, 1)^\top$. **c.** Photometrisches Stereo. Beleuchtet man einen Oberflächenpunkt nacheinander aus drei verschiedenen Lichtrichtungen, so kann man die Oberflächennormale als Schnittpunkt der entsprechenden Höhenlinien der Reflektivitätskarte bestimmen.

7.2.3 Die Reflektivitätsgleichung

Mit den eingeführten Bezeichnungen kann man nun die zentrale Gleichung für die Schattierungsanalyse formulieren. Man bezeichnet sie nach Ikeuchi & Horn (1981) als „Image–Irradiance–Equation":

$$I(x, y) = R\left(\frac{\partial F}{\partial x}(x, y), \frac{\partial F}{\partial y}(x, y)\right). \tag{7.7}$$

Gesucht ist also eine Oberfläche F, deren partielle Ableitungen, eingesetzt in die Reflektivitätskarte R, das Bild I reproduzieren. Gl. 7.7 ist eine partielle Differentialgleichung. Für jeden Punkt (x, y) der Bildebene liegt ein Grauwert I vor, der über die entsprechende Höhenlinie in der Reflektivitätskarte einem Kegel von dort möglichen Oberflächorientierungen entspricht. Eine graphische Veranschaulichung dieser Situation zeigt Abb. 7.7. Die skizzierte Lösungsfläche wird im allgemeinen nicht die einzige mögliche Lösung sein; alle Flächen, deren Oberflächennormalen in den Mänteln der MONGE–Kegel liegen, sind ebenfalls Lösungen. Wegen dieser Vieldeutigkeit spielen bei partiellen Differentialgleichungen Randbedingungen eine große Rolle; damit meint man z.B. die Randkurve der gesuchten Fläche, oder die Oberflächennormalen entlang des Randes, etc. Randbedingungen sind in Abb. 7.7 nicht gezeigt.

Gl. 7.7 beschreibt nur den Fall der einfachen Reflexion, wie in Abb. 7.3a gezeigt. Ausgedehnte Lichtquellen, gegenseitige Beleuchtung verschiedener Teile der Oberfläche, sowie Änderungen der Oberflächeneigenschaften im Ort sind nicht berücksichtigt.

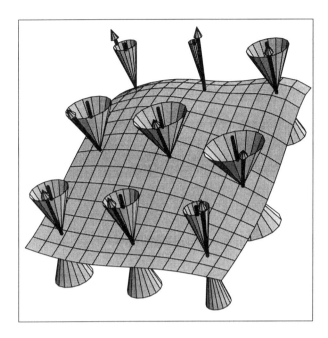

Abbildung 7.7: Geometrische Interpretation der partiellen Differentialgleichung 7.7 durch sog. MONGE–Kegel. Für jeden Punkt im Raum ist durch die Gleichung ein Kegel gegeben, in dessen Mantel die lokale Oberflächennormale liegen muß. Die Achse dieses Kegels ist die Beleuchtungsrichtung, während der Kosinus des Öffnungswinkels dem lokalen Grauwert entspricht. Im Beispiel sind die Normalen der skizzierten Lösungsfläche als Pfeile eingezeichnet. Sie liegen jeweils in den Kegelmänteln.

7.3   Eindimensionale „Bilder"

Wir betrachten eindimensionale Grauwertverteilungen $I(x)$, die man sich in y–Richtung konstant fortgesetzt denken kann. Statt einer zu rekonstruierenden Oberfläche hat man lediglich ein Tiefenprofil $F(x)$ mit Tangente $(1, F'(x))^\top$ und Oberflächennormale

$$\vec{\mathbf{n}} = \frac{1}{\sqrt{1 + F'^2(x)}} \begin{pmatrix} -F'(x) \\ 1 \end{pmatrix} \qquad (7.8)$$

(vgl. Abb. 7.8). Dabei ist das Vorzeichen so gewählt, daß die Oberflächennormale immer nach oben zeigt (positive z–Komponente).

Es sei nun $\vec{\mathbf{l}} = (\sin\varphi, \cos\varphi)^\top$ die Lichtrichtung, d.h. $\varphi = 0$ bedeutet, daß die Beleuchtung von oben (aus z–Richtung) kommt. Wir nehmen an, daß die Reflexion der Oberfläche der LAMBERTschen Formel folgt und daß die Konstante c (Albedo) den Wert 1 annimmt. Man erhält dann die Reflektivitätsgleichung:

$$I(x) = (\vec{\mathbf{l}} \cdot \vec{\mathbf{n}}) = \frac{\cos\varphi - F'(x)\sin\varphi}{\sqrt{1 + F'^2(x)}}. \qquad (7.9)$$

Die rechte Seite dieser Gleichung ist dabei die eindimensionale Reflektivitätskarte eines LAMBERTschen Strahlers unter paralleler Beleuchtung aus der Richtung φ. Im Gegensatz zu der entsprechenden zweidimensionalen Gl. 7.7 handelt es sich im eindimensionalen Fall um eine gewöhnliche Differentialgleichung, in der die Unbekannte F nur in ihrer ersten Ableitung auftritt. Man erhält durch Quadrieren von Gl. 7.9 eine

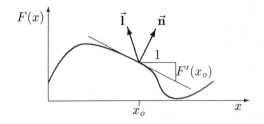

Abbildung 7.8: Eindimensionales Tiefenprofil $F(x)$ mit lokaler Oberflächennormalen $\vec{n}$ und Ableitung $F'(x)$. Die Intensität des Bildes von F ergibt sich nach der LAMBERTschen Formel aus dem Skalarprodukt $(\vec{l} \cdot \vec{n})$.

qudratische Gleichung, die man elementar nach F' auflösen kann:

$$F'(x) = \frac{1}{I^2(x) - \sin^2 \varphi} \left(\pm I(x) \sqrt{1 - I^2(x)} - \sin \varphi \cos \varphi \right). \qquad (7.10)$$

Im Vergleich zu der in Abb. 7.4 skizzierten Situation bestimmt der Grauwert im eindimensionalen Fall also die Oberflächennormale bis auf das Vorzeichen des Wurzelterms in Gl. 7.10. Ist $I(x) = 1$, so folgt $F'(x) = -\tan \varphi$, d.h. die Beleuchtung trifft lokal senkrecht auf die Oberfläche auf. Für $I(x) = 0$ erhält man $F'(x) = \cot \varphi$, d.h. die Oberfläche steht parallel zur Beleuchtung.[*]

Mögliche Profile erhält man nun einfach durch Integration von F'. Dabei bestehen auch bei bekannter Lichtrichtung noch einige Zweideutigkeiten: Zum einen kann das Vorzeichen des Wurzelterms in Gl. 7.10 frei gewählt werden. Verlangt man glatte Oberflächen, so kann man dies allerdings nur am Anfang oder bei Nulldurchgängen des Radikanten tun. Zum zweiten hat man eine Integrationskonstante, die das Profil beliebig in der Tiefe verschiebt. Dies ist nicht weiter verwunderlich, da sich auch umgekehrt das Bild bei einer reinen Tiefenverschiebung der Oberfläche nicht ändert, da wir parallele Beleuchtung und Parallelprojektion angenommen hatten. Schließlich haben wir bisher vorausgesetzt, daß die Normierung von I bekannt ist, daß also etwa $I(x_0) = 1$ bedeutet, daß die Oberfläche an der Stelle x_0 senkrecht beleuchtet ist. Ist das nicht der Fall, hat die Oberfläche also einen unbekannten Albedo, so gibt es weitere Schwierigkeiten.

Wir betrachten drei Spezialfälle mit Beleuchtung von oben $(\vec{l} = (0, 1)^\top$, bzw. $\varphi = 0)$. Analytische Lösungen erhält man durch Integration von Gl. 7.10 und Einsetzen von $\sin \varphi = 0$:

$$F(x) = F_o + \int_0^x F'(x') dx' = F_o + \int_0^x \pm \sqrt{\frac{1 - I^2(x')}{I^2(x')}} dx'. \qquad (7.11)$$

Abb. 7.9 zeigt zusätzlich numerische Lösungen für den Fall einer Beleuchtung von schräg rechts oben $(\vec{l} = (\frac{1}{2}, \frac{\sqrt{3}}{2})^\top$, bzw. $\varphi = 30°)$.

---

[*]Im zweidimensionalen Fall (Gl. 7.7) ist nur durch die Bedingung $I(x, y) = 1$ die Oberflächennormale eindeutig bestimmt; der Kegel in Abb. 7.4b wird auf seine Achse zusammengezogen. Der Fall $I(x, y) = 0$ bleibt vieldeutig; der Kegel der möglichen Oberflächennormalen geht in eine Kreisscheibe über, die auf der Lichtrichtung senkrecht steht.

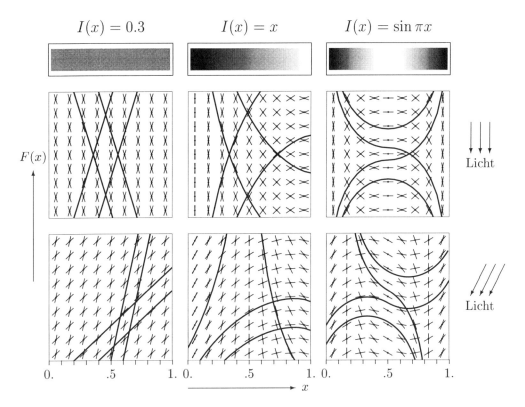

Abbildung 7.9: Rekonstruktion von eindimensionalen Tiefenprofilen für drei Intensitätsverteilungen (dargestellt als Grauwertbilder) und zwei Beleuchtungsrichtungen (senkrecht von oben und 30° von links). Die sechs Einzelbilder zeigen die Richtungsfelder der Differentialgleichung 7.10 sowie einige ausgewählte Lösungen. Weitere Erklärungen im Text.

Fall 1: $I(x) = I = const.$ Durch Einsetzen in Gl. 7.11 folgt:

$$F(x) = F_o \pm \sqrt{\frac{1 - I^2}{I^2}} x.$$

In diesem Fall ist die Lösung also eine Gerade, d.h. eine in der Tiefe geneigte Rampe. Beispiele für Lösungen unter senkrechter und schräger Beleuchtung zeigt die linke Spalte von Abb. 7.9.

Fall 2: $I(x) = x$. Einsetzen in Gl. 7.11 liefert:

$$F(x) = F_o \pm \left(\sqrt{1 - x^2} - \ln \frac{1 + \sqrt{1 - x^2}}{x} \right).$$

Beispiele zeigt die mittlere Spalte von Abb. 7.9.

Fall 3: $I(x) = \sin \pi x$, $0 \leq x \leq 1$. In diesem Fall sind analytische Lösungen sogar für alle Lichtrichtungen φ möglich. Man erhält durch Einsetzen in Gl. 7.10:

$$F'(x) = \frac{\pm \sin(\pi x) \cos(\pi x) - \sin \varphi \cos \varphi}{\sin^2(\pi x) - \sin^2 \varphi} = \cot(\varphi \pm \pi x)$$

und daraus durch Integration

$$F(x) = F_o \pm \frac{1}{\pi} \ln(\sin(\varphi \pm \pi x)).$$

An der Stelle $x = \frac{1}{2}$ ist $I(x) = 1$, so daß $F'(x)$ für beide Lösungen senkrecht auf der Lichtrichtung steht. In diesem Fall existieren daher weitere glatte Lösungen, die für $x < \frac{1}{2}$ beispielsweise das Pluszeichen, für $x > \frac{1}{2}$ jedoch das Minuszeichen in der allgemeinen Lösung benutzen. In Abb. 7.9 (rechte Spalte) sind Beispiele für alle möglichen Kombinationen gezeigt.

7.4 Schattierungsanalyse in zwei Dimensionen

7.4.1 Globale Vieldeutigkeit und Randbedingungen

Im zweidimensionalen Fall ist die Vieldeutigkeit des Schattierungsanalyse noch gravierender. Abbildung 7.10 zeigt ein Grauwertbild zusammen mit vier verschiedenen Flächen, die alle mögliche räumliche Interpretationen dieses Bildes und Lösungen der Gl. 7.7 sind. Diese Vieldeutigkeit unterscheidet sich von der in Abb. 7.4 dargestellten dadurch, daß eine lokale Festlegung auf eine der Lösungen die gesamte Oberfläche bestimmt; wir bezeichnen sie deshalb als *globale* Vieldeutigkeit. Um sie zu beheben, benötigt man weitere Informationen, z.B. über die Tiefe und Oberflächenorientierung entlang des Bildrandes. In der Regel benutzt man zwei Typen von solchen *Randbedingungen*:

- Hat man einen schattierten Abschnitt zwischen Konturen, so kann man die Tiefe der Kontur mit Stereo oder einem anderen Verfahren bestimmen. Den Oberflächenverlauf zwischen den Konturen erhält man dann aus der Lösung der Reflektivitätsgleichung mit der Kontur als Randbedingung.

- In sich geschlossene Flächen wie z.B. Kugeln oder Ellipsoide weisen stets Verdeckungskanten auf, d.h. Bildkonturen, die nicht durch Oberflächenkonturen, sondern durch das „Wegdrehen" der Fläche vom Betrachter definiert sind (z.B. der Umriß einer Kugel; vgl. Abb. 7.1). An Verdeckungskanten steht die Oberfläche lokal parallel zur Betrachtungsrichtung. Man kennt somit die lokale Oberflächenorientierung, nicht jedoch die Tiefe im Bereich der Verdeckungskante.

Neben diesen Randbedingungen kann man weitere Heuristiken z.B. über die Wahrscheinlichkeit bestimmter Oberflächenformen verwenden. Wir erwähnen kurz die *generic viewpoint assumption*, die auch für andere Tiefenhinweise eine Rolle spielt.

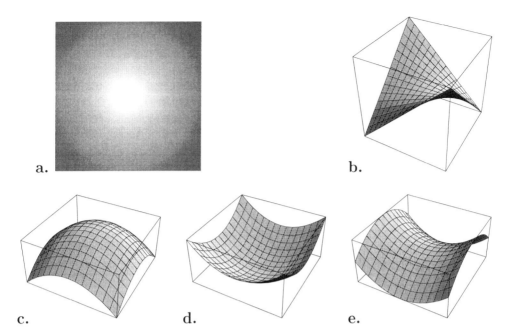

Abbildung 7.10: Globale Vieldeutigkeit von Schattierungsinformationen. **a.** Grau-wertbild $I(x,y) = 1/\sqrt{1 + x^2 + y^2}$. Unter vertikaler Beleuchtung und LAMBERTscher Schattierung erzeugen alle folgenden Flächen dieses Bild. **b.** Sattelfläche (Hyperbolo-id) $F(x,y) = xy$. **c.,d.** Paraboloid $F(x,y) = \pm\frac{1}{2}(x^2 + y^2)$. **e.** Sattelfläche (Hyperbo-loid) $F(x,y) = \frac{1}{2}(x^2 - y^2)$. Die beiden Sattelflächen können durch Drehung um die vertikale Achse ineinander überführt werden.

Abb. 7.11 zeigt ein Beispiel: der Drahtwürfel kann wie das Sechseck in Abb. 7.11b aussehen, wenn die Blickachse mit einer seiner Raumdiagonalen zusammenfällt. Be-trachtet man tatsächlich einen Würfel, so ändert sich aber schon bei einer kleinen Kopfbewegung das Bild qualitativ und geht z.B. in die in Abb. 7.11a gezeigte Figur über. Auch ohne den Kopf zu bewegen, ist in Abb. 7.11b die räumliche Interpretation unwahrscheinlich, weil eben die Übereinstimmung von Blickachse und Raumdiagona-le ein großer Zufall wäre. Bei der Schattierungsanalyse tritt ein ähnlicher Fall auf, wenn man eine schattierte Schüssel (Hohlkugel) exakt von oben betrachtet. Nur für diesen Blickpunkt kann sie mit einer Kugel verwechselt werden, bei allen anderen Blickpunkten wird man ein Stück der Außenseite der Schüssel sehen, so daß Kugel und Hohlkugel nicht mehr verwechselt werden können.

Die *generic viewpoint assumption* kann mit Hilfe der BAYESschen Schätztheorie ausgenutzt werden (Freeman 1996). Die Vorannahmen über die Wahrscheinlichkeit eines Blickpunktes gehen dann in die *a priori* Verteilung des Schätzproblems ein.

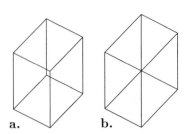

Abbildung 7.11: *Generic viewpoint assumption:*
Beide Bilder können Bilder eines Würfels sein.
In **b.** muß man jedoch annehmen, daß die Blickrichtung exakt mit einer der Raumdiagonalen des
Würfels zusammenfällt. Da dies nur selten zu
erwarten ist, und durch kleine Kopfbewegungen
aufgehoben werden kann, sieht man **b.** eher als

a.   **b.**   ebene Figur.

7.4.2   Lösung der Reflektivitätsgleichung[*]

Gegeben ist ein Bild $I(x,y)$ und eine Reflektivitätskarte $R(F_x(x,y), F_y(x,y))$, die die
Reflektivität der Oberfläche als Funktion der Orientierung wiedergibt. Gesucht ist
eine Lösung der Gl. 7.7, d.h. eine Oberfläche $F(x,y)$, deren Orientierungsverteilung
zusammen mit der Reflektivitätskarte das korrekte Bild ergibt.

Ikeuchi & Horn (1981) schlagen nun vor, statt des Gradientenfeldes $(F_x(x,y),$
$F_y(x,y))$ zunächst ein beliebiges Vektorfeld $(p(x,y), q(x,y))$ zu betrachten. Die partielle Differentialgleichung 7.7 wird dadurch in eine algebraische Gleichung für nun
allerdings zwei unbekannte Funktionen p, q überführt:

$$I(x,y) = R(p(x,y), q(x,y)). \tag{7.12}$$

Diese Gleichung enthält zwei unabhängige Unbekannte p und q, und ist daher un-
terbestimmt. Als Zusatzbedingung hat man jedoch noch die Anforderung, daß das
Vektorfeld (p,q) tatsächlich eine Oberfläche darstellen soll, d.h. daß es integrierbar
sein soll. Die Formalisierung dieser „Integrabilitätsbedingung" leitet man aus folgender Überlegung ab: Die Größen p und q sind die partiellen Ableitungen der Ober-
flächenfunktion F. Es gilt daher $p_y(x,y) = F_{xy}(x,y)$ und $q_x = F_{yx}(x,y)$. Nach dem
Satz von SCHWARZ aus der Analysis ist die Reihenfolge der partiellen Ableitungen
für hinreichend oft differenzierbare Funktionen vertauschbar, d.h. es gilt

$$p_y(x,y) = F_{xy}(x,y) = F_{yx}(x,y) = q_x(x,y). \tag{7.13}$$

Man bezeichnet die Größe $p_y - q_x$ als *Rotation* (engl. *curl*) des Vektorfeldes (p,q). In
Umkehrung der Aussage von Gl. 7.13 kann man zeigen, daß jedes glatte Vektorfeld
mit verschwindender Rotation integrierbar ist.

Beide Gleichungen (Gl. 7.12, 7.13) zusammen sind äquivalent zu der Ausgangsglei-
chung 7.7 und haben (bis auf Randbedingungen) eindeutige Lösungen. Ein praktisches
Problem bei der Verwendung der Integrabilitätsbedingung 7.13 ist die Diskretisierung
der Bildfunktion, die die sinnvolle Berechnung von Ableitungen auf dem Pixelniveau
unmöglich macht. Aus diesem Grund wird Gl. 7.13 bei Ikeuchi & Horn (1981) durch
eine Glattheitsforderung ersetzt. Dies ist insofern unbefriedigend, als auch glatte Vektorfelder nicht notwendigerweise integrierbar sind; integriert man die gefundenen glatten Lösungen für p und q getrennt über x bzw. y, so erhält man im allgemeinen nicht

---

[*]Dieser Abschnitt kann beim ersten Lesen übersprungen werden.

dieselbe Oberfläche. Der Algorithmus von Janfeld & Mallot (1992) verwendet die Methode der finiten Elemente, um exakte Lösungen auf gröberen Rastern zu erzeugen.

Im folgenden wird kurz das Verfahren von Ikeuchi & Horn (1981) skizziert. Da exakte Lösungen nicht erwartet werden, formuliert man das Problem als eine Fehlerminimierung. Für die diskretisierte Reflektivitätsgleichung 7.12 benutzt man dabei den folgenden Fehlerterm:

$$r_{ij} := (I_{ij} - R(p_{ij}, q_{ij}))^2. \tag{7.14}$$

Dabei ist r_{ij} der Datenfehler pro Pixel, d.h. die Abweichung des gemessenen Grauwertes von dem aufgrund der angenommenen Oberflächenorientierung (p_{ij}, q_{ij}) erwarteten Grauwert. Aus der Glattheitsforderung erhält man als weiteren Fehlerterm den Ausdruck:

$$s_{ij} := \frac{1}{4} \left((p_{i+1,j} - p_{ij})^2 + (p_{i,j+1} - p_{ij})^2 + (q_{i+1,j} - q_{ij})^2 + (q_{i,j+1} - q_{ij})^2 \right). \tag{7.15}$$

Ist die Oberfläche lokal eben, so sind die p– und q–Werte benachbarter Pixel gleich und s nimmt den Wert 0 an. Andernfalls mißt s_{ij} die lokale Krümmung der Oberfläche, oder richtiger die Abweichung von einer ideal glatten, d.h. ebenen, Fläche.

Man kombiniert die den beiden Bestimmungsgleichungen entsprechenden Fehlerterme dann zu einem Gesamtfehler e:

$$e := \sum_i \sum_j (\underbrace{s_{ij}}_{\text{Glattheit}} + \lambda \underbrace{r_{ij}}_{\text{Daten}}) \quad ; \lambda > 0. \tag{7.16}$$

Der sog. Regularisierungsparameter λ kann dabei frei gewählt werden. Er gibt an, wie stark die Daten im Vergleich zu der Glattheitsforderung bewertet werden und wird bei stark verrauschten Daten relativ klein gewählt werden.

Man minimiert nun e als Funktion der p_{ij}, q_{ij} und erhält damit eine Schätzung der Orientierung an jeder Stelle. Im Minimum müssen die partiellen Ableitungen $\frac{\partial e}{\partial p_{ij}}$, $\frac{\partial e}{\partial q_{ij}}$ für alle i, j verschwinden. Ist n die Anzahl der Pixel in einer Richtung, so hat man also $2n^2$ Gleichungen für die $2n^2$ Unbekannten p_{ij}, q_{ij}. Durch Ausführen der Ableitung erhält man

$$\frac{\delta e}{\delta p_{ij}} = \frac{1}{2} [(p_{ij} - p_{i+1,j}) + (p_{ij} - p_{i,j+1}) + (p_{ij} - p_{i-1,j}) + (p_{ij} - p_{i,j-1})]$$

$$+ 2\lambda(I_{ij} - R(p_{ij}, q_{ij})) \cdot \frac{\partial R}{\partial p}(p_{ij}, q_{ij})$$

$$\overset{!}{=} 0, \tag{7.17}$$

und

$$\frac{\partial e}{\partial q_{ij}} = \frac{1}{2} [(q_{ij} - q_{i+1,j}) + (q_{ij} - q_{i,j+1}) + (q_{ij} - q_{i-1,j}) + (q_{ij} - q_{i,j-1})]$$

$$+ 2\lambda(I_{ij} - R(p_{ij}, q_{ij})) \cdot \frac{\partial R}{\partial q}(p_{ij}, q_{ij})$$

$$\overset{!}{=} 0. \tag{7.18}$$

Man kann nun diese beiden Gleichungen nicht direkt nach p_{ij} bzw. q_{ij} auflösen, da die jeweils im zweiten Summanden (Minimierung des Datenfehlers) auftretende Reflektivitätsfunktion R nicht invertierbar ist. Eine iterative Lösung erhält man, indem man zunächst die lokalen Mittelwerte

$$p_{ij}^* \quad := \quad \frac{1}{4}(p_{i+1,j} + p_{i,j+1} + p_{i-1,j} + p_{i,j-1}) \tag{7.19}$$

$$q_{ij}^* \quad := \quad \frac{1}{4}(q_{i+1,j} + q_{i,j+1} + q_{i-1,j} + q_{i,j-1}) \tag{7.20}$$

einführt und dann ansetzt:

$$p_{ij}^{n+1} \quad = \quad p_{ij}^{*,n} - \lambda(I_{ij} - R(p_{ij}^n, q_{ij}^n)) \cdot \frac{\partial R}{\partial p}(p_{ij}^n, q_{ij}^n) \tag{7.21}$$

$$q_{ij}^{n+1} \quad = \quad q_{ij}^{*,n} - \lambda(I_{ij} - R(p_{ij}^n, q_{ij}^n)) \cdot \frac{\partial R}{\partial q}(p_{ij}^n, q_{ij}^n). \tag{7.22}$$

Dabei ist der hochgestellte Index die Iterationsvariable. Konvergieren die Folgen der p_{ij} und q_{ij}, so ist der Grenzwert eine Lösung der Bestimmungsgleichungen 7.17 und 7.18. Die Startbedingungen (p_{ij}^0, q_{ij}^0) erhält man aus geeigneten Randbedingungen, z.B. der Verdeckungskante des Objektes. Wie bereits erwähnt, muß das gefundene glatte Vektorfeld (p,q) nicht integrierbar sein.

Das iterative Verfahren zur Lösung der Bestimmungsgleichungen entspricht den Standard–Verfahren der numerischen Mathematik. Interessanter ist hier die Einführung des Regularisierungsparameters λ, die als eine Formalisierung des Konzeptes der inversen Optik aufgefaßt werden kann: die Glattheitsforderung ist eine Zusatzannahme, die zur Lösung der unterbestimmten Gleichung 7.12 herangezogen wurde. Die „Regularisierung" unterbestimmter Gleichungen durch eine Glattheitsforderung ist ein allgemeines Verfahren in der Bildverarbeitung (Poggio et al. 1985). Im Fall der Schattierungsanalyse sind jedoch auch exakte Lösungen möglich, die ohne Regularisierung auskommen (Oliensis 1991, Janfeld & Mallot 1992).

Eine weitere wichtige Beobachtung betrifft die Rolle der Randbedingungen. Tatsächlich kann die gleiche Intensitätsverteilung bei der Verwendung unterschiedlicher Randbedingungen zu ganz verschiedenen Tiefenschätzungen führen. Dies ist ein allgemeines Problem bei der Behandlung partieller Differentialgleichungen. In Abschnitt 7.1 wurde auf die Bedeutung der Umrißlinien für die Wahrnehmung von Form aus Schattierung bereits hingewiesen.

Kapitel 8

Textur und Oberflächenorientierung

8.1 Textur und Texturgradienten

Texturen sind mehr oder weniger regelmäßige Oberflächenmuster, die aus gleichartigen Elementen zusammengesetzt sind. Die Texturelemente können dabei Zeichnungen (Pigmentierungsunterschiede) oder Tiefenvariationen (z.B. Riffelung) sein; man bezeichnet sie zuweilen als „Texel" (von *texture elements*). Die meisten natürlichen Oberflächen sind texturiert. Beispiele sind Textilien (daher der Name), Rasen– oder Kiesflächen, Mauerwerk und vieles andere mehr. In der Regel ist die Gleichartigkeit der Texturelemente nicht vollständig sondern statistischer Natur.

In der Bildverarbeitung wie auch in der Wahrnehmung verwendet man Texturen in zwei unabhängigen Zusammenhängen:

- Bildsegmentierung: Texturgrenzen können ähnlich wie Helligkeits– oder Tiefengrenzen die Einteilung des Bildes in sinnvolle Regionen unterstützen. In der Natur werden umgekehrt Oberflächenzeichnungen gezielt eingesetzt, um die Segmentierung zu erschweren, d.h. zur Tarnung. Bildsegmentierung wird in diesem Kapitel nicht behandelt.

- Tiefenwahrnehmung: Kontinuierliche Variation von Texturen stellt einen wichtigen Tiefenhinweis dar, aus dem man Information über die Orientierung und Krümmung von Oberflächen erhalten kann. Solche kontinuierlichen Texturvariationen bezeichnet man als *Texturgradienten*.

Wir betrachten drei Ansätze zur Extraktion von Tiefeninformationen aus Texturgradienten:

1. Aufsuchen von Fluchtpunkten
2. Dichtegradient der Texturelemente

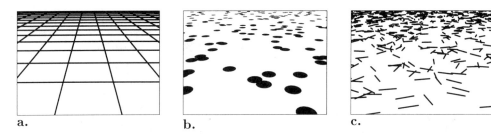

a.   **b.**   **c.**

Abbildung 8.1: Texturgradienten bei der perspektivischen Projektion einer Ebene.
a. Bild einer Ebene mit Neigungswinkel (*slant*) 68°. **b.** Kreisscheiben auf der Ebene
werden als Ellipsen abgebildet, die mit zunehmendem Abstand vom Betrachter immer
kleiner und exzentrischer werden. Die Orientierung der großen Halbachse wird parallel zum Horizont. **c.** Die Orientierung von Liniensegmenten wird mit zunehmender
Entfernung immer mehr in Richtung der Orientierung des Horizontes verschoben.

3. Formgradient der Texturelemente, speziell Orientierungsverteilung in Bildern
   geneigter isotroper Muster.

Die Tiefenwahrnehmung aus Texturgradienten (Abb. 8.1) ist eng mit der perspektivischen Projektion verknüpft, die zu einer Verkleinerung des Bildes mit größerem
Abstand und damit zu einer Erhöhung der Dichte der Texturelemente im Bild führt.
Im Fall gekrümmter Oberflächen erhält man auch bei Parallelprojektion Texturgradienten, bei denen jedoch nur die Form, nicht aber die Dichte der Texturelemente
betroffen ist. In diesem Fall entspricht die Verdeckungskante der Oberfläche dem
Horizont einer Ebene in der Zentralprojektion. Psychophysische Arbeiten zur Wahrnehmung von Oberflächenorientierungen aus Texturen zeigen, daß die verschiedenen
Arten von Texturgradienten in unterschiedlicher Weise verwendet werden (vgl. Todd
& Akerstrom 1987, Blake et al. 1993).

8.2 Regelmäßige Muster: Fluchtpunkte

Wie in Abschnitt 2.3.2 gezeigt, ist durch einen Fluchtpunkt an der Stelle $(x'_f, y'_f)^\top$
die Raumrichtung der im Bild auf ihn zulaufenden Geraden festgelegt. Jede Gerade,
die in den Fluchtpunkt läuft, hat somit eine Parameterdarstellung

$$g(\lambda) = \begin{pmatrix} a \\ b \\ c \end{pmatrix} + \lambda \begin{pmatrix} x_f \\ y_f \\ -1 \end{pmatrix} \tag{8.1}$$

für einen geeigneten Aufpunkt $(a, b, c)^\top$. Kennt man also etwa zwei Fluchtpunkte verschiedener Geradenscharen in einer Ebene (vgl. Abb. 2.12b), so ergibt sich daraus
bereits eindeutig die Orientierung der Ebene. Alle anderen Fluchtpunkte von Geradenrichtungen in der Ebene liegen auf einer Geraden durch die beiden bekannten

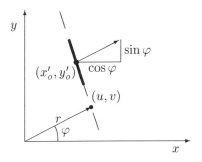

Abbildung 8.2: Die Gerade durch ein Liniensegment an der Stelle (x'_o, y'_o) mit Orientierung φ wird durch den Punkt (u, v) dargestellt, an dem sie den Ursprung passiert. Wir bezeichnen (u, v) als „Fußpunkt" der Geraden.

Fluchtpunkte, d.h. auf dem Horizont der Ebene. Es stellt sich somit die Frage, wie Fluchtpunkte in Bildern aufgefunden werden können.

Gegeben sei ein orientiertes Kantenelement an der Stelle $(x'_o, y'_o)^\top$ mit der Normalen $(\cos \varphi, \sin \varphi)^\top$. Wir bezeichnen das Skalarprodukt des Ortsvektors und der Normalen mit r, $r = x'_o \cos \varphi + y'_o \sin \varphi$. Die Normalendarstellung der Geraden g durch das Kantenelement lautet:

$$x' \cos \varphi + y' \sin \varphi = r. \tag{8.2}$$

Wir gehen dann in vier Schritten vor:

Schritt 1. Zunächst muß man die durch ein Kantensegment gegebene Gerade in einer Weise charakterisieren, die nicht davon abhängt, wo auf der Geraden das Kantenelement liegt. Falls die einbettende Gerade g nicht durch den Ursprung des Koordinatensystems geht, benutzt man dazu den Punkt ihrer nächsten Annäherung an den Ursprung. Wir bezeichnen diesen Punkt als den „Fußpunkt" (u, v) der Geraden. Aus Abb. 8.2 ließt man ab:

$$\begin{pmatrix} u \\ v \end{pmatrix} = r \begin{pmatrix} \cos \varphi \\ \sin \varphi \end{pmatrix} = \begin{pmatrix} x' \cos^2 \varphi + y' \sin \varphi \cos \varphi \\ x' \sin \varphi \cos \varphi + y' \sin^2 \varphi \end{pmatrix}. \tag{8.3}$$

Gleichung 8.3 gibt zu jedem Kantenelement (x', y', φ) den „Fußpunkt" der einbettenden Gerade g an. Man kann also über die Umrechnung auf (u, v) feststellen, ob zwei Kantenelemente zur gleichen Geraden gehören.

Ist $(u, v) = (0, 0)$ für ein Kantenelement, so wählt man einfach einen anderen Punkt als Koordinatenursprung.

Schritt 2. Die Fußpunkte der zu jedem Kantensegment gehörenden Geraden werden nun in einem zweidimensionalen Histogramm akkumuliert („HOUGH–Transformation", vgl. Abb. 8.3). Zusammengehörige Kantenelemente bilden Häufungspunkte im HOUGH–Raum u, v. Die Darstellung im HOUGH–Raum erlaubt einerseits die Korrektur kleiner Fehler der Position und Orientierung der Kantensegmente und andererseits die Zusammenfassung weit entfernter Segmente zu einer Geraden. In Standardanwendungen der HOUGH–Transformation führt man eine Clusteranalyse im HOUGH–Raum durch und hat damit die entsprechenden Bildgeraden identifiziert (vgl. Rosenfeld & Kak,

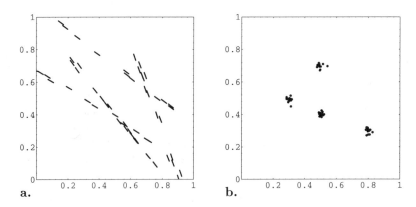

Abbildung 8.3: HOUGH–Transformation. **a.** Durch eine geeignete Vorverarbeitung gefundene Kantensegmente. **b.** Fußpunkte der durch die Kantensegmente verlaufenden Geraden (vgl. Abb. 8.2). Man erkennt vier Gruppen, die vier Geraden im Originalbild entsprechen.

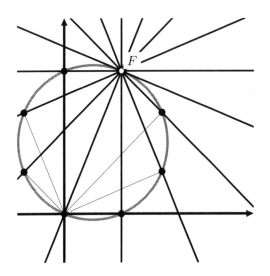

Abbildung 8.4: Die Fußpunkte aller Geraden durch einen Fluchtpunkt F bilden einen Kreis durch den Ursprung und den Fluchtpunkt. Die Verbindungslinie vom Koordinatenursprung zum Fluchtpunkt ist ein Durchmesser dieses Kreises. Die Fußpunkte einiger Geraden sind markiert.

1982, Bd. 2). In unserem Zusammenhang interessieren jedoch nicht die Geraden selbst, sondern nur der von ihnen gebildete Fluchtpunkt.

Schritt 3. Um nun den Fluchtpunkt (x'_f, y'_f) zu finden, überlegt man sich zunächst, wo die Bilder der Geraden durch einen gegebenen Fluchtpunkt im HOUGH–Raum zu liegen kommen. Offenbar können die Geraden durch einen Punkt (x'_f, y'_f) jeweils durch ein Kantenelement (x'_f, y'_f, φ) charakterisiert werden, wenn φ beliebige Werte in $[0, \pi]$ annimmt.

In der (u, v)–Ebene bilden diese Geraden, bzw. die zugehörigen Fußpunkte (u_φ, v_φ),

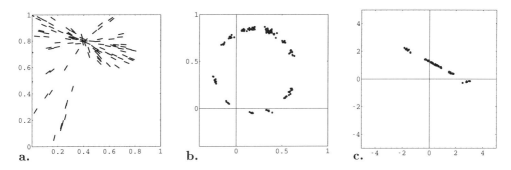

a.   **b.**   **c.**

Abbildung 8.5: Auffinden eines Fluchtpunktes mit Hilfe der HOUGH–Transformation. **a.** Kantensegmente. **b.** Die Fußpunkte der durch die Kantensegmente verlaufenden Geraden liegen auf einem Kreis. **c.** Die Schätzung der Parameter des Kreises (Mittelpunkt) wird zweckmäßig in einem gemäß Gl. 8.4 transformierten Bild durch Regression durchgeführt.

einen Kreis durch $(0,0)$ und (x'_f, y'_f) mit Durchmesser $2r = \sqrt{(x'_f)^2 + (y'_f)^2}$ (vgl. Abb. 8.4). Dies folgt im Umkehrschluß aus dem Satz des THALES, nach dem die Winkel im Halbkreis 90° betragen. Das Problem der Fluchtpunktsbestimmung ist damit auf das Auffinden von Kreisen durch den Ursprung im HOUGH–Raum zurückgeführt.

Schritt 4. Um die Schätzung des Kreismittelpunkts im HOUGH–Raum zu erleichtern, kann man zusätzlich die Transformation

$$\begin{pmatrix} u \\ v \end{pmatrix} \longrightarrow \begin{pmatrix} \dfrac{u}{u^2 + v^2}, \dfrac{v}{u^2 + v^2} \end{pmatrix} \tag{8.4}$$

(Inversion am Einheitskreis) durchführen. Dadurch wird der Kreis in eine Gerade überführt, die dann durch Regression gefunden werden kann. Ein Beispiel zeigt die Abb. 8.5.

8.3 Statistische Muster 1: Dichtegradient

Wir betrachten eine ebene Fläche, die gleichmäßig mit Texturelementen besetzt ist; die Dichte der Texturelemente (Anzahl pro Flächeneinheit) bezeichnen wir mit ϱ. Ein Flächenstück der Größe A enthält also im Mittel ϱA Texturelemente. Durch perspektivische Projektion wird es nun auf ein Flächenstück der Größe A' abgebildet, in dem die Texturdichte jetzt den Wert $\varrho' = \varrho A / A'$ annimmt. Bestimmt man ϱ' an verschiedenen Stellen im Bild, so erhält man Informationen über den Blickwinkel, unter dem die Ebene betrachtet wird und damit über die Neigung der Ebene.

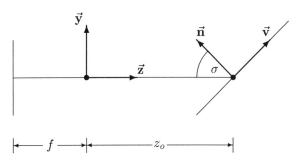

Abbildung 8.6: Abbildungsgeometrie einer geneigten Ebene. Erläuterung im Text.

8.3.1 Ebenen– und Bildkoordinaten

Zur Berechnung und Interpretation von Texturdichte–Gradienten benötigen wir zunächst einige Bezeichnungen und Vorüberlegungen.

Abb. 8.6 zeigt eine geneigte Ebene im Kamerakoordinatensystem. Die $\vec{x}$–Achse des Kamerakoordinatensystems und die $\vec{u}$–Achse des Koordinatensystems der Ebene stehen in diesem Beispiel senkrecht zur Papierebene und sind in der Abbildung nicht gezeigt. Der Winkel zwischen Blickrichtung (optischer Achse) und dem Normalenvektor der Ebene heißt Neigungswinkel (engl.: *slant*), σ. Im allgemeinen wählt man die $\vec{u}$–Achse der Ebene als den Schnitt der x, z–Ebene des Kamerakoordinatensystems mit der Ebene. Der Winkel zwischen der so definierten $\vec{u}$–Achse und der Projektion der optischen Achse auf die Ebene heißt Kippwinkel (engl.: *tilt*), τ. Im gezeigten Beispiel ist $\tau = 90°$. Stellt man die Blickrichtung in einem auf die geneigte Ebene bezogenen Polarkoordinatensystem (vgl. Abs. 2.3.1) dar, so entspricht σ der Elevation ϑ und τ dem Azimuth φ. Reine Änderungen des Kippwinkels bei konstantem Neigungswinkel erhält man, indem man die Ebene um die optische Achse dreht.

Wir betrachten im folgenden ausschließlich den in Abb. 8.6 gezeigten Fall $\tau = 90°$. Man hat dann für das Koordinatensystem der Ebene:

$$\vec{u} = \begin{pmatrix} 1 \\ 0 \\ 0 \end{pmatrix}, \quad \vec{v} = \begin{pmatrix} 0 \\ \cos\sigma \\ \sin\sigma \end{pmatrix}, \quad \vec{n} = \begin{pmatrix} 0 \\ \sin\sigma \\ -\cos\sigma \end{pmatrix}. \tag{8.5}$$

Durch dieses Koordinatensystem werden jedem Punkt der Ebene Koordinaten (u, v) zugeordnet; die dreidimensionalen Koordinaten eines solchen Punktes ergeben sich zu

$$\begin{pmatrix} x \\ y \\ z \end{pmatrix} = \begin{pmatrix} 0 \\ 0 \\ z_o \end{pmatrix} + u \begin{pmatrix} 1 \\ 0 \\ 0 \end{pmatrix} + v \begin{pmatrix} 0 \\ \cos\sigma \\ \sin\sigma \end{pmatrix} = \begin{pmatrix} u \\ v\cos\sigma \\ z_o + v\sin\sigma \end{pmatrix}. \tag{8.6}$$

Projiziert man nun diesen Punkt auf die Bildebene, so erhält man eine Transformation der Ebenenkoordinaten auf die Bildkoordinaten:

$$T : \mathbb{R}^2 \to \mathbb{R}^2$$

$$T \begin{pmatrix} u \\ v \end{pmatrix} = \begin{pmatrix} x' \\ y' \end{pmatrix} := \frac{-1}{z_o + v\sin\sigma} \begin{pmatrix} u \\ v\cos\sigma \end{pmatrix}. \tag{8.7}$$

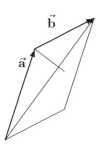

Abbildung 8.7: Der Flächeninhalt eines Parallelogramms. Das Parallelogramm werde von den Vektoren $\vec{a} = (a_1, a_2)^\top$ und $\vec{b} = (b_1, b_2)$ aufgespannt. Durch Zerlegung in zwei Dreiecke entlang der Diagonalen $\vec{a} + \vec{b}$ ergibt sich die Fläche als „Grundseite mal Höhe". Die Länge der Grundseite ist $\|\vec{a}+\vec{b}\|$. Der Normalenvektor in Richtung der Höhe ist $(-a_2 - b_2, a_1 + b_1)^\top / \|\vec{a} + \vec{b}\|$. Die Höhe erhält man durch Projektion z.B. von $\vec{a}$ auf diese Normale. Durch Ausrechnen erhält man die Fläche: $A = |a_1 b_2 - a_2 b_1|$.

Anders als die Perspektive, die ja jedem Punkt im Raum einen Bildpunkt zuordnet, ist diese Transformation invertierbar, solange $\sin \sigma \neq -z_o/v$, d.h. für alle Punkte außerhalb des Horizontes. Sie spielt immer dann eine große Rolle, wenn die lokalen Eigenschaften von Oberflächen aus dem Bild erschlossen werden. Wir werden sie noch einmal bei der Analyse des optischen Flusses benutzen. Für die Umkehrabbildung (vom Bild auf die Fläche) erhält man:

$$
T^{-1} : \mathbb{R}^2 \to \mathbb{R}^2
$$
$$
T \begin{pmatrix} x' \\ y' \end{pmatrix} = \begin{pmatrix} u \\ v \end{pmatrix} := \frac{-z_o}{\cos \sigma + y' \sin \sigma} \begin{pmatrix} x' \cos \sigma \\ y' \end{pmatrix} . \tag{8.8}
$$

Dies ist gerade die in Abb. 6.15 gezeigte „inverse Perspektive". Die Transformationen T und T^{-1} aus den Gleichungen 8.7 und 8.8 sind Beispiele für Kollineationen (projektive Abbildungen).

8.3.2 Flächenvergrößerung

Die im Bild meßbare Dichte ϱ' erlaubt über die o.a. Beziehung $\varrho' = \varrho A/A'$ eine Aussage über die Flächenvergrößerung der Abbildung T. Um diese Information nutzen zu können, müssen wir zunächst den Zusammenhang zwischem dem Neigungswinkel σ und der Flächenvergrößerung bestimmen.

Wir bemerken zunächst, daß die Fläche eines von den Vektoren $(a_1, a_2)^\top$ und $(b_1, b_2)^\top$ aufgespannten Parallelogramms

$$
A = |a_1 b_2 - b_1 a_2| = \left| \det \begin{pmatrix} a_1 & b_1 \\ a_2 & b_2 \end{pmatrix} \right| \tag{8.9}
$$

beträgt (vgl. Abb. 8.7).

Die Flächenvergrößerung einer linearen Transformation L,

$$
L \begin{pmatrix} x \\ y \end{pmatrix} = \begin{pmatrix} a_{11} & a_{12} \\ a_{21} & a_{22} \end{pmatrix} \begin{pmatrix} x \\ y \end{pmatrix} = \begin{pmatrix} a_{11}x + a_{12}y \\ a_{21}x + a_{22}y \end{pmatrix} ,
$$

bestimmt man dann, indem man ein von den Vektoren $\vec{a} = (1,0)^\top$ und $\vec{b} = (0,1)^\top$ aufgespanntes Quadrat im Definitionsbereich betrachtet. Es hat die Fläche 1. Sein

Bild ist das von den Vektoren $L(\vec{a}) = (a_{11}, a_{21})^\top$ und $L(\vec{b}) = (a_{12}, a_{22})^\top$ aufgespannte Parallelogramm. Nach der o.a. Regel beträgt seine Fläche $|a_{11}a_{22} - a_{12}a_{21}|$. Da die Fläche des Ausgangsquadrates 1 war, ist dies auch die Flächenvergrößerung der linearen Abbildung. Sie ist überall gleich.

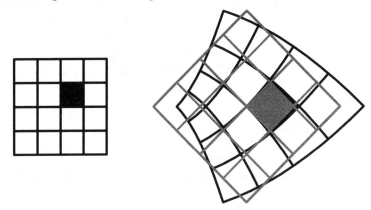

Abbildung 8.8: Zur Definition des Flächenvergrößerungsfaktors einer Transformation T. Links: Definitionsbereich von T. Rechts: Bild des Gitters unter T (schwarz) und lokale Näherung für T um den Mittelpunkt des Gitters.

Für eine beliebige Abbildung $T : \mathbb{R}^2 \to \mathbb{R}^2$ bestimmt man die Flächenvergrößerung, indem man sie lokal durch eine lineare Abbildung annähert (Abb. 8.8). Eine solche lineare Näherung (graues Gitter in Abb. 8.8) erhält man aus der Matrix der partiellen Ableitungen der beiden Komponenten der Transformation T, d.h. aus der sog. JACOBI-Matrix: (vgl. etwa Endl & Luh 1981):

$$
\mathbf{J}_T(x, y) := \begin{pmatrix} \dfrac{\partial T_1}{\partial x} & \dfrac{\partial T_1}{\partial y} \\ \dfrac{\partial T_2}{\partial x} & \dfrac{\partial T_2}{\partial y} \end{pmatrix}. \tag{8.10}
$$

Die lineare Approximation einer mehrdimensionalen Abbildung mit Hilfe der JACOBI-Matrix entspricht der Annäherung einer eindimensionalen Funktion durch eine Tangente, deren Steigung durch die lokale Ableitung der Funktion gegeben ist. Die Determinante der JACOBI-Matrix ist die lokale Flächenvergrößerung der Abbildung T. Speziell für die Projektion der Ebene (Gl. 8.8) erhält man:

$$
\frac{A'}{A} = \left| \frac{\partial x}{\partial u} \frac{\partial y}{\partial v} - \frac{\partial x}{\partial v} \frac{\partial y}{\partial u} \right| = \frac{z_o \cos \sigma}{(z_o + v \sin \sigma)^3} = \frac{\varrho}{\varrho'}. \tag{8.11}
$$

8.3.3 Dichtegradient

Mit Formel (8.11) für die Flächenvergrößerung können wir nun den für die Ebenenneigung σ zu erwartenden Dichtegradienten bestimmen. Durch Einsetzen erhält man zunächst:

$$\varrho'(y') = \varrho \cdot \frac{(z_o + v\sin\sigma)^3}{z_o \cdot \cos\sigma}. \tag{8.12}$$

Der rechte Ausdruck hängt nun allerdings von der Ebenenkoordinate v ab. (Hier geht die Vereinfachung $\tau = 90°$ ein; für allgemeine Kippwinkel steht auch u auf der rechten Seite von Gl. 8.12.) Aus der Inversionsgleichung 8.8 liest man ab:

$$v = \frac{-z_o y'}{\cos\sigma + y'\sin\sigma}. \tag{8.13}$$

Setzt man dies in Gl. 8.12 ein, so folgt:

$$\frac{\varrho'(y')}{\varrho} = \frac{(z_o\cos\sigma)^2}{(\cos\sigma + y'\sin\sigma)^3}. \tag{8.14}$$

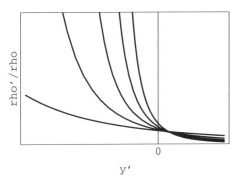

Abbildung 8.9: Theoretischer Verlauf des Dichtegradienten $\varrho'(y')/\varrho$ für $\sigma = 10°, 20°, 30°, 40°$ (von links nach rechts). Die Kurven besitzen Asymptoten bei $y' = -\cot\sigma$, d.h. am Horizont der Ebene. Für $y' = 0$ nehmen sie die Werte $z_o^2/\cos^2\sigma$ an.

Abb. 8.9 zeigt den zu erwartenden Verlauf des Dichtegradienten aus Gl. 8.14. Da wir, wie stets, mit auf dem Kopf stehenden Bildern rechnen, steigt die Texturdichte für negative y' an, bis sie am Horizont $y' = -\cot\sigma$ unendlich groß wird. Liegt nun also eine Messung der Texturdichte als Funktion der y'-Koordinate des Bildes vor, so kann man die theoretische Kurve an diese Meßdaten anpassen und erhält eine Schätzung für σ aus der am besten passenden Kurve. Einfacher kann man auch aus der Lage der Singularität, die dem Horizont der Ebene entspricht, auf σ schließen, doch liefert die Berücksichtigung des ganzen Verlaufs von ϱ'/ϱ zuverlässigere Ergebnisse.

Die Ebenenorientierung ist in diesem Beispiel bereits durch eine Kurve ϱ'/ϱ eindeutig bestimmt. Dies gilt nicht für den allgemeinen Fall, in dem der Kippwinkel τ (*tilt*) unbekannt ist. In diesem Fall hängt ϱ'/ϱ auch von x' ab und die Orientierung muß aus dem zweidimensionalen Verlauf der Dichte geschätzt werden (Aloimonos 1988).

8.4 Statistische Muster 2: Formgradient

8.4.1 Veränderung der Kantenorientierung durch Projektion

Wir betrachten wieder die Ebene mit der Normalen $\vec{\mathbf{n}} = (0, \sin\sigma, -\cos\sigma)^\top$ und den Koordinaten u, v wie in Abs. 8.3.1. Anders als im vorigen Abschnitt betrachten wir

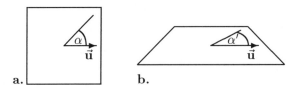

Abbildung 8.10: Veränderung der Linienorientierung α durch die Projektion. **a.** Orientierung in Ebenenkoordinaten. **b.** Orientierung nach Projektion der schrägen Ebene (vgl. Gl. 8.16).

jetzt aber nicht die Variation der Textur als Funktion der Bildkoordinaten, sondern die Wahrscheinlichkeitsverteilung von Linienorientierungen am Aufpunkt der Ebene, $(u, v) = (0,0)$. Hier befinde sich also eine orientierte Kante mit dem Winkel $\alpha \in [-\frac{\pi}{2}, \frac{\pi}{2}]$ zur $\vec{u}$–Achse. Die Kante wird durch zwei Punkte charakterisiert, ihren Anfangspunkt $(u, v) = (0,0)$ und ihren Endpunkt $(u, v) = (\cos \alpha, \sin \alpha)$.

Wir interessieren uns nun für die Orientierung des Bildes dieser Kante relativ zur $\vec{x}$–Achse der Bildebene. Dazu projizieren wir mittels Gl. 8.7 Anfangs– und Endpunkt des Kantenelementes ins Bild und erhalten:

$$T \begin{pmatrix} 0 \\ 0 \end{pmatrix} = \begin{pmatrix} 0 \\ 0 \end{pmatrix}; \quad T \begin{pmatrix} \cos \alpha \\ \sin \alpha \end{pmatrix} = \frac{-1}{z_o + \sin \alpha \sin \sigma} \begin{pmatrix} \cos \alpha \\ \sin \alpha \cos \sigma \end{pmatrix}. \tag{8.15}$$

Für die Orientierung α' des Bildes der Kante folgt daraus (vgl. Abb. 8.10):

$$\alpha' = f(\alpha) := \arctan \frac{\Delta y'}{\Delta x'} = \arctan(\tan \alpha \cos \sigma). \tag{8.16}$$

Den Verlauf der Funktion $\alpha' = f(\alpha)$ für verschiedene Oberflächenneigungen σ zeigt Abb. 8.11a. Ist die Ebene frontoparallel ($\sigma = 0$), so ist $\alpha' \equiv \alpha$. Für größere Neigungen weicht die Orientierung im Bild zunehmend von der Orientierung der Kante ab.

8.4.2 Statistik von Kantenorientierungen

Wir fassen nun die Kantenorientierung α als eine Zufallsvariable auf, die beliebige Werte aus dem Intervall $[-\frac{\pi}{2}, \frac{\pi}{2}]$ annehmen kann. Die Verteilungen solcher *kontinuierlicher* Zufallsvariablen werden durch sog. *Verteilungsdichten* $p(\alpha)$ oder *Verteilungsfunktionen* $F(\alpha)$ beschrieben, wobei gilt:

$$\mathrm{P}\{\alpha \in A\} \quad = \quad \int_A p(\alpha) d\alpha \tag{8.17}$$

$$F(\alpha) \quad := \quad \mathrm{P}\{\beta \le \alpha\} = \int_{-\frac{\pi}{2}}^{\alpha} p(\beta) d\beta. \tag{8.18}$$

Wir nehmen an, daß auf der Oberfläche alle Orientierungen gleich wahrscheinlich sind. Da sich Wahrscheinlichkeiten stets zu eins addieren, $\int_{-\pi/2}^{\pi/2} p(\alpha) d\alpha = 1$, folgt

$$p(\alpha) = \frac{1}{\pi} \quad \text{und} \quad F(\alpha) = \frac{1}{2} + \frac{\alpha}{\pi} \quad \text{für} \ \alpha \in [-\frac{\pi}{2}, \frac{\pi}{2}]. \tag{8.19}$$

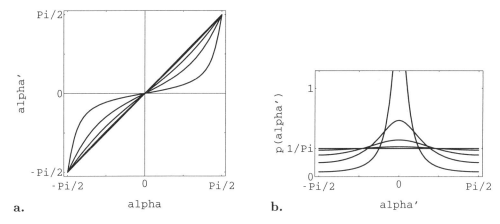

a. **b.**

Abbildung 8.11: Orientierung des Abbildes eines Kantenelementes. **a.** „Projektions-regel" für Kantenorientierungen (Gl. 8.16). **b.** „Projektionsregel" für die Verteilungs-dichte einer als Zufallsvariablen modellierten Kantenorientierung (Gl. 8.24). Für $\sigma = 0$ (frontoparallele Ebene) ist $\alpha' \equiv \alpha$; im linken Bild entspricht dies der Diagonalen, im rechten der Geraden (Gleichverteilung) $p \equiv \frac{1}{\pi}$. Für wachsende σ weichen Orientie-rung im Bild und Verteilungsdichte zunehmend von dieser Situation ab. Gezeigt sind jeweils die Kurven für $\sigma = 0, 20°, 40°, 60°$ und $80°$.

Gesucht ist nun die Verteilung (bzw. Dichte) der Zufallsvariable α', d.h. der Ori-entierung des Bildes der betrachteten Kante. Für die Verteilungsfunktion hat man:

$$\mathrm{P}\{\alpha' \le \beta\} = \mathrm{P}\{\alpha \le f^{-1}(\beta)\} = \int_{-\pi/2}^{f^{-1}(\beta)} p(\alpha)d\alpha. \qquad (8.20)$$

Hierbei ist f die in Gl. 8.16 angegebene Projektionsformel für Orientierungen. Wir substituieren $\alpha' = f(\alpha)$ im Integral und erhalten

$$\mathrm{P}\{\alpha' \le \beta\} = \int_{f(-\pi/2)}^{f(f^{-1}(\beta))} \underbrace{p(f^{-1}(\alpha'))}_{\text{const. } \frac{1}{\pi}} \frac{d\alpha}{d\alpha'}d\alpha' = \frac{1}{\pi}\int_{-\pi/2}^{\beta} (f^{-1})'(\alpha')d\alpha'. \qquad (8.21)$$

Durch Vergleich mit der Definitionsgleichung der Verteilungsfunktion, Gl. 8.18 liest man ab: $p(\alpha') = \frac{1}{\pi}(f^{-1})'(\alpha)$. Zur Bestimmung von f^{-1} löst man Gl. 8.16 nach α auf und erhält:

$$f^{-1}(\alpha') = \arctan(\frac{\tan\alpha'}{\cos\sigma}) \qquad (8.22)$$

und weiter nach der Kettenregel:

$$\frac{d\alpha}{d\alpha'} = (f^{-1})'(\alpha') = \frac{1}{1+\frac{\tan^2\alpha'}{\cos^2\sigma}} \cdot \frac{1}{\cos^2\alpha'\cos\sigma} = \frac{\cos\sigma}{\cos^2\sigma\cos^2\alpha'+\sin^2\alpha'}. \qquad (8.23)$$

Also folgt insgesamt :

$$p(\alpha') = \frac{1}{\pi} \frac{\cos \sigma}{\cos^2 \sigma \cos^2 \alpha' + \sin^2 \alpha'}. \tag{8.24}$$

Abbildung 8.11b zeigt die Verteilungsdichten $p(\alpha')$ für verschiedene σ. Für $\sigma = 0$ ist die Ebene frontoparallel und die Dichte von α' ist gleich der von α, d.h. konstant. Für größere Neigungen werden Orientierungen um den Winkel $\alpha' = 0$ sukzessive wahrscheinlicher. Anschaulich liegt das daran, daß beim Neigen der Ebene die vertikale Komponente des Bildes der Kante stärker verkürzt wird, als die horizontale; dieser Effekt ist auch in den Abb. 8.1c und 8.10 sichtbar.

Die Position des Gipfels in Abb. 8.11b gilt nur für den hier ausschließlich betrachteten Fall, daß der Kippwinkel τ 90° beträgt. Im allgemeinen kann man aus der Position des Gipfels den Kippwinkel ablesen: die am stärksten verkürzte Orientierung ist die in Richtung des Kippwinkels.

8.4.3 Schätzung von σ aus der Verteilungsdichte

Gleichung 8.24 gibt die erwartete Verteilung der Orientierungen im Bild, wenn alle Orientierungen auf der Ebene gleich wahrscheinlich sind und die Ebene die Neigung σ hat. Man könnte nun ähnlich wie im vorigen Abschnitt vorgehen und ein Histogramm aller Orientierungen ermitteln, an das man dann Kurven der Form 8.24 anpaßt. Dabei würden Abweichungen in Bereichen, in denen das Histogramm klein ist, in denen also wenig Messungen vorliegen, genauso gewichtet wie Bereiche, in denen viele Messungen vorliegen. Befriedigender ist eine *maximum likelihood* Schätzung, bei der die Neigung σ gesucht wird, die die Wahrscheinlichkeit des gefundenen Ergebnisses maximiert.

Um die maximum–likelihood Schätzung durchzuführen, müssen wir zunächt σ ebenfalls als Zufallsvariable auffassen. Die Verteilungsdichte $p(\alpha')$ geht dann in eine sogenannte „bedingte Dichte" über, da sie ja von σ abhängt. Wir schreiben $p(\alpha'|\sigma)$.

Weiterhin wird im allgemeinen nicht nur eine Messung von α' vorliegen, sondern eine größere Anzahl $n \in \mathbb{N}$ solcher Messungen. Wir nehmen an, daß die Orientierungen alle unabhängig voneinander sind. Als bedingte Verteilungsdichte der n–dimensionalen Zufallsvariablen $(\alpha'_1, ..., \alpha'_n)$ erhält man dann:

$$p(\alpha'_1, ..., \alpha'_n | \sigma) = \prod_{i=1}^{n} p(\alpha_i | \sigma). \tag{8.25}$$

Den Schätzwert im Sinne der *maximum–likelihood* erhält man als das σ, das die bedingte Wahrscheinlichkeitsdichte $p(\alpha'_1, ..., \alpha'_n | \sigma)$ für die gegebene Stichprobe $(\alpha'_1, ..., \alpha'_n)$ maximiert.

Hat man noch andere Informationsquellen über die zu erwartende Verteilung der Oberflächenneigung σ, so kann man allgemeiner die BAYES-Formel verwenden, um eine verbesserte Schätzung der Verteilung von σ aufgrund der Texturdaten zu ermitteln (Berger 1985). Sie lautet:

$$P(S|D) = \frac{P(D|S)P(S)}{P(D)}. \tag{8.26}$$

Dabei steht S für die zu rekonstruierende Szene, in unserem Beispiel also die Neigung der Oberfläche, und D für die zur Verfügung stehenden Daten. Die Verteilung $P(D|S)$, d.h. die Wahrscheinlichkeit der für eine gegebene Szene zu erwartenden Bilddaten, ist meist relativ einfach zu bestimmen; oben haben wir dies für die Orientierung von Kanten im Bild getan. Der Nutzen der BAYES–Formel liegt nun darin, daß man aus diesen Wahrscheinlichkeiten berechnen kann, wie wahrscheinlich eine bestimmte Szene durch die gefundenen Daten gemacht wird. Diese Vertauschung von S und D ermöglicht einen Rückschluß von den Daten auf die Szene, ohne daß die Invertierung des Abbildungsprozesses erforderlich wäre. Die sogenannte *a priori*–Wahrscheinlichkeit $P(S)$ in Gl. 8.26 ist ein Maß für die allgemeine Plausibilität dieser Szene; hier könnte z.B. die in Kapitel 7 besprochene *general viewpoint assumption* oder Vorwissen aus anderen Messungen eingehen.

In unserem Fall wenden wir die BAYES–Formel auf Verteilungsdichten p an. Man erhält:

$$p(\sigma|\alpha'_1, ..., \alpha'_n) = \frac{p(\alpha'_1, ..., \alpha'_n|\sigma)p(\sigma)}{\int_{-\pi/2}^{\pi/2} p(\alpha'_1, ..., \alpha'_n|\sigma')p(\sigma')d\sigma'}. \qquad (8.27)$$

Den gesuchten Schätzer σ^* zu einer Messung $\alpha'_1, ..., \alpha'_n$ findet man, indem man wie bei der *maximum–likelihood* Schätzung das Maximum dieser Funktion aufsucht. Beide Verfahren gehen ineinander über, wenn die *a priori* Verteilung konstant ist, $p(\sigma) = 1/\pi$, d.h. wenn kein Vorwissen vorliegt. Wir verzichten hier auf ein weiteres Ausrechnen der Gl. 8.27; eine ausführliche Darstellung des Verfahrens findet sich bei Witkin (1981) und Blake & Marinos (1990). Wegen der generellen Bedeutung des BAYESschen Ansatzes für das Bildverstehen, weisen wir auf zwei wichtige Eigenschaften hin:

- Anders als in den früheren Kapiteln wurde hier keine „inverse Optik" betrieben, sondern zunächst der Abbildungsprozeß von der Szene zum Bild für die Orientierung formuliert. Die „Inversion" vom Bild zur Szene erfolgt indirekt über die BAYES–Formel. Dies hat den Vorteil, daß weniger Annahmen über die Art der zu verwendenden Informationen und Bildverarbeitungsoperationen gemacht werden müssen; wie wir im Fall der Schattierungsanalyse gesehen haben, kann die Formulierung von Berechnungstheorien für die Inversion des Abbildungsprozesses recht aufwendig sein. Überdies liefert die BAYES–Schätzung angesichts einer Messung $(\alpha'_1, ..., \alpha'_n)$ statistisch optimale Ergebnisse.

- Die sog. *a priori*–Verteilung $p(\sigma)$ ermöglicht auf elegante Weise die Integration von Vorwissen über die Oberfläche. Solches Vorwissen könnte zum Beispiel von einer unabhängig durchgeführten Schattierungsanalyse stammen. Zur Integration von verschiedenen Informationsquellen mit Hilfe der BAYES–Formel vergleiche Bülthoff & Yuille (1991).

Teil IV

Bewegung

Die Zeitabhängigkeit des Bildes hat in der bisherigen Betrachtung eine eher untergeordnete Rolle gespielt. In diesem Teil wenden wir uns nun der Frage zu, wie man aus zeitlichen Veränderungen des Bildes die Bewegungen von Objekten und die Eigenbewegung des Beobachters ermitteln kann. Bei der Bewegungsdetektion* werden aus einer Folge von Bildern, oder richtiger aus einer orts–zeitlichen Intensitätsverteilung lokale Bildverschiebungen geschätzt. Ergebnis der Bewegungsdetektion ist also ein Feld von lokalen Verschiebungsvektoren, das wir als Bildfluß bezeichnen werden. Kapitel 9 behandelt verschiedene Verfahren zur Ermittlung solcher Flußvektoren.

Bewegt sich ein Beobachter selbst, so entstehen systematische Muster von Bildbewegungen, die man als optischen Fluß bezeichnet. Diese Muster spielen eine große Rolle bei Navigationsaufgaben, wie z.B. der Kursstabilisierung und Hindernisvermeidung. Man kann aus dem optischen Fluß Informationen über die Eigenbewegung, wie auch über die räumliche Struktur der Umwelt ermitteln.

Man kann argumentieren, daß in der Evolution des Sehens die Wahrnehmung von Bewegungen der erste entscheidende Schritt war, auf dem die anderen Leistungen (Form, Tiefe, etc.) aufbauen (Horridge 1987). Diese Domianz des Bewegungssehens in biologischen Sehsystemen hängt wohl damit zusammen, daß die Abtastung des Bildes zunächst im Ort erfolgt, während die zeitliche Kontinuität erhalten bleibt. In technischen Sehsystemen ist es gerade umgekehrt: durch die Zerteilung der orts–zeitlichen Intensitätsverteilung in Bild*folgen* wird die Auswertung der zeitlichen Veränderungen erschwert.

Eine besondere Bedeutung kommt dem Bewegungssehen im Bereich der Augenbewegungen und des „aktiven Sehens" zu. Hierbei handelt es sich u.a. um die aktive Auswahl eines Blickpunktes für die Ermittlung bestimmter Informationen aus dem Bild. Vom Standpunkt der Informationsverarbeitung sind diese Leistungen eng mit der Auswertung des optischen Flusses verknüpft. Auf einige geometrische und kinematische Aspekte von Augenbewegungen wurde bereits in Abschnitt 2.4 eingegangen.

---

*Streng genommen handelt es sich nicht um ein Detektions–, sondern um ein Schätzproblem. Der Begriff „Bewegungsdetektion" hat sich aber eingebürgert. Verwendet man ein Verfahren wie das in Abschnitt 9.2 beschriebene, bei dem jeweils nach einer ganz bestimmten Bewegungsrichtung und –geschwindigkeit gesucht wird, so handelt es sich im übrigen doch wieder um eine Detektion, der dann allerdings noch eine Schätzung folgen muß, z.B. die dort beschriebene *voting* Operation.

Kapitel 9

Bewegungsdetektion

9.1 Problemstellung

9.1.1 Bewegung und Veränderung

Die Wahrnehmung von Veränderungen der Umwelt ist für alle Lebewesen von größter Bedeutung. Im Fall des Sehens gehen Veränderungen der Sinnesreize, d.h. des Bildes, überwiegend auf Bewegungen zurück, die die Lichtquelle, die abgebildeten Objekte oder der Betrachter ausführen. Sehr stark verändern sich Bilder auch beim Ein– und Ausschalten einer Lichtquelle, was jedoch nicht als Bewegung zu interpretieren ist.

Das Verhältnis von Bildveränderung und Bewegung soll zunächst durch einige Beispiele illustriert werden. Im Idealfall sollten Bewegungsdetektoren zwischen den verschiedenen Fällen unterscheiden oder selektiv nur auf einen davon reagieren.

- Ortszeitliches Rauschen, wie es etwa ein schlecht abgestimmter Fernsehempfänger zeigt, soll nicht als Bewegung interpretiert werden, obwohl sich das Bild permanent verändert.

- Veränderung der Beleuchtungsbedingungen (Beschattung, Suchscheinwerfer) verändern das Bild, ohne daß eine lokale Verschiebung von Bildteilen stattfindet. Auch dies ist keine Bewegung im engeren Sinn.

- Bei der Bewegung von Objekten vor einem Hintergrund werden Teile des Bildes in kohärenter Weise gegen den Rest verschoben. Diese Teile müssen nicht zusammenhängen, wie man sich anhand eines Vogelschwarms vor einer Landschaft klarmachen kann. Tatsächlich stellt Bewegung einen besonders starken Hinweis für die Segmentierung eines Bildes in Figur und Hintergrund dar (sog. Gestaltgesetz des „gemeinsamen Schicksals").

- Bewegt sich ein Objekt etwa hinter einem Lattenzaun, der nur in den Lücken den Blick freigibt, so entsteht innerhalb der Lücken zwar eine Verschiebung, an den Rändern der Latten tauchen jedoch ständig neue Bildelemente auf bzw. verschwinden wieder. Dies soll als eine Bewegung interpretiert werden.

- Verformung von Objekten: Bewegungen sind häufig nicht starr, sondern gehen mit einer Verformung der bewegten Objekte einher. Beispiel ist das Gehen eines Menschen, bei dem einzelne Glieder mehr oder weniger starr bewegt werden, während die Gesamtform sich laufend verändert. Durch Veränderungen der Blickrichtung führen auch starre Bewegungen im Raum häufig zu verformenden Bewegungen im Bild; als Beispiel denke man sich den Umriß eines durch die Luft geworfenen Ziegelsteins, der sich gleichzeitig noch dreht.

- Bei der Bewegung einer Fläche ändert sich zumeist ihre Oberflächennormale und damit die Intensität des von ihr reflektierten Lichtes. Dreht man etwa ein mit parallelem Licht beleuchtetes Blatt Papier um eine Achse in der Papierebene, so wird sich die Lichtintensität im Bild von hell (bei senkrechtem Auftreffen der Beleuchtung) nach dunkel (bei spitzen Winkel zwischen Papierebene und Lichtrichtung) verändern. Man bezeichnet diesen Effekt zuweilen als photometrische Bewegung; er geht zumindest im Innern der das Blatt abbildenden Region nicht mit Bildverschiebungen einher. Kompliziertere Effekte entstehen bei glänzenden Flächen (vgl. Blake und Bülthoff 1991).

- Eigenbewegung (auch Augenbewegung) führt auch bei ruhender Umwelt zu großflächigen Bewegungen im Bild. Die Interpretation solcher „optischen Flußmuster" wird im nächsten Kapitel besprochen.

Ergebnis der lokalen Bewegungsschätzung ist ein Verschiebungsvektor $\vec{v}$. (In Kapitel 10 werden wir diesen Vektor mit $\vec{v}^*$ bezeichnen. Zur Vereinfachung wird der Asterisk hier zunächst weggelassen.) Multipliziert man alle im Bild vorkommenden Intensitäten mit einem Faktor λ, etwa indem man ein Graufilter vor die Linse hält, so soll sich das Ergebnis der Bewegungsschätzung nicht ändern. Aus dieser Überlegung folgt, daß lineare Bildoperationen grundsätzlich nicht zur Bewegungsschätzung ausreichen, da diese einen mit λ multiplizierten Ausgang produzieren würden. Bloße Veränderungen im Bild können dagegen durch eine (lineare) Differenzbildung sehr wohl detektiert werden. Dies illustriert noch einmal den Unterschied zwischen Bewegung und allgemeiner Veränderung. Lineare Operationen sind im übrigen als Vorverarbeitungsschritte auch für die Bewegungsschätzung sehr nützlich.

Einen neueren Überblick über die im Maschinensehen verwendeten Verfahren geben Barron et al. (1994). Zur Psychophysik des Bewegungssehens vgl. etwa Nakayama (1985) und Thompson (1993).

9.1.2   Formalisierung

Wir betrachten in diesem Kapitel das Problem, aus einer Bildfolge, oder richtiger aus einer dreidimensionalen Grauwertverteilung $I(x, y, t)$, ein Feld von lokalen Bewegungsvektoren (Verschiebungsfeld) $\vec{v}(x, y, t)$ zu rekonstruieren. Dabei ist $\vec{v}$ ein zwei-

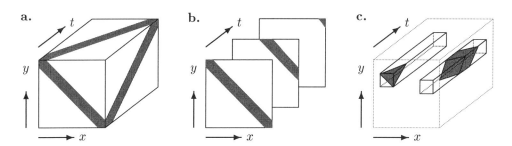

Abbildung 9.1: Darstellungsmöglichkeiten ortszeitlicher „Bildfolgen" am Beispiel der Bewegung eines grauen diagonalen Streifens von der Bildmitte nach rechts oben. **a.** Dreidimensionaler Datenwürfel. Der Würfel ist undurchsichtig, so daß nur die drei Schnittebenen ($t = 0$, $x = 0$ und $y = 0$) gezeigt sind. **b.** Folge zeitdiskreter Momentaufnahmen. **c.** Zeitkontinuierlicher Verlauf an zwei Positionen in der Bildebene.

dimensionaler Ortsvektor $(v_x(x, y, t), v_y(x, y, t))^\top$. Es gilt zumindest lokal:

$$I(x, y, t) = I(x + v_x t, y + v_y t, 0). \tag{9.1}$$

Diese Verschiebungsbedingung wird nicht von allen denkbaren Bewegungen erfüllt. Bildbewegungen, die nicht als Verschiebungen modelliert werden können, sind im vorherigen Abschnitt angesprochen worden; weitere Beispiele finden sich in Abschnitt 9.5.

Die Ansätze zur Bewegungsdetektion unterscheiden sich grundsätzlich durch die Art der Abtastung, die man in diesem Datenkubus vornimmt (vgl. Abb. 9.1):

1. **Zeitdiskret:** Das dreidimensionale Grauwertgebirge wird in einzelne „Zeitscheiben" $I(x, y, t_i)$ (*frames*) zerlegt, die den Einzelbildern eines Filmes (bzw. der Video–Norm) entsprechen. Man hat also eine zeitlich diskrete Abfolge von Momentaufnahmen. In der Wahrnehmungsforschung spricht man in diesem Fall von abgetasteter oder scheinbarer Bewegung („*apparent motion*").

2. **Kontinuierliche Entwicklung des Grauwertes an einem festen Ort:** Das dreidimensionale Grauwertgebirge wird in „Ortssäulen" $I(x_i, y_j, t)$ zerlegt, die jeweils ein oder wenige Pixel groß sind. Überlappende Ortssäulen durch den orts–zeitlichen Datenkubus werden auch von den rezeptiven Feldern der retinalen Ganglienzellen oder den Ommatidien der Insektenaugen ausgewertet.

Diese beiden Ansätze führen jeweils zu charakteristischen Problemen, die von großer Bedeutung für die Untersuchung des Bewegungssehens gewesen sind (vgl. Marr & Ullman 1981, Hildreth & Koch 1987).

1. Im zeitdiskreten Fall müssen zumindest bei der Verwendung großer Zeitintervalle Bildelemente von einem Bild zum nächsten verfolgt werden. Man hat also ein **Korrespondenzproblem** (Abb. 9.2). Im Gegensatz zum Korrespondenzproblem des Stereosehens ist der Suchraum hier echt zweidimensional: Verschiebungen können in jeder Richtung vorkommen und nicht nur in Richtung von

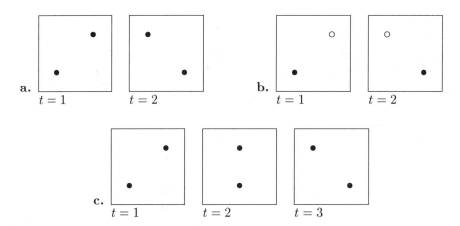

Abbildung 9.2: Das Korrespondenz–Problem des Bewegungssehens für zeitlich abge-tastete Bewegung („SCHILLER–Illusion"). **a.** Diese Bildfolge läßt als Interpretation eine horizontale und eine vertikale Bewegung zu. **b.** Markierung der Bildelemente löst das Korrespondenzproblem nicht. Auch hier kann eine vertikale Bewegung gesehen werden. **c.** Erhöhung der zeitlichen Auflösung löst das Korrespondenzproblem. Hier kann nur noch die horizontale Bewegung gesehen werden.

    epipolaren Linien. Lediglich wenn die Bewegung auf eine bekannte Eigenbe-wegung in ruhender Umgebung zurückgeht, kann man wie beim Stereosehen epipolare Linien angeben.

2. Bei strenger Lokalität des Detektors entsteht das Problem, daß Helligkeitsände-rungen an einem Punkt auf ganz verschiedene Bewegungen zurückgehen können. Da man das Bild in diesem Fall gewissermaßen durch eine kleine Blende (Aper-tur) betrachtet, bezeichnet man dies als das **Aperturproblem**: Durch eine Apertur kann man nur die senkrecht zur Grauwertorientierung (Kantenorientie-rung) stehende Bewegungskomponente detektieren. Die tatsächliche Bewegung einer Kante ist mehrdeutig (Abb. 9.3).

   Zeigt das Bild eine gekrümmte Kante, so läßt sich das Aperturproblem durch Vergößerung der Apertur lösen (sog. schwaches Aperturproblem). Ist das Bild jedoch echt eindimensional (gerade Kanten), so führen die verschiedenen in Abb. 9.3c angedeuteten Bewegungen alle zum gleichen Orts–Zeitbild $I(x, y, t)$. Die Information über die tatsächliche Bewegung ist dann also im Bild gar nicht enthalten (sog. starkes Aperturproblem).

Lösungen, die beide Probleme vermeiden, dürfen entweder nicht zeitdiskret oder nicht vollständig lokal sein. Im folgenden sollen zwei Prinzipien zur Schätzung von Bewe-gungen im Bild besprochen werden, die die o.a. Probleme auf unterschiedliche Weise lösen.

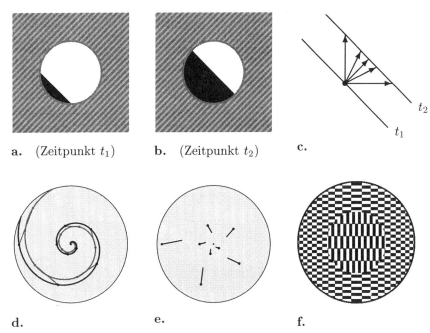

a. (Zeitpunkt t_1) **b.** (Zeitpunkt t_2) **c.**

d. **e.** **f.**

Abbildung 9.3: Das Aperturproblem des Bewegungssehens. Die in **a.**, **b.** gezeigte Bewegung (hinter einer kreisförmigen Blende) kann von verschiedenen Verschiebungen herrühren. **c.** Meßbar ist nur die Bewegungskomponente senkrecht zur Kontur; sie ist für alle gezeigten Verschiebungen gleich. **d.** Bei der Rotation einer Spirale bewegen sich alle Punkte auf Kreisbahnen. **e.** Man nimmt jedoch eine radiale Bewegung wahr, die der Bewegungskomponente senkrecht zur Konturrichtung entspricht. **f.** Bewegt man dieses Muster auf einer diagonalen Linie, so sieht man im Zentrum eher eine horizontale Bewegung, im Umfeld jedoch eher eine vertikale Bewegung. Dies entspricht der jeweils vorherrschenden Kantenorientierung. Insgesamt entsteht der Eindruck einer nicht–starren Bewegung (Verformung). (Abb. f nach dem Titelbild des Buches von Spillmann & Werner, 1990. Vgl. auch Hine et al. 1995)

9.2 Der Korrelationsdetektor

Betrachtet man die Bildintensitäten an zwei Bildpunkten, so kann man durch den Vergleich der Zeitverläufe an diesen Bildpunkten auf Verschiebungen des Musters schließen. Dieser sog. Korrelations– oder REICHARDT–Detektor ist für das Bewegungssehen der Insekten entwickelt worden (Hassenstein & Reichardt 1956, van Santen & Sperling 1985, Borst et al. 1993), wobei man die beiden Bildpunkte als zwei Ommatidien des Komplexauges auffassen kann. Es zeigt sich jedoch, daß das Prinzip des Verfahrens weitreichende Bedeutung auch für das Bewegungssehen des Menschen sowie für technische Anwendungen hat.

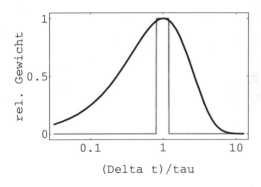

Abbildung 9.4: Beispiele für Gewichtungsfunktion $h(\Delta t)$ für den Bewegungsdetektor aus Gl. 9.5. Schwarze Kurve: Tiefpaß 1. Ordnung $h(\Delta t) := \Delta t \exp\{\Delta t/\tau\}$. Geschwindigkeiten um $v_o = 1/\tau$ werden am stärksten gewichtet. Graue Kurve: Zeitverzögerung um $\Delta t = \tau$. Für diesen Fall geht Gl. 9.5 in Gl. 9.3 über.

9.2.1 Lokale Detektion

Wir betrachten die Zeitverläufe eines örtlich eindimensionalen Grauwertmusters an zwei Bildpunkten $\vec{x}_1$, $\vec{x}_2$, die wir mit $I_{\vec{x}_1}(t)$, $I_{\vec{x}_2}(t)$, oder kürzer mit $I_1(t)$, $I_2(t)$ bezeichnen. Den vektoriellen Abstand zwischen den beiden Bildpunkten $\Delta\vec{x} = \vec{x}_2 - \vec{x}_1$ bezeichnen wir als Basisabstand des Detektors. Bewegt sich nun das Muster mit der Geschwindigkeit $\vec{v}$ von $\vec{x}_1$ nach $\vec{x}_2$, so gilt:

$$I_{\vec{x}_1}(t - \Delta t) = I_{\vec{x}_2}(t) \quad \text{mit} \quad \Delta t = \frac{\|\vec{x}_2 - \vec{x}_1\|}{\|\vec{v}\|}. \tag{9.2}$$

Will man nun feststellen, ob das Muster sich mit der Geschwindigkeit v bewegt hat, so betrachtet man die Abweichung von $I_1(t - \Delta t)$ und $I_2(t)$. Da die Signale fehlerbehaftet sind, überprüft man statt der Gleichheit besser die Korrelation der Signale über die Zeit:

$$\varphi_{\Delta t}(t) = \int_{-\infty}^{t} I_1(t' - \Delta t)I_2(t')dt'. \tag{9.3}$$

Sie ist ein Maß für die Ähnlichkeit zwischen den um Δt verschobenen Eingängen.

Im allgemeinen wird man nicht nur nach einer vorgegebenen Geschwindigkeit $\|\vec{v}\|$ suchen, sondern möchte eine Schätzung von $\vec{v}$ aus der Bildfolge ermitteln. Man kann dann z.B. viele verschiedene Messungen nach Gl. 9.3 mit verschiedenem Δt oder Basisabstand $\Delta\vec{x}$ vornehmen und das $\vec{v} = \Delta\vec{x}/\Delta t$ mit dem höchsten Korrelationswert bestimmen. Sind die Abtastpunkte $\vec{x}_1$ und $\vec{x}_2$ fest vorgegeben, so kann man gleichzeitig verschiedene Geschwindigkeiten in Richtung der Verbindungslinie berücksichtigen, indem man für den Vergleich nicht das zeitverschobene Signal $I_1(t-\Delta t)$, sondern einen gewichteten Mittelwert unterschiedlich zeitverschobener Signale verwendet. Bezeichnet man die Gewichte mit $h(\Delta t)$, so lautet die Mittelung (Faltung in der Zeit):

$$\tilde{I}_1(t) := \int_0^\infty h(\Delta t)I_1(t - \Delta t)d\Delta t. \tag{9.4}$$

Die Integrationsgrenzen sind so gewählt, daß jeweils nur die zurückliegenden Werte von I_1 benutzt werden („Kausalität"). Einen möglichen Verlauf von $h(\Delta t)$ mit einer

Vorzugsgeschwindigkeit v_o zeigt Abb. 9.4. Er charakterisiert gleichzeitig die Geschwindigkeitsselektivität des Detektors. Setzt man $\tilde{I}_1(t)$ an Stelle von $I_1(t - \Delta t)$ in Gl. 9.3 ein, so folgt:

$$\begin{aligned} \varphi_+(t) &= \int_{-\infty}^{t} \tilde{I}_1(t') I_2(t') dt' \\ &= \int_{-\infty}^{t} \int_{0}^{\infty} h(\Delta t) I_1(t' - \Delta t) d\Delta t \, I_2(t') dt'. \end{aligned} \tag{9.5}$$

Das Pluszeichen als Index von φ_+ in Gl. 9.5 soll andeuten, daß nur Bewegungen von $\vec{x}_1$ nach $\vec{x}_2$ registriert werden. Bewegt sich das Muster in Gegenrichtung, so müßte Δt formal negative Werte annehmen. Bewegungen in Gegenrichtung kann man mit einer symmetrischen Anordnung bestimmen, für die gilt:

$$\varphi_-(t) = \int_{-\infty}^{t} I_1(t') \tilde{I}_2(t') dt'. \tag{9.6}$$

Tiefpaß bzw. Zeitverzögerung wirken jetzt also auf den anderen Eingang, I_2. Faßt man beide sog. Halbdetektoren zusammen, erhält man den vollständigen REICHARDT-Detektor:

$$\begin{aligned} \varphi(t) &:= \varphi_+(t) - \varphi_-(t) \\ &= \int_{-\infty}^{t} \tilde{I}_1(t') I_2(t') - I_1(t') \tilde{I}_2(t') dt'. \end{aligned} \tag{9.7}$$

Um Ausgänge des Detektors bei der Betrachtung strukturloser Flächen zu unterdrücken, führt man am Anfang noch eine Differentiation durch; statt $I_{1,2}(t)$ verwendet man also $I'_{1,2}(t)$. Ein Schema der Funktionsweise des Korrelationsdetektors zeigt Abb. 9.5.

Der Korrelationsdetektor ist für das Verständnis der optokinetischen Reaktion verschiedener Insekten entwickelt worden; die Filtercharakteristiken sind weitgehend experimentell bestimmt. Bei periodischen Reizmustern hat der Algorithmus eine Art Korrespondenzproblem: Ähnlichkeiten in den Eingängen können dann mehrdeutig sein. Dieses Problem entspricht der Tapetenillusion beim Stereosehen. Man kann durch orts–zeitliche Eingangsfilter erreichen, daß in solchen Fällen das Bewegungssignal unterdrückt wird.

In der dargestellten Form hängt das Ausgangssignal $\varphi(t)$ nicht nur von der Geschwindigkeit, sondern auch vom Kontrast im Bild ab. Verdoppelt man etwa die Eingangsfunktionen I, so vervierfacht sich das Ausgangssignal. Im Fall der optokinetischen Reaktion ist dies nicht weiter störend, da die wahrgenommene Geschwindigkeit immer zu null geregelt wird; eine Vergrößerung des Ausgangssignals führt also lediglich zu einer Verstärkung der Rückkopplung und damit zu einer Beschleunigung des Regelprozesses. Die Erregungsstärke des Detektors φ wird hier also weniger als ein Maß für die Geschwindigkeit, sondern eher als ein Konfidenzmaß für deren Richtung verwendet. Diese Konfidenz steigt tatsächlich an, wenn der Bildkontrast zunimmt. Will man jedoch das Verschiebungsfeld $\vec{v}(x', y')$ im Bild messen, ist eine Normierung des Ausgangssignals erforderlich (s.u.).

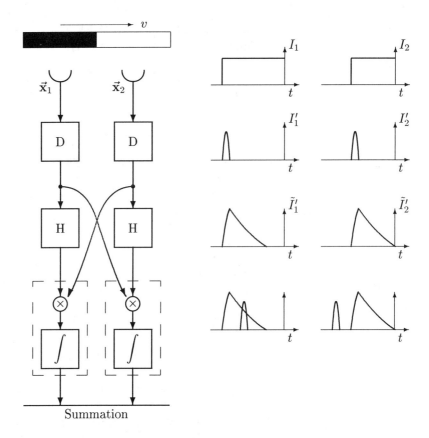

Abbildung 9.5: Schema des Korrelationsdetektors. Eine Helligkeitskante bewege sich von links nach rechts an zwei Helligkeitsdetektoren vorbei und erzeuge die Signale $I_1(t), I_2(t)$. Diese Signale werden zunächst zeitlich differenziert (Operation „D"). „H" bezeichnet die Tiefpaßfilterung aus Gl. 9.4. Die eigentliche Korrelation findet in dem gestrichelt umrandeten Bereich statt; „$\int$" ist die dazu erforderliche Integration, die neuronal als weiterer Tiefpaß realisiert sein kann. Die Diagramme auf der rechten Seite zeigen die Zeitverläufe der einzelnen Signale. Durch die Multiplikation bleibt zum Schluß nur im rechten Halbdetektor (φ_+) ein Beitrag übrig ($\approx$ Überlapp von I_1' und $\tilde{I}_2'$).

9.2.2 Integration über den Ort

Die Vektorrichtung der gemessenen Bewegung ist durch die Positionsdifferenz der beiden Eingänge (Ommatidien), $\vec{x}_2 - \vec{x}_1$ gegeben. Wir betrachten jetzt nur noch Halbdetektoren, die also nur auf eine positive Bewegung von $\vec{x}_1$ nach $\vec{x}_2$ reagieren. Da in der Ebene Bewegungen in viele verschiedene Richtungen gemessen werden sollen, kann man nicht mehr wie im eindimensionalen Fall (Gl. 9.7) die verschiedenen Richtungen mit Vorzeichen versehen und aufaddieren. Wir besprechen hier einen einfachen und technisch leicht realisierbaren Vorschlag für die Ortsintegration (Bülthoff et al. 1989). Für das Bewegungssehen der Fliege vgl. Reichardt & Schlögl (1988) sowie die bereits zitierte Arbeit von Borst et al. (1993).

Wir gehen davon aus, daß an jeder Stelle $\vec{x}$ im Bild Halbdetektoren für einen Satz von Verschiebungen $\vec{d} \in [-\delta, \delta]^2$ vorliegen. Die Halbdetektoren liefern ein Ähnlichkeitsmaß

$$\varphi(\vec{x}, \vec{d}) = 1 - |I_1(\vec{x}) - I_2(\vec{x} + \vec{d})|. \tag{9.8}$$

Im Unterschied zu Gl. 9.3 wird hier also nicht das Produkt der Signale betrachtet, sondern ihre absolute Differenz. Dieses differentielle Verfahren hat den Vorteil, daß strukturlose Flächen im Bild keinen Beitrag liefern.

Der Vergleich findet nur während eines Zeitschrittes statt, so daß die Integration aus Gl. 9.3 hier entfällt. Um den Vergleich trotzdem durch Mittelung zu verbessern, führt man pro Verschiebungsrichtung $\vec{d}$ eine Glättung über den Ort durch. Wir bezeichnen dazu mit $P_\nu(\vec{x})$ eine Nachbarschaft von $\vec{x}$ und erhalten:

$$\Phi(\vec{x}, \vec{d}) = \sum_{\vec{x} \in P_\nu(\vec{x})} \varphi(\vec{x}, \vec{d}). \tag{9.9}$$

Derartige Glättungsoperationen, bei denen man auswertet, wie oft eine bestimmte Verschiebung innerhalb einer Nachbarschaft „gewählt" wurde, bezeichnet man zuweilen als *voting*. Pro Punkt $\vec{x}$ betrachtet, sind φ und Φ lokale Geschwindigkeitshistogramme. Φ kann folgendermaßen ausgewertet werden:

- Hat $\Phi(\vec{x}_o, \vec{d})$ ein eindeutiges Maximum an der Stelle $\vec{d}^*$, so nimmt man diese Verschiebung als Schätzung des lokalen Bewegungsvektors: $\vec{v}(\vec{x}_o) = \vec{d}^*$.

- Hat $\Phi(\vec{x}_o, \vec{d})$ zwei Maxima, so liegt vermutlich eine Bewegungsgrenze im Bild vor. Die Bewegungen der beiden Flächen entsprechen den beiden Maxima. Man kann dies ausnutzen, um Bilder aufgrund kohärenter Bewegungen zu segmentieren.

- Die Varianz der Korrelationswerte liefert zusätzlich einen Konfidenzwert für die Bewegungsschätzung.

Die Summation im eindimensionalen Fall wird hier also letztlich durch die Maximumsbildung im lokalen Bewegungshistogramm Φ ersetzt. Diese Maximumsbildung enthält gleichzeitig die geforderte Normierung, da der am Maximum angenommene Wert $\Phi(\vec{x}_o, \vec{d}^*)$ später keine Rolle mehr spielt. Allgemeiner kann man $\Phi(\vec{x}_o, \vec{d})$ als einen Populationscode für die Verschiebung am Punkt $\vec{x}_o$ auffassen.

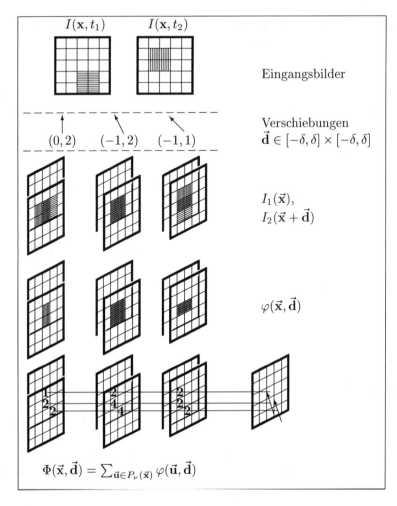

Abbildung 9.6: Schema des Korrelationsverfahrens von Bülthoff et al. (1989). Die (evtl. vorverarbeiteten) Eingangsbilder werden jeweils um alle Verschiebungsvektoren aus einem Intervall $D = [-\delta, \delta]^2$ verschoben und dann mit dem anderen Originalbild verglichen. Die resultierenden lokalen Vergleichswerte φ bilden ein Histogramm, aus dem durch eine geeignete Glättung ein Histogramm von verbesserten Schätzungen Φ bestimmt wird. Zum Schluß vergleicht man pro Pixel die Korrelationswerte aller Verschiebungsvektoren und wählt dann dasjenige $\vec{d}$, dessen Korrelationswert Φ am größten war. (Verändert aus Mallot et al. 1991)

9.3 Gradientenverfahren

9.3.1 Das Aperturproblem bei kontinuierlichen Bildfunktionen

Wir betrachten ein statisches Grauwertbild $\tilde{I}(x, y)$, das sich mit der Geschwindigkeit (v_1, v_2) verschiebt. Die dreidimensionale Grauwertverteilung ist dann:

$$I(x, y, t) = \tilde{I}(x - v_1 t, y - v_2 t). \tag{9.10}$$

Mißt man nun lokal an einer Stelle (x, y) die zeitliche Änderung des Grauwertes, so entspricht das mathematisch der partiellen Ableitung $\frac{\partial}{\partial t} I(x, y, t)$. Bevor wir diese auf die gesuchte Geschwindigkeit und das statische Bild $\tilde{I}$ zurückführen, betrachten wir zunächst ein einfaches Beispiel:

Beispiel: lineare Grauwertrampe. Als statische Bildfunktion wählen wir eine lineare Verteilung

$$\tilde{I}(x, y) = g_1 x + g_2 y$$

wobei die Bildgrenzen und die Konstanten g_1, g_2 so gewählt seien, daß $\tilde{I}(x, y) \in [0, 1]$ überall gilt. Das zugehörige Grauwertgebirge ist eine Ebene, die in Richtung des Vektors $(g_1, g_2)^\top$ ansteigt (vgl. Abb. 9.7). Aus Gl. 9.10 erhält man die orts–zeitliche Bildfunktion zu:

$$I(x, y, t) = g_1(x - v_x t) + g_2(y - v_y t) = g_1 x + g_2 y - (g_1 v_x + g_2 v_y)t.$$

In diesem Fall kann man die Ableitung nun ganz einfach ausrechnen und erhält:

$$\frac{\partial I}{\partial t}(x, y, t) = -(g_1 v_x + g_2 v_y) = - \begin{pmatrix} g_1 \\ g_2 \end{pmatrix} \cdot \begin{pmatrix} v_x \\ v_y \end{pmatrix}.$$

Das letzte Produkt ist dabei ein Skalarprodukt. Der Vektor $(g_1, g_2)^\top$ ist die Richtung der größten Steigung im Grauwertgebirge, d.h. der *Gradient* von $\tilde{I}$. Da das Grauwertgebirge eine schiefe Ebene ist, hängt er nicht von (x, y) ab. Das Ergebnis besagt

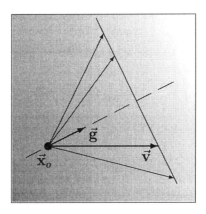

Abbildung 9.7: Formulierung des Aperturproblems für kontinuierliche Grauwertverläufe. Das Bild zeigt eine Intensitätsverteilung $\tilde{I}(x, y) = g_1 x + g_2 y$. Der Gradientenvektor $\vec{g}$ zeigt in die Richtung der größten Steigung im Grauwertgebirge. Das Muster bewege sich mit der Geschwindigkeit und Richtung $\vec{v}$. Zum Zeitpunkt $t = 0$ sei der beobachtete Grauwert $\tilde{I}(\vec{x}_o)$. Nach Ablauf einer Zeit Δt beobachtet man den Grauwert $\tilde{I}(\vec{x}_o + \vec{v}\Delta t)$. Dieser Grauwert würde jedoch auch mit den übrigen durch Pfeile angedeuteten Bewegungen erreicht, da die Spitzen der Pfeile auf einer Linie konstanten Grauwertes liegen.

nun, daß die Änderung des Grauwertes gleich der Länge des Gradientenvektors multipliziert mit der Projektion des Geschwindigkeitsvektors auf die Gradientenrichtung ist.

Im allgemeinen Fall benötigt man für die Herleitung dieser Gleichung einiges Vorwissen aus der Analysis (vgl. etwa Endl & Luh, 1981, Bd. 2). Wir führen zunächst die Transformation

$$V : \mathbb{R}^3 \to \mathbb{R}^2, \quad \begin{pmatrix} x \\ y \\ t \end{pmatrix} \longrightarrow \begin{pmatrix} x - v_1 t \\ y - v_2 t \end{pmatrix} \tag{9.11}$$

ein. Man hat $I(x,y,t) = \tilde{I}(V(x,y,t))$. Die Ableitung bestimmt man dann aus der Kettenregel zu:

$$\mathrm{grad}I(x,y,t) = \mathrm{grad}\tilde{I}(x - v_1 t, y - v_2 t) \cdot \begin{pmatrix} 1 & 0 & -v_1 \\ 0 & 1 & -v_2 \end{pmatrix}. \tag{9.12}$$

Mit grad bezeichnet man dabei wie üblich den Vektor der partiellen Ableitungen. Im Fall des o.a. Beispiels ist $\mathrm{grad}\tilde{I}(x,y) = (g_1, g_2)$. Speziell liefert die dritte Komponente der Vektorgleichung das gewünschte Ergebnis,

$$\frac{\partial I}{\partial t} = -(v_1 \cdot \frac{\partial I}{\partial x} + v_2 \cdot \frac{\partial I}{\partial y}) = -(\mathrm{grad}\tilde{I} \cdot \vec{v}). \tag{9.13}$$

Für einen festen Geschwindigkeitsvektor ist die Änderung des Grauwertes an der Stelle (x,y) also gleich der (Länge der) Projektion dieses Geschwindigkeitsvektors auf die Richtung der stärksten Grauwertvariation multipliziert mit der Länge des Gradientenvektors (Steigung des Grauwertgebirges). Die gemessene Änderung der Bildintensität kann also sowohl durch die langsame Bewegung eines steilen Grauwertgradienten, als auch durch die schnelle Bewegung eines flachen Grauwertgradienten zustande kommen. Die Projektion (Skalarprodukt) wird maximal, wenn $\vec{v}$ und $\mathrm{grad}\tilde{I}$ parallel sind.[*]
Die Anwendung von Gl. 9.13 auf Konturen ergibt sich aus der Überlegung, daß Konturen Stellen mit besonders großem Grauwertgradienten in der Normalenrichtung der Kontur sind. Gl. 9.13 ist somit die analytische Formulierung des Aperturproblems, vgl. Abb. 9.3: Aus dem Skalarprodukt zweier Vektoren kann man auch bei Kenntnis eines Faktors (des Grauwertgradienten) den anderen nicht eindeutig rekonstruieren.
Gl. 9.13 wird als HORNsche Bedingung (*Horn constraint equation*, Horn & Schunk 1981) bezeichnet. Ein Verfahren zur Schätzung von Verschiebungsfeldern aus den zeitlichen Änderungen der Grauwerte pro Bildpunkt und dem unabhängig davon gemessenen Grauwertgradienten findet man ebenfalls in der zitierten Arbeit von Horn & Schunk (1981). Neuere Entwicklungen findet man in den Arbeiten von Uras et al. (1988) und Nagel (1995). Wir besprechen hier lediglich einen Spezialfall, bei dem Annahmen über die Verteilung von Verschiebungsvektoren entlang einer Kontur für die Rekonstruktion des Verschiebungsfeldes aus den zeitlichen Ableitungen und den Grauwertgradienten benutzt werden.

---

[*]Dies folgt aus der Cauchy–Schwarzschen Ungleichung, vgl. Glossar.

9.3.2 Bewegungsintegration über Konturen

Gradientenverfahren messen aufgrund des Aperturproblems (Gl. 9.13) nur die Bewegungskomponente senkrecht zur Kontur bzw. in Richtung des Grauwertgradienten. Zieht man nur diese Messung in Betracht, so ist die plausibelste Hypothese, daß die Bewegung tatsächlich in Richtung des Gradienten stattgefunden hat:

$$\vec{v}_g = -\frac{\partial I}{\partial t} \frac{\operatorname{grad}\tilde{I}}{\|\operatorname{grad}\tilde{I}\|^2}. \tag{9.14}$$

Durch Einsetzen in Gl. 9.13 überprüft man leicht die Übereinstimmung dieser Annahme mit der Messung: $-\operatorname{grad}\tilde{I}\vec{v}_g = \partial I/\partial t$. Alle anderen Schätzungen von $\vec{v}$ machen Annahmen über Bewegungskomponenten quer zur Gradientenrichtung, über die jedoch keine Daten vorliegen. Abb. 9.8a zeigt die Bewegung eines Quadrates zusammen mit den wirklichen Verschiebungsvektoren $\vec{v}$; Abb. 9.8b zeigt die mit dem Gradientenverfahren meßbaren Verschiebungen $\vec{v}_g$ im Sinne von Gl. 9.14. Ein weiteres Beispiel zeigt die Abb. 9.3d,e.

Um bessere Schätzungen des Verschiebungsfeldes $\vec{v}(x,y)$ zu erhalten, kann man die zu erwartenden Ähnlichkeiten zwischen benachbarten Verschiebungsvektoren ausnutzen. Man macht damit Zusatzannahmen über das erwartete Vektorfeld. Im Sinne der in Abs. 1.2.3 eingeführten Idee der „inversen Optik" wird also die in der Messung nicht vorhandene Information durch Heuristiken ersetzt. Dies ist im Fall des Bewegungssehens nicht prinzipiell erforderlich, da andere Detektoren (z.B. Korrelationsverfahren) bessere Ausgangsdaten liefern. Wir besprechen hier einen Vorschlag für die Bewegungsintegration über Konturen von Hildreth (1984).

Wir bezeichnen mit γ eine Kurve in der Bildebene, d.h. eine Funktion $[0, S] \to \mathbb{R}^2$ mit der Interpretation, daß s die Länge der Kurve gemessen vom Anfangspunkt $\gamma(0)$ ist und $\gamma(s) = (\gamma_x(s), \gamma_y(s))$ die Koordinaten eines Punktes sind, der entlang der Kurve gemessen den Abstand s vom Anfangspunkt hat. Da der Parameter s gleichzeitig die Länge der Kurve mißt, sagt man, die Kurve γ sei in Normaldarstellung gegeben (vgl. z.B. do Carmo 1983). Der Tangentenvektor einer solchen Kurve ist durch die (komponentenweise) Ableitung gegeben: $\vec{t}(s) = \gamma'(s)$, $\|\vec{t}(s)\| \equiv 1$. Senkrecht dazu steht der Normalenvektor der Kurve, den wir in Analogie zum vorigen Abschnitt mit $\vec{g}$ bezeichnen wollen. Es gilt $\vec{g}(s) = \pm(\gamma_y'(s), -\gamma_x'(s))^\top$. Bewegt sich ein Punkt $\gamma(s)$ der Kurve mit der Geschwindigkeit $\vec{v}$, so ist die lokal meßbare Geschwindigkeit nach Gl. 9.14 $\vec{v}_g(s) = \vec{g}(\vec{g} \cdot \vec{v})$ (beachte $\|\vec{g}\| \equiv 1$).

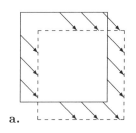 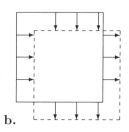

a. **b.**

Abbildung 9.8: **a.** Diagonale Verschiebung eines Quadrates. Der echte Verschiebungsvektor ist überall gleich. **b.** Komponente des Verschiebungsvektors senkrecht zur Kontur.

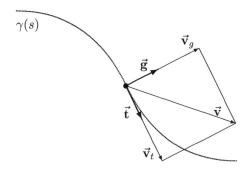

Abbildung 9.9: Bezeichnungen zur Bewegungsintegration über Kanten. Eine Kontur γ bewegt sich mit dem echten Verschiebungsvektor $\vec{v}$. Die Einheitsvektoren $\vec{g}$ und $\vec{t}$ weisen in Gradienten– bzw. Tangentenrichtung; $\vec{v}_g = \vec{g}(\vec{g} \cdot \vec{v})$ ist die Komponente von $\vec{v}$ in Gradientenrichtung und $\vec{v}_t$ die Komponente in Tangentenrichtung.

Wir nehmen nun an, daß die Kurve γ bekannt ist, z.B. durch ein geeignetes Kantendetektionsverfahren. Damit kann man die lokalen Gradientenrichtungen $\vec{g}(s)$ ebenfalls angeben. Gemessen hat man die Projektionen des wirklichen Verschiebungsvektors auf diese Gradientenrichtungen. Unter allen möglichen Vektorfeldern $\vec{v}(s)$ suchen wir dann eine endgültige Schätzung $\vec{v}^*(s)$, die

1. mit den Daten konsistent ist, d.h. $(\vec{v}^*(s) \cdot \vec{g}(s)) = (\vec{v}(s) \cdot \vec{g}(s))$ und

2. eine der folgenden Zusatzbedingungen erfüllt:

   - $\vec{v}^*(s)$ ist konstant, d.h. die Bewegung ist eine reine Translation in der Bildebene.

   - die Kontur ist starr, kann sich aber z.B. drehen, so daß $\vec{v}(s)$ nicht konstant sein muß.

   - $\vec{v}^*(s)$ ändert sich möglichst wenig über s, ist also ein glattes Feld. Man minimiert dazu ein geeignetes Glattheitsmaß, z.B. das Integral über den Betrag der Änderung von $\vec{v}^*(s)$ entlang der Kontur:

$$\int \|\frac{d}{ds}\vec{v}^*(s)\| ds. \tag{9.15}$$

Dies läßt als Lösung auch nicht starre Bewegungen zu.

Abb. 9.10 deutet an, wie eine starre Bewegung aus den Komponenten senkrecht zur Kontur geschätzt werden kann. Abb. 9.10a zeigt die Bewegung, Abb. b die lokal gemessenen Verschiebungen. Trägt man alle diese Verschiebungsvektoren $\vec{g}(\vec{g} \cdot \vec{v})$ vom gleichen Ursprung aus in einem Diagramm auf, so liegen ihre Endpunkte auf einem Kreis, dessen Durchmesser dem tatsächlichen Bewegungsvektor $\vec{v}$ entspricht; der Mittelpunkt des Kreises ist $\vec{v}/2$ (Abb. 9.10c). Dies liegt daran, daß die meßbare und die entsprechende tangentiale Komponente die Katheten eines rechtwinkligen Dreiecks bilden, dessen Hypothenuse die wirkliche Verschiebung ist. Der erwähnte Kreis ist also der THALES–Kreis über dem Verschiebungsvektor (vgl. Abschnitt 8.2).

Abb. 9.11 zeigt die Vorhersage der Glattheitsforderung für die Rotation zweier Kurven. Abb. 9.11 a, b zeigt den Fall einer Ellipse und Abb. 9.11 c, d ein abgerundetes

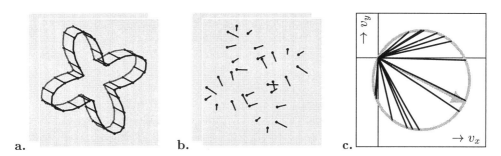

Abbildung 9.10: Bewegungsintegration bei reiner Translation in der Bildebene (konstantes Verschiebungsfeld). **a.** Zwei Bilder der Bewegungsfolge mit tatsächlichen Verschiebungen. **b.** Komponenten des Verschiebungsfeldes in Richtung der lokalen Gradienten. **c.** Darstellung aller Verschiebungen aus b in einem Histogramm. Ähnlich wie bei der HOUGH–Transformation von Geraden durch einen Fluchtpunkt liegen alle Endpunkte auf einem THALES–Kreis. Der am Ursprung ansetzende Durchmesser dieses Kreises (grauer Pfeil) ist die tatsächliche Verschiebung.

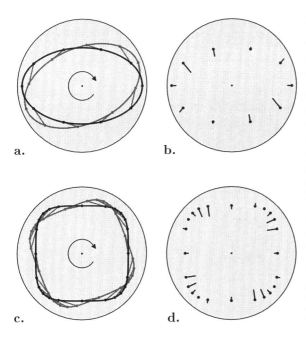

Abbildung 9.11: **a.** Wirkliches Verschiebungsfeld bei der Rotation einer Ellipse. **b.** Komponenten in Richtung des Gradienten. Man erkennt, daß das Verschiebungsfeld in b glatter ist als das echte Feld. Da ein Teil der Vektoren nach innen zeigt, ein anderer nach außen, entspricht b einer verformenden Bewegung. **c.,d.** Dasselbe für die Kurve aus Gl. 9.16. In d tritt der Wechsel zwischen einwärts und auswärts gerichteter Bewegung viermal auf, was komplizierteren Verformungen entspricht. Man sieht eine Auffaltung der Figur. (a,b nach Hildreth 1984, c verändert nach Spillmann, pers. Mitteilung).

Quadrat mit der Kurvengleichung

$$\begin{pmatrix} x \\ y \end{pmatrix} := \begin{pmatrix} \mathrm{sgn}(\cos s)\sqrt{\cos s} \\ \mathrm{sgn}(\sin s)\sqrt{\sin s} \end{pmatrix} \quad \text{mit} \quad \mathrm{sgn}(x) := \left\{ \begin{array}{rcl} -1 & \text{für} & x < 0 \\ 0 & \text{für} & x = 0 \\ +1 & \text{für} & x > 0 \end{array} \right. . \quad (9.16)$$

In beiden Fällen ist das tatsächliche Vektorfeld weniger glatt (im Sinne von Gl. 9.15), als die Komponenten in Gradientenrichtung. Letztere zeigen jedoch abwechselnd nach innen und nach außen, was einer Verformung des Objektes entspricht. Im Wahrnehmungsexperiment sieht man tatsächlich die vorhergesagte Verformung (vgl. Bressan et al. 1992), im Fall des abgerundeten Quadrates sogar als Auffaltung der Figur im Raum. Dies entspricht der schon von E. MACH beschriebenen Illusion, bei der ein in Drehung versetztes Hühnerei als nicht–starrer Körper erscheint (vgl. Metzger 1975). Man kann daraus schließen, daß das visuelle System des Menschen die Glattheitsannahme gegenüber der Annahme einer starren Bewegung (die ja real gezeigt wird) bevorzugt.

9.4 Orientierung im Orts–Zeit–Bild

9.4.1 Bewegungsenergie

Die bisher vorgestellten Verfahren schätzen Bewegungen in örtlich und zeitlich abgetasteten Bilddaten, die den vollständigen orts–zeitlichen Datenkubus aus Abb. 9.1 nur sehr unvollständig wiedergeben. Hat man stattdessen vollständigere Daten zur Verfügung, so kann man Bewegung als Kantenorientierung im orts–zeitlichen Datenkubus beschreiben und messen. Hierzu legt man z.B. einen (x, t)–Schnitt durch den

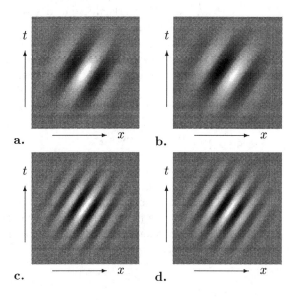

Abbildung 9.12: GABOR–Funktionen, die als Filterkerne für die Betonung orientierter Bildanteile benutzt werden können. **a.,c.** Symmetrische (gerade, Kosinus–) GABOR–Funktion (Gl. 9.17). **b.,d.** Antisymmetrische (ungerade, Sinus–) GABOR–Funktionen (Gl. 9.18). Orientierung (Geschwindigkeit): $v = 2/3$. Die Funktionen der ersten und zweiten Zeile unterscheiden sich durch eine Verdopplung der Grundfrequenz ω.

Datenkubus, d.h. für eine Bildzeile mit fester y–Position betrachtet man die zeitliche Veränderung. Findet man Kanten in diesem (x, t)–Bild, so entspricht deren Steigung der x–Komponente der Geschwindigkeit. Ein Beispiel zeigt der Deckel des Datenkubus in Abb. 9.1.

Wir betrachten hier nur den Fall einer eindimensionalen Bewegung in x–Richtung, d.h. Bewegungsdetektion in (x, t)–Bildern. Als weitere Vereinfachung nehmen wir an, daß wir uns im Inneren des orts–zeitlichen Datenraumes befinden, daß wir also Bewegungen schätzen wollen, die schon einige Zeit zurückliegen. Dies hat den Vorteil, daß wir stets größere Bereiche des orts–zeitlichen Bildes in beide Richtungen auswerten können. Zur Detektion einer orts–zeitlichen Kante verwenden wir wie im Fall der Kantendetektion (Abs. 4.2.3) GABOR–Funktionen, die als ortszeitliche Funktionen die Form

$$g_c(x, t) \quad := \quad \cos(2\pi\omega(x - vt)) \exp\left\{-\frac{x^2 + t^2}{2\sigma^2}\right\} \tag{9.17}$$

$$g_s(x, t) \quad := \quad \sin(2\pi\omega(x - vt)) \exp\left\{-\frac{x^2 + t^2}{2\sigma^2}\right\} \tag{9.18}$$

annehmen. Dabei ist v die Geschwindigkeit, auf die das Filter abgestimmt ist, d.h. die Orientierung im (x, t)–Bild (vgl. Abb. 9.12). Die Grundfrequenz ω bestimmt den Ortsfrequenzbereich, in dem die orientierten Kanten gesucht werden. Die Größe des Fensters schließlich ist durch σ gegeben. In Anwendungen werden natürlich immer Abtastungen dieser Funktionen mit endlichen Maskengrößen verwendet, so daß die unendliche Ausdehnung der GAUSS–Funktion auch in der Zeitachse kein Problem darstellt.

Filtert man nun ein orts–zeitliches Bild mit den beiden Filtermasken aus Gl. 9.17 und 9.18, so erhält man alle Bildanteile, deren Ortsauflösung in etwa der Grundfrequenz des Filters entsprechen, und die sich mit der Geschwindigkeit v bewegen. Die Verwendung beider Filter ist notwendig, weil die Kosinus–Filter nur auf konturartige Kanten reagieren, die Sinus–Filter dagegen nur auf Kontraststufen (vgl. Abschnitt 4.2.3). Man bezeichnet diese Summe von Quadraten eines geraden (Kosinus) und eines ungeraden (Sinus) Filters als *Quadratur–Paar*. Das durch die GAUSS–Glocke gegebene Fenster garantiert die Lokalität der Messung.

Als Maß für die Stärke der Bildbewegung mit Geschwindigkeit v an der Stelle x zum Zeitpunkt t verwendet man die quadrierte Intensität des orts–zeitlich gefilterten Bildes:

$$\varphi(x, t) \quad := \quad \left(\int\int g_c(x - x', t - t')I(x', t')dx'dt'\right)^2$$

$$+ \left(\int\int g_s(x - x', t - t')I(x', t')dx'dt'\right)^2. \tag{9.19}$$

Man bezeichnet φ als „Bewegungsenergie" (*motion energy*, Adelson & Bergen 1985, Heeger 1987). Dieser Begriff hat nichts mit einer kinetischen Energie im Sinne der Mechanik zu tun, sondern wurde aufgrund von Analogien aus der Signaltheorie gewählt.

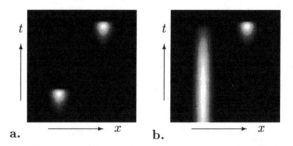

Abbildung 9.13: REICHARDT–Detektor und Bewegungsenergie. Die Abbildung zeigt die Filtermasken g aus Gl. 9.20 für unterschiedlich gewählte zeitliche Komponenten h_1, h_2. **a.** Beide Tiefpässe haben die gleiche, kurze Zeitkonstante, doch enthält h_1 zusätzlich eine Zeitverzögerung. **b.** Tiefpaß h_1 mit großer Zeitkonstante aber ohne Verzögerung.

Integriert man φ über das ganze Bild auf, so entspricht die globale Bewegungsenergie der gesamten Varianz der beiden Kantenbilder (Kosinus und Sinus).

9.4.2 Vergleich mit dem Reichardtschen Korrelationsdetektor

Wie der REICHARDT–Detektor verwendet auch das Bewegungsenergie–Verfahren eine multiplikative Nichtlinearität und zwar in Form des Quadrates in Gl. 9.19. Tatsächlich sind die beiden Verfahren sehr eng verwandt, wie folgende Überlegung zeigt. Statt der Filter g_c und g_s verwenden wir zur Betonung orientierter Kanten im Orts–Zeit–Bild ein Filter der Form

$$g(x, t) := d(x - x_1)h_1(t) + d(x - x_2)h_2(t). \tag{9.20}$$

Dabei bezeichnet $h_{1,2}$ den Tiefpaß aus Gl. 9.4 mit verschiedenen Zeitkonstanten. Die Funktion d beschreibt die Richtcharakteristik der Ommatidien, d.h., den Raumwinkel, aus dem das Ommatidium Lichtintensität empfängt. Näherungsweise gilt daher $\int I(x, t)d(x - x_o)dx = I(x_o, t)$. Anders als in der in Gl. 9.4 gegebenen Formulierung setzen wir hier für beide Ortspunkte x_1 und x_2 einen zeitlichen Tiefpaß an, wobei der zu x_2 gehörige eine sehr kleine Zeitkonstante haben soll. Es gilt also näherungsweise $\int I(x, t)h_2(t)dt = I(x, 0)$. Für einen festen Ort $x = 0$ bewertet das Filter aus Gl. 9.20 also zwei Ortspunkte im Abstand $x_2 - x_1$, wobei das Signal des einen mit der zeitlichen Gewichtsfunktion h_1 verzögert bzw. tiefpaßgefiltert wird. Die Bewegungsenergie dieses orts–zeitlichen Filters an der Stelle $x = 0$ ergibt sich zu:

$$
\begin{aligned}
\varphi(0, t) &:= (I * g)^2(0, t) \\
&= \left(\tilde{I}(x_1, t) + I(x_2, t) \right)^2 \\
&= (\tilde{I}(x_1, t))^2 + (I(x_2, t))^2 + 2\tilde{I}(x_1, t)I(x_2, t),
\end{aligned}
\tag{9.21}
$$

wobei die Bezeichnung $\tilde{I}$ wie in Gl. 9.4 benutzt wurde, um die tiefpaßgefilterten bzw. zeitverzögerten Signale zu bezeichnen. Im zeitlichen Mittelwert hängen die ersten beiden Terme nicht von der Bewegungrichtung ab. Der Produktterm an dritter Stelle entspricht bis auf diese zeitliche Mittelung genau der Korrelation φ_+ des Halbdetektors aus Gl. 9.5. Abb. 9.13 zeigt noch einmal die Analogie zum Bewegungsenergie–Verfahren. Beide Filtermasken reagieren maximal auf orts–zeitliche Orientierungen, die der Geschwindigkeit 2/3 entsprechen.

9.4.3 Integration von Bewegungsenergien

Mit Hilfe von Gl. 9.19 kann man nun für jeden Bildpunkt und jedes auf eine bestimmte Geschwindigkeit und Ortsauflösung abgestimmte Filter einen Konfidenzwert ausrechnen, der angibt, wie stark die Evidenz für die betrachtete Geschwindigkeit an der betreffenden Stelle ist. Damit entsteht das Problem, aus allen vorhandenen Geschwindigkeiten und ihren Konfidenzwerten (Energien) eine eindeutige Geschwindigkeitsschätzung für diesen Bildpunkt zu bestimmen. Dieses Problem wird noch einmal verschärft, wenn man zum zweidimensionalen Fall übergeht, indem man GABOR–Filter auch für verschiedene Bewegungsrichtungen konstruiert. Diese Filter reagieren dann im Sinne des Aperturproblems auch auf Bewegungen in abweichenden Richtungen.

Typischerweise wählt man einen Satz von orts–zeitlichen Filtern aus, deren Ortskomponenten eine Auflösungspyramide (vgl. Abschnitt 3.4.2) bilden und tastet die möglichen Orientierungen (Geschwindigkeiten) gleichmäßig ab. Anstatt nun einfach das Filter mit der höchsten Energie auszuwählen, überlegt man sich zunächst die erwarteten Antworten aller Filter in Abhängigkeit der Geschwindigkeit und führt dann eine entsprechende Ausgleichsrechung oder *Maximum–Likelihood* Schätzung durch. Details dieser Verfahren wie auch die Erweiterung auf den Fall zweidimensionaler Bewegung findet man in den bereits erwähnten Arbeiten von Adelson & Bergen (1985) und Heeger (1987), sowie in Jähne (1993).

Der orts–zeitliche Energieansatz hat in der Neurobiologie zumindest der Wirbeltiere große Bedeutung erlangt, da die Bewegungsenergie aus Gl. 9.19 zusammen mit geeigneten Parametern für die Filterfunktionen gut geeignet ist, um die rezeptiven Felder bewegungsselektiver Neurone im visuellen Cortex zu beschreiben, eine Übersicht geben Albright & Stoner (1995) und Heeger et al. (1996). Die Frage der Integration der von den einzelnen Neuronen codierten Bewegungsenergien untersucht man mit sogenannten *Plaid*–Reizen (benannt nach den Mustern der schottischen Tartans), die Bewegungsenergie in zwei unterschiedlichen Kanälen enthalten. Ein Beispiel zeigt die Abb. 9.14. In Abb. 9.14a ist ein tieffrequentes Muster gezeigt, daß sich nach links oben bewegt. Abb. 9.14b zeigt ein höherfrequentes Muster, das nach rechts oben laufen soll. Addiert man beide Muster zusammen, so entsteht das Bild der Abb. 9.14c. Die interessante Frage ist nun, ob die beiden im Bild vorhandenen Bewegungsrichtungen separat wahrgenommen werden, oder ob eine kohärente Bewegung in Richtung der Vektorsumme der Komponenten gesehen wird. Diese Vektorsumme ist im Sinne des Aperturproblems konsistent mit beiden Einzelbewegungen. Man würde daher

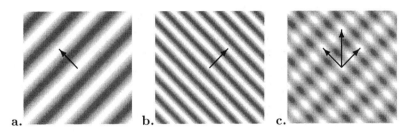

Abbildung 9.14: Zur Integration von Bewegungsenergien. **a.** Ein tieffrequentes Muster bewegt sich nach links oben. **b.** Ein höherfrequentes Muster bewegt sich nach rechts oben. c. Überlagert man beide Bewegungen, so kann eine kohärente Bewegung nach oben gesehen werden, die im Sinne des Aperturproblems auch in den beiden ersten Fällen möglich gewesen wäre. Unter bestimmten Umständen ist auch die Bewegung der beiden Komponenten zu sehen, die dann in der Tiefe separiert erscheinen.

erwarten, daß diese einfache Lösung des in den Fällen der Abbildung 9.14a,b vorliegenden Aperturproblems vom Wahrnehmungsapparat auch gewählt wird. Tatsächlich kann man aber bei hinreichend großen Unterschieden in Kontrast, Geschwindigkeit oder Ortsfrequenz die einzelnen Streifenmuster in verschiedene Richtungen laufen sehen. Diese Wahrnehmung ist mit der einer Transparenz verbunden (Adelson & Movshon, 1982). Neurophysiologisch findet man sowohl Zellen, die auf die einzelnen Bewegungskomponenten reagieren, als auch solche, die die Richtung der kohärenten Musterbewegung signalisieren. Diese letzteren Zellen finden sich in der sogenannten medio–temporalen Area (MT) des visuellen Cortex der Primaten. Sie könnten das neuronale Korrelat der Lösung des Aperturproblems darstellen.

9.5   Bewegungen zweiter Ordnung

Alle bisher vorgestellten Verfahren zum Bewegungssehen beruhen auf der in Gl. 9.1 formulierten Definition, wonach Bewegung die kohärente Verschiebung eines Bildteiles ist. Diese Definition trifft nun aber nicht für alle Bewegungen zu. Bei einer Woge, beispielsweise, die der Wind in einer Wiese oder einem Kornfeld erzeugt, bewegen sich die einzelnen Halme genauso weit und stark in beide Richtungen. Während man dies noch als eine Frage des Auflösungsniveaus abtun könnte (im unscharfen Bild werden die Wellengipfel tatsächlich verschoben), kann man Bewegungsreize konstruieren, die keine Bewegungsenergie im Sinne der Gl. 9.19 enthalten, in denen aber dennoch Bewegungen sichtbar sind.

Zwei Beispiele zeigt Abb. 9.15. In Abb. 9.15a bewegt sich ein „Prozeß" von links nach rechts, der jeweils den Grauwert eines Pixels neu besetzt. Betrachtet man benachbarte Pixel, so gibt es keinerlei Korrelationen zwischen ihnen, die mit einem Korrelationsdetektor ausgewertet werden könnten. Auch die Orientierung im Orts–Zeit–Raum hilft nicht weiter, da lineare Kantendetektoren die Kante in Abb. 9.15 nicht finden können. Trotzdem erzeugen solche Reize bei menschlichen Betrachtern

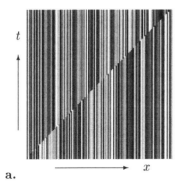 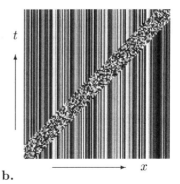

Abbildung 9.15: Orts–Zeit–Diagramme von Bewegungen zweiter Ordnung. Zur besseren Betrachtung kann man die Bilder unter einem schmalen horizontalen Schlitz vorbeibewegen. **a.** In einem statischen Rauschmuster wird von links nach rechts fortschreitend jeweils ein Pixel mit einer neuen Zufallszahl besetzt. **b.** Vor einem statischen Rauschmuster bewegt sich ein Fenster nach rechts, in dem ein dynamisches Rauschen gezeigt wird. In beiden Fällen sehen menschliche Beobachter Bewegung, obwohl die in Abs. 9.2 – 9.4 besprochenen Detektoren nicht ansprechen.

einen starken Bewegungseindruck. In Abb. 9.15b wird ein Fenster vor einem statischen Hintergrund entlang bewegt. Innerhalb des Fensters wird ein dynamisches Rauschen gezeigt. Auch hier gibt es keine Korrelation zwischen den Zeitverläufen an benachbarten Pixeln und keine linear meßbare Orientierung. Man bezeichnet diesen Effekt als Bewegung zweiter Ordnung oder, etwas unglücklich, als „non–Fourier–motion“; für Reizmuster der Art von Abb. 9.15 verwendet man auch die Bezeichnung „Drift–Balancierte Zufallsmuster“ (Chubb & Sperling 1988).

Die einfachste Erklärung für die beschriebenen Effekte ist, daß die Bewegungsdetektoren nicht auf dem Intensitätsbild direkt, sondern auf einem vorverarbeiteten Bild operieren. Nimmt man zum Beispiel an, daß das Orts–Zeit–Bild zunächst zeitlich differenziert wird, und dann nur noch der Absolutbetrag dieser Ableitung betrachtet wird, so wird die Bewegungswahrnehmung sofort verständlich. Abb. 9.15a wird durch diese Operation zu einer diagonalen Linie, Abb. 9.15b zu einem diagonalen Band. In beiden Beispielen sind jetzt also orientierte Orts–Zeit–Strukturen enthalten, die von den dargestellten Detektoren aufgenommen werden können. Wichtig ist dabei, daß die Vorverarbeitung durch die Betragsbildung eine Nichtlinearität enthält. Bewegungsreize zweiter Ordnung stellen aufgrund dieser Überlegung ein wichtiges Instrument zur Untersuchung von Nichtlinearitäten im visuellen System dar (vgl. Wilson 1994).

Kapitel 10

Optischer Fluß

Das im vorigen Kapitel bestimmte Verschiebungsvektorfeld enthält eine Vielzahl von Informationen, die insbesondere für Fragen der Navigation und generell der Verhaltenssteuerung von großem Interesse sind. Der Gedanke, daß Eigenbewegungen des Betrachters Reizmuster erst hervorbringen, die Informationen über die Umwelt enthalten, ist von großer Bedeutung für den ökologischen Ansatz in der Psychologie, wie auch für die Idee des aktiven Sehens. Der Begriff „optischer Fluß" geht auf den Begründer der ökologischen Psychologie, J.J. GIBSON, zurück (vgl. Gibson 1950).

In diesem Kapitel werden zunächst die Eigenschaften des optischen Flusses dargestellt. Das ist zum Teil mit erheblichem mathematischen Aufwand verbunden, doch wurde versucht, die Zusammenhänge durch einfache Beispiele und Abbildungen durchschaubar zu machen. In Abschnitt 10.4 wird dann untersucht, wie einige wichtige Informationen aus der Bildbewegung rekonstruiert werden können. Einen Einstieg in die (technische bzw. psychophysische) Literatur geben Horn (1986), Koenderink (1986), Hildreth (1992) und Warren und Kurtz (1992).

10.1 Informationen im optischen Fluß

Eine Übersicht über die Problematik kann man sich verschaffen, indem man die Informationsquellen im optischen Fluß den möglichen Ergebnissen der Auswertung gegenüberstellt:

Wovon hängt das zweidimensionale Verschiebungsfeld ab?

1. Die Eigenbewegung des Beobachters erzeugt charakteristische Bewegungsmuster im aufgenommenen Bild.

2. Die Form und Position der sichtbaren Oberflächen beeinflußt dieses Muster.

3. Bewegungen von Objekten führen zu Störungen des Eigenbewegungsmusters.

4. Der verwendete Bewegungsdetektor und der lokale Bildkontrast bestimmen, welche Bewegungen überhaupt meßbar sind und welche systematischen Fehler dabei auftreten.

Was will man ausrechnen?

1. Rekonstruktion der Eigenbewegung („*egomotion*"): In der psychophysischen Literatur werden hier meist drei Wahrnehmungen untersucht, die man als Körperstellung (*posture*), Bewegungsrichtung (*heading*) und Geschwindigkeit (*vection*) bezeichnet (Warren & Kurtz, 1992). In der Verhaltensphysiologie interessiert man sich in diesem Zusammenhang überwiegend für die Flugstabilisierung und –kontrolle bei Insekten; eine Übersicht geben Egelhaaf et al. (1988).

2. Bildsegmentierung aufgrund von Relativbewegungen verschiedener Bildteile spielt in der Wahrnehmung eine große Rolle. Beispiele sind der Zusammenschluß unzusammenhängender, aber konsistent bewegter Bildelemente (sog. Gestaltgesetz des gemeinsamen Schicksals) oder die dynamische Verdeckung, bei der sich eine Fläche vor einem Hintergrund bewegt, wobei Bildelemente des Hintergrundes verschwinden bzw. neu sichtbar werden.

3. Raumwahrnehmung aufgrund der unterschiedlichen Bewegungen der Bilder verschiedener Objektpunkte

   (a) durch Bewegung des Beobachters: Bewegungsparallaxe

   (b) durch Bewegung von Objekten: kinetischer Tiefeneffekt, *structure from motion*.

Bewegungsparallaxe und kinetischer Tiefeneffekt haben für die Tiefenwahrnehmung eine große Bedeutung. Dies gilt insbesondere für Tiere mit kleinen Augenabständen, die also nicht über ein gutes Stereosehen verfügen. Denkt man sich die Bewegungsauswertung zeitdiskret, so entspricht die zwischen zwei Bildern zurückgelegte Strecke gerade dem Basisabstand in der Stereopsis.

4. Eine Meßgröße, die eine Kombinationen aus räumlicher Struktur der Umwelt und der Eigenbewegung darstellt, ist die Zeit, die bis zum Auftreffen auf einem Objekt verbleibt (*time–to–contact*). Allgemeiner kann man den optischen Fluß benutzen, um Hindernissen auszuweichen.

10.2   Bewegungsvektorfelder

10.2.1   Bezeichnungen

Der optische Fluß wird durch orts–zeitliche Verteilungen oder Felder von Bewegungsvektoren beschrieben. Wir vernachlässigen zunächst die Abhängigkeit des Bewegungsfeldes von der Zeit, betrachten also nur stationäre Flüsse. Später werden wir auch einige Beispiele für nicht–stationäre Flüsse behandeln. Man unterscheidet drei Felder:

1. Das dreidimensionale Feld $\vec{\mathbf{w}}(x, y, z) \in \mathbb{R}^3$ beschreibt die Relativbewegung zwischen dem Beobachter (Kameraknotenpunkt) und einem Raumpunkt $\vec{\mathbf{x}} \in \mathbb{R}^3$. Bei reiner Translation des Beobachters in einer ruhenden Umgebung ist $\vec{\mathbf{w}}$ konstant.

2. Durch Projektion dieses Feldes auf die Bildebene entsteht der optische Fluß $\vec{\mathbf{v}}(x', y') \in \mathbb{R}^2$. Dabei werden zunächst von dem den ganzen Raum ausfüllenden Feld $\vec{\mathbf{w}}$ die Vektoren ausgewählt, die zu abgebildeten Punkten gehören (sichtbare Oberflächen); nur diese Vektoren werden dann in die Bildebene projiziert. Neben $\vec{\mathbf{w}}$ und der Kamerageometrie geht also noch die jeweils sichtbare Oberfläche ein.

3. Das meßbare Verschiebungsfeld auf der Bildebene bezeichnet man in diesem Zusammenhang als Bildfluß (image flow), $\vec{\mathbf{v}}^*(x', y') \in \mathbb{R}^2$. Der Bildfluß ist im allgemeinen ungleich $\vec{\mathbf{v}}$ und hängt von den Kontrastverhältnissen und dem verwendeten Bewegungsdetektor ab. Verfahren zur Bestimmung von $\vec{\mathbf{v}}^*(x', y')$ sind in Kapitel 9 behandelt worden.[*]

Wir betrachten hier nur die beiden ersten Felder, gehen also von einem idealen Bewegungsdetektor aus. Eigenschaften des optischen Flusses, die robust auch in nicht–idealen Schätzungen von $\vec{\mathbf{v}}$ ausgewertet werden können, werden von Verri und Poggio (1989) diskutiert.

10.2.2   Das dreidimensionale Vektorfeld $\vec{\mathbf{w}}$ bei Eigenbewegungen

Wir erinnern hier kurz an einige Ergebnisse aus der klassischen Mechanik; eine ausführliche Darstellung findet man z.B. in Goldstein (1991). Das wichtigste Ergebnis dieses Abschnitts ist Gl. 10.6, für die in Abb. 10.1 eine geometrische Rechtfertigung gegeben wird. Die folgende mathematisch befriedigendere Herleitung kann beim ersten Lesen übersprungen werden.

Die Bewegung eines Beobachters oder Kamera–Koordinatensystems ist die Bewegung eines starren Körpers, die nach Sätzen von EULER und CHASLE immer in eine Translation und eine Drehung zerlegt werden kann. Die Translation wird durch die Bahnkurve $\vec{\mathbf{k}}(t)$ des Kamera–Knotenpunktes beschrieben, hat also drei Freiheitsgrade. Die Drehung entspricht der Multiplikation mit einer orthonormalen Matrix A mit dem Eigenwert $+1$; sie hat ebenfalls drei Freiheitsgrade, die man sich als die EULERschen Winkel oder die Richtung der Drehachse (zwei Freiheitsgrade) plus den Drehwinkel vorstellen kann. Beachtet man, daß sowohl Translation als auch Drehung von der Zeit abhängen, so erhält man die Koordinaten eines festen Punktes $\vec{\mathbf{p}}_o$ im Kamera–Koordinatensystem zu:

$$\vec{\mathbf{p}}(t) = \mathsf{A}(t)(\vec{\mathbf{p}}_o - \vec{\mathbf{k}}(t)). \tag{10.1}$$

Wir nehmen ohne Beschränkung der Allgemeinheit an, daß $\mathsf{A}(0)$ die Einheitsmatrix E ist und $\vec{\mathbf{k}}(0) = 0$. Den dreidimensionalen Bewegungsvektor in Kamerakoordinaten

---

[*]Beachte, daß das meßbare Verschiebungsfeld in Kapitel 9 mit $\vec{\mathbf{v}}$ bezeichnet wurde.

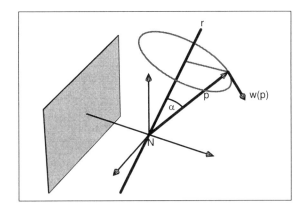

Abbildung 10.1: Räumliches Bewegungsfeld einer Rotation um die Achse $\vec{\mathbf{r}}$ durch den Kameraknotenpunkt N. Zu einem Raumpunkt $\vec{\mathbf{p}}$ findet man den Bewegungsvektor $\vec{\mathbf{w}}(\vec{\mathbf{p}})$, indem man zunächst beachtet, daß $\vec{\mathbf{w}}$ sowohl auf $\vec{\mathbf{r}}$, als auch auf $\vec{\mathbf{p}}$ senkrecht steht. Sein Betrag ist proportional zum Betrag (Länge) von $\vec{\mathbf{p}}$ und dem Sinus des zwischen $\vec{\mathbf{r}}$ und $\vec{\mathbf{p}}$ eingeschlossenen Winkels α. Aus diesen Überlegungen folgt: $\vec{\mathbf{w}}(\vec{\mathbf{p}}) = \omega\vec{\mathbf{r}} \times \vec{\mathbf{p}}$. (Vgl. Gl. 10.6.)

erhält man dann durch Ableiten nach der Zeit:

$$\vec{\mathbf{w}}(\vec{\mathbf{p}}(t)) = \mathsf{A}'(t)(\vec{\mathbf{p}}_o - \vec{\mathbf{k}}(t)) - \mathsf{A}(t)\vec{\mathbf{k}}'(t), \tag{10.2}$$

wobei die Ableitungen von Vektoren und Matrizen komponentenweise vorzunehmen sind und die Produktregel gilt. Da wir nur an Momentanfeldern interessiert sind, können wir uns auf den Zeitpunkt $t = 0$ beschränken. Für ihn gilt:

$$\vec{\mathbf{w}}(\vec{\mathbf{p}}_o) = \mathsf{A}'(0)\vec{\mathbf{p}}_o - \vec{\mathbf{k}}'(0). \tag{10.3}$$

Die Ableitung der Bahnkurve $\vec{\mathbf{k}}'(0)$ ist gerade der Translationsanteil der Bewegung; wir bezeichnen ihn mit $v\vec{\mathbf{u}}$, wobei $\vec{\mathbf{u}}$ der Einheitsvektor in Translationsrichtung ist.

Schwieriger ist die Interpretation des Ausdrucks $\mathsf{A}'(0)$. Es handelt sich um eine „infinitesimale Drehung" im Sinne der klassischen Mechanik (Goldstein, 1991). Die Taylor–Entwicklung der Drehung A, bezogen auf den Zeitpunkt $t = 0$, ist $\mathsf{E} + \mathsf{A}'$. Wir bezeichnen das Restglied zweiter Ordnung mit $\mathcal{O}^2$. Wegen $(\mathsf{E} - \mathsf{A}')(\mathsf{E} + \mathsf{A}') = \mathsf{E} + \mathcal{O}^2$ ist $\mathsf{E} - \mathsf{A}'$ die (infinitesimale) Inverse von $\mathsf{E} + \mathsf{A}'$. Wegen der Orthogonalität der Drehung gilt andererseits $(\mathsf{E} + \mathsf{A}')^{-1} = (\mathsf{E} + \mathsf{A}')^{\top}$, so daß insgesamt $\mathsf{E} - \mathsf{A}' = (\mathsf{E} + \mathsf{A}')^{\top}$ und damit $-\mathsf{A}' = \mathsf{A}'^{\top}$ folgt. Bezeichnet man die Komponenten von A' mit a'_{ij}, so bedeutet die letzte Beziehung $a'_{ij} = -a'_{ji}$, woraus sofort folgt, daß die Diagonalelemente verschwinden. Damit bleiben nur drei unabhängige Größen, die wir mit ω_1 bis ω_3 bezeichnen; sie entsprechen den drei Freiheitsgraden der Drehung. Wir schreiben

$$\mathsf{A}' = \begin{pmatrix} 0 & \omega_3 & -\omega_2 \\ -\omega_3 & 0 & \omega_1 \\ \omega_2 & -\omega_1 & 0 \end{pmatrix}. \tag{10.4}$$

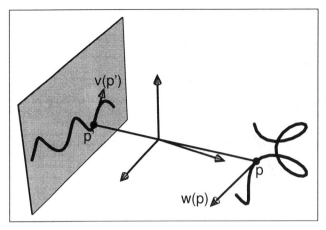

Abbildung 10.2: Schema zur Projektion von Geschwindigkeiten. Ein Objekt, das sich entlang der Raumkurve rechts bewegt, bewegt sich im Bild entlang der ebenen Kurve links. Sein momentaner Geschwindigkeitsvektor $\vec{\mathbf{w}}(\vec{\mathbf{p}})$ wird auf den optischen Flußvektor $\vec{\mathbf{v}}(\vec{\mathbf{p}}')$ abgebildet. Vgl. Gl. 10.10.

Transformiert man nun einen Vektor $\vec{\mathbf{x}}$ mit der Matrix A', so erhält man:

$$\mathsf{A}'\vec{\mathbf{x}} = \begin{pmatrix} x_2\omega_3 - x_3\omega_2 \\ x_3\omega_1 - x_1\omega_3 \\ x_1\omega_2 - x_2\omega_1 \end{pmatrix} = \vec{\mathbf{x}} \times (\omega_1, \omega_2, \omega_3)^\top. \tag{10.5}$$

Der Vektor $(\omega_1, \omega_2, \omega_3)^\top$ ist die Drehachse der infinitesimalen Drehung A'; es gilt $\mathsf{A}'(\omega_1, \omega_2, \omega_3)^\top = 0$. Wir bezeichnen seine Norm mit ω und den Einheitsvektor in Richtung der Drehachse mit $\vec{\mathbf{r}}$. Zusammen mit Gl. 10.3 erhalten wir dann die Gleichung für das dreidimensionale Vektorfeld bei Eigenbewegung:

$$\vec{\mathbf{w}}(\vec{\mathbf{x}}) = -v\vec{\mathbf{u}} - \omega\vec{\mathbf{r}} \times \vec{\mathbf{x}}. \tag{10.6}$$

Zusammenfassend kann das dreidimensionale Vektorfeld $\vec{\mathbf{w}}(\vec{\mathbf{x}})$, das durch Eigenbewegungen des Betrachters erzeugt wird, also momentan jeweils in einen Translationsanteil und einen Rotationsanteil zerlegt werden. Der Translationsanteil ist überall im Raum konstant, während der Rotationsanteil durch das Kreuzprodukt des Raumpunktes mit der momentanen Rotationsachse charakterisiert ist. Beide Anteile überlagern sich additiv. Abb. 10.1 illustriert den Rotationsterm von Gleichung 10.6.

10.2.3 Projektion von $\vec{\mathbf{w}}$

Wir betrachten einen Objektpunkt, dessen Bahnkurve im Raum relativ zum Kamera–Koordinatensystem durch eine vektorwertige Funktion $\vec{\mathbf{p}}(t) = (p_1(t), p_2(t), p_3(t))^\top$ beschrieben wird. Die momentane Geschwindigkeit zum Zeitpunkt $t = 0$ ist dann gerade der Wert des dreidimensionalen Geschwindigkeitsfelds $\vec{\mathbf{w}}$:

$$\frac{d}{dt}\vec{\mathbf{p}}(0) = \vec{\mathbf{w}}(\vec{\mathbf{p}}(0)). \tag{10.7}$$

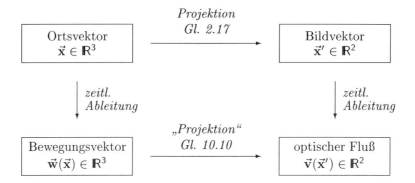

Abbildung 10.3: Übersicht über die Regeln für die Projektion von Orten und Geschwindigkeiten.

Die Projektion der Bahnkurve in die Bildebene berechnet man punktweise nach Gl. 2.17:

$$\vec{p}'(t) = -\frac{1}{p_3(t)} \begin{pmatrix} p_1(t) \\ p_2(t) \end{pmatrix}. \tag{10.8}$$

Dabei bezeichnet der Strich in $\vec{p}'$ die Projektion, nicht etwa die Ableitung von $\vec{p}$. Durch Ableiten der projizierten Bahnkurve nach der Zeit an der Stelle $t = 0$ erhalten wir die *Projektionsformel* für einen Bewegungsvektor $\vec{w}$, der an einem Punkt $\vec{p}$ im Raum ansetzt. Wir führen die Rechnung nach der Quotientenregel für die erste Komponente vor:

$$\frac{d}{dt}p_1'(t) = \frac{d}{dt}\left(-\frac{p_1(t)}{p_3(t)}\right) = -\frac{1}{p_3}\left(\frac{dp_1}{dt} + p_1'\frac{dp_3}{dt}\right). \tag{10.9}$$

Man führt die Rechnung analog für die zweite Komponente durch, und beachtet $\frac{d}{dt}\vec{p}(0) = \vec{w}$. Damit erhält man die Projektionsformel für Bewegungsvektoren:

$$\vec{v} := -\frac{1}{z}\left(\begin{pmatrix} w_1 \\ w_2 \end{pmatrix} + w_3 \begin{pmatrix} x' \\ y' \end{pmatrix}\right). \tag{10.10}$$

Man erkennt, daß die Projektionsformel linear in der dreidimensionalen Bewegung $\vec{w}$ ist. Die Flußfelder verschiedener Eigenbewegungskomponenten überlagern sich also linear. Abb. 10.3 gibt eine Übersicht über die Regeln der Projektion für Positionen und Bewegungen.

Im stationären Fall sind die projizierten Bahnkurven $\vec{p}'(t)$ einzelner Punkte die *Flußlinien* des optischen Flusses, d.h. sie sind gleichzeitig Lösungen der Differentialgleichung $\frac{d}{dt}\vec{x}' = \vec{v}(\vec{x}')$. Dieser Zusammenhang ist hier zur Berechnung von $\vec{v}$ ausgenutzt worden. Im nicht–stationären Fall sind die Flußlinien und die Lösungen des momentanen Bewegungsfeldes nicht identisch. Man verwendet dann die Flußlinien zur grafischen Darstellung des optischen Flusses (vgl. Abb. 10.10).

Wir bemerken drei wichtige Eigenschaften der Projektionsformel 10.10:

1. Wie bei der Projektionsformel für Positionen wird durch die z–Komponente des Ortspunktes dividiert, an dem der Geschwindigkeitsvektor ansetzt. Das bedeutet, daß dieselbe Bewegung in größerem Abstand zu einer kleineren Bildbewegung führt. Man kennt diesen Effekt etwa in Form der scheinbaren Relativbewegung von Bäumen, die man aus dem Fenster eines fahrenden Autos betrachtet.

2. Aus dieser Tiefenabhängigkeit folgt, daß die Bildbewegung nicht einfach die Projektion des dreidimensionalen Vektorfeldes ist. Vielmehr hängt die Bildbewegung auch davon ab, an welchen Raumpunkten diese Bewegung beobachtet werden kann. Der optische Fluß enthält also Informationen sowohl über die räumliche Bewegung, als auch über die Geometrie der sichtbaren Oberflächen und Objekte.

3. Die Projektionsformel 10.10 ist linear in den Komponenten der dreidimensionalen Vektorfelds $\vec{w}$. Die Vektorfelder verschiedener Bewegungsanteile überlagern sich also auch in der Projektion linear. So ist z.B. das projizierte Vektorfeld einer Kurvenfahrt die Summe des Translations– und Rotationsanteiles (siehe unten).

4. Räumliche Bewegung und Geometrie können aus dem Flußfeld immer nur bis auf einen konstanten Faktor bestimmt werden. Man überzeugt sich leicht davon, daß die gleichzeitige Multiplikation von $\vec{x}$ und $\vec{w}$ mit einem solchen Faktor keinen Einfluß auf $\vec{v}$ hat. Geht $\vec{w}$ auf eine Beobachterbewegung zurück, so bedeutet dies, daß man die Abstände der Objekte immer nur in Vielfachen der in einer Zeiteinheit zurückgelegten Strecke angeben kann. Diese Strecke spielt für die Bewegungsparallaxe also dieselbe Rolle wie der Basisabstand der Augen bei der Stereopsis. Umgekehrt hängt die wahrgenommene Eigengeschwindigkeit vom gedachten Abstand der abgebildeten Objekte ab, was dazu führt, daß Autofahrer auf breiten Straßen häufig ihre Geschwindigkeit unterschätzen.

10.3   Flußfelder bei Eigenbewegung

10.3.1   Rotation des Beobachters

Der Beobachter rotiere um eine Achse $\vec{r}$ durch den Kameraknotenpunkt N mit der Winkelgeschwindigkeit ω. Es sei $\|\vec{r}\| = 1$. Man hat das folgende dreidimensionale Bewegungsfeld (vgl. Gl. 10.6 und Abb. 10.1):

$$\vec{w}(p_1, p_2, p_3) = -\omega\vec{r} \times \vec{p} = -\omega \begin{pmatrix} r_2 p_3 - r_3 p_2 \\ r_3 p_1 - r_1 p_3 \\ r_1 p_2 - r_2 p_1 \end{pmatrix}. \tag{10.11}$$

Bei reinen Rotationen um den Knotenpunkt ändert sich der Blickpunkt und damit der „optical array" des Betrachters nicht. Es verwundert daher nicht, daß Rotationsfelder keine Information über die dreidimensionale Struktur der Umwelt enthalten.

Um uns formal von dieser Feststellung zu überzeugen, berechnen wir die Projektion des Rotationsfeldes aus Gl. 10.11 nach Gl. 10.10.

Wir projizieren zunächst $\vec{\mathbf{w}}(\vec{\mathbf{p}})$ auf die Bildebene:

$$\vec{\mathbf{v}} = \frac{\omega}{p_3} \left(\begin{pmatrix} r_2 p_3 - r_3 p_2 \\ r_3 p_1 - r_1 p_3 \end{pmatrix} + (r_1 p_2 - r_2 p_1) \begin{pmatrix} x' \\ y' \end{pmatrix} \right). \tag{10.12}$$

Man überzeugt sich leicht davon, daß die Raumkoordinaten (p_1, p_2, p_3) hier nur in Form der Quotienten $x' = -p_1/p_3$ und $y' = -p_2/p_3$ eingehen. Alle Raumpunkte auf einem Strahl durch den Kameraknotenpunkt erzeugen also den gleichen Bewegungsvektor $\vec{\mathbf{v}}$ im Bild. Wir können daher vollständig zu den Bildkoordinaten $(x', y') = -(p_1/p_3, p_2/p_3)$ übergehen und erhalten:

$$\vec{\mathbf{v}}(x', y') = \omega \left(-r_1 \begin{pmatrix} x'y' \\ 1 + y'^2 \end{pmatrix} + r_2 \begin{pmatrix} 1 + x'^2 \\ x'y' \end{pmatrix} + r_3 \begin{pmatrix} y' \\ -x' \end{pmatrix} \right). \tag{10.13}$$

Spezialfälle:

a. Wir betrachten die Drehachse $\vec{\mathbf{r}} = (0, 0, 1)$, d.h. die optische Achse der Kamera, um die sich die Kamera mit der Winkelgeschwindigkeit $\omega = 1$ dreht (Rollbewegung). Durch Einsetzen in Gl. 10.13 erhält man:

$$\vec{\mathbf{v}}(x', y') = \begin{pmatrix} y' \\ -x' \end{pmatrix}. \tag{10.14}$$

b. Dreht sich der Beobachter um die y–Achse des Kamerasystems, so ist $\vec{\mathbf{r}} = (0, 1, 0)$. Mit $\omega = 1$ erhält man:

$$\vec{\mathbf{v}}(x', y') = \begin{pmatrix} 1 + x'^2 \\ x'y' \end{pmatrix}. \tag{10.15}$$

Bilder der beiden Felder zeigt die Abbildung 10.4.

Im Fall der Projektion auf eine Bildebene sind die Flußlinien Kegelschnitte, z.B. Kreise in Abb. 10.4a und Parabeln in Abb. 10.4b. Projiziert man dagegen auf eine Kugelfläche mit dem Knotenpunkt als Zentrum, so gehen die Flußlinien in ein System von Breitenkreisen über, wobei die Durchstoßpunkte der Drehachse durch die Kugel die Pole bilden (Abb. 10.4c). Dieses Muster ist für alle Drehachsen dasselbe, weshalb die Darstellung auf der Kugelfläche dem ebenen Bild oft vorzuziehen ist.

10.3.2 Translation

Flußlinien, Kontraktions– und Expansionspunkt

Wir betrachten den Fall einer reinen Translationsbewegung des Beobachters mit einem Translationsvektor $v\vec{\mathbf{u}}$, wobei v die Geschwindigkeit und der Einheitsvektor $\vec{\mathbf{u}}$ die Richtung angibt. Das dreidimensionale Geschwindigkeitsfeld ist dann konstant:

$$\vec{\mathbf{w}}(p_1, p_2, p_3) = -v\vec{\mathbf{u}} = -v(u_1, u_2, u_3)^\top. \tag{10.16}$$

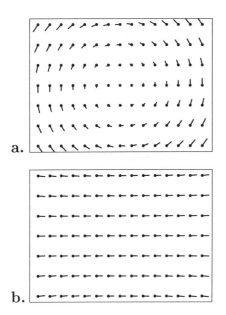

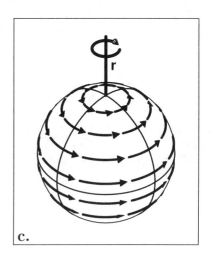

Abbildung 10.4: Projiziertes Bewegungsfeld bei Rotation um eine Achse $\vec{r}$ durch den Kameraknotenpunkt. **a.**, **b.** Projektion auf die Bildebene (Blickwinkel in x–Richtung ca. 40°, entsprechend einem Normalobjektiv in der Fotografie). **a.** Rotation um die optische Achse. **b.** Rotation um die Hochachse (y–Achse). Gezeigt sind sog. Nadel-plots, d.h. die Punkte sind die Angriffspunkte der Flußvektoren, nicht ihre Enden. **c.** Projektion auf eine Kugelfläche um den Betrachter. Die Flußlinien sind Breitenkreise zu den durch die Drehachse definierten Polen. Dreht man um eine andere Achse, so wird das ganze Muster auf diese neue Achse bezogen. Die Flußfelder in Abb. **a.** und **b.** entsprechen Ausschnitten dieses Flußfeldes im Bereich des Pols bzw. des Äquators.

Einsetzen in die Projektionsformel für Bewegungsvektoren (Gl. 10.10) liefert:

$$\vec{v}(x', y') = \frac{v}{p_3}\left(\begin{pmatrix} u_1 \\ u_2 \end{pmatrix} + u_3 \begin{pmatrix} x' \\ y' \end{pmatrix}\right). \tag{10.17}$$

Im Fall der Translationsbewegung hängt das Flußfeld von der Tiefe p_3 der abgebildeten Objekte ab; man kann daher umgekehrt die Translation dazu nutzen, Informationen über die räumliche Struktur der Umwelt zu ermitteln (Bewegungsparallaxe). Wir betrachten aber zunächst eine Eigenschaft von Translationsfeldern, die unabhängig von der räumlichen Anordnung in der Umgebung ist. Man kann nämlich leicht zeigen, daß es für $u_3 \neq 0$ stets einen Punkt in der Bildebene gibt, an dem das projizierte Vektorfeld verschwindet, $\vec{v}(x', y') = 0$:

$$\vec{v} = 0 \quad \Rightarrow \quad u_1 + u_3 x'_o = 0 \ , \ u_2 + u_3 y'_o = 0$$
$$\Rightarrow \quad \begin{pmatrix} x'_o \\ y'_o \end{pmatrix} = -\frac{1}{u_3}\begin{pmatrix} u_1 \\ u_3 \end{pmatrix} =: \vec{F}.$$

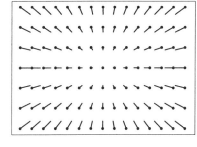

a.

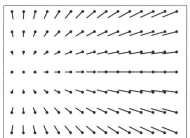

b.

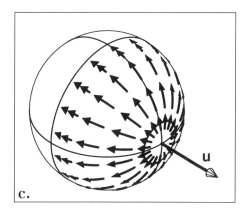

Abbildung 10.5: Projiziertes Bewegungsfeld bei Translation und *Focus of Expansion*. Gezeigt ist der Fall eines senkrechten Anflugs auf eine Wand. **a.,b.** Projektion auf eine hinter dem Knotenpunkt befindliche Ebene (Blickwinkel in x–Richtung ca. 40°, entsprechend einem Normalobjektiv in der Fotographie). **a.** Bewegung in Blickrichtung. Der Expansionspunkt liegt im Bildmittelpunkt. **b.** Bewegung nach rechts vorne; der Expansionspunkt liegt im linken Bildteil. **c.** Projektion auf eine Kugel. Die Flußlinien sind Teile von Großkreisen durch den Expansions– und Kontraktionspunkt.

Man bezeichnet $\vec{\mathbf{F}}$ als Expansionspunkt (*focus of expansion, f.o.e*) bzw., je nach Vorzeichen von u_3, als Kontraktionspunkt. Es ist der Fluchtpunkt, der zu der durch (u_1, u_2, u_3) festgelegten Raumrichtung gehört, d.h. der „Punkt" auf den man sich zubewegt. (Natürlich handelt es sich um einen Punkt auf der Bildebene, dem also, wie z.B. auch dem Horizont, kein Punkt in der Außenwelt entsprechen muß.) Da es sich um den Fluchtpunkt der konstanten Translationsrichtung $\vec{\mathbf{u}}$ handelt, erwartet man folgenden Zusammenhang:

Im Translationsfeld weisen alle $\vec{\mathbf{v}}$ – Vektoren vom Expansionspunkt weg (oder auf den Kontraktionspunkt hin), d.h. die Flußlinien sind Geraden durch den Expansionspunkt (Kontraktionspunkt).

Für den Beweis ist zu zeigen: Für alle $(p_1, p_2, p_3)^\top \in \mathbb{R}^3$ gibt es ein $\lambda \in \mathbb{R}$, so daß

$$\underbrace{\begin{pmatrix} x' \\ y' \end{pmatrix}}_{\text{Bildpunkt}} + \lambda \underbrace{\left(\frac{1}{p_3} \left(\begin{pmatrix} u_1 \\ u_2 \end{pmatrix} + u_3 \begin{pmatrix} x' \\ y' \end{pmatrix} \right) \right)}_{\vec{\mathbf{v}}} = \underbrace{-\frac{1}{u_3} \begin{pmatrix} u_1 \\ u_2 \end{pmatrix}}_{\text{f.o.e.}}.$$

Durch Umstellen ergibt sich die Forderung

$$\left(\frac{\lambda}{p_3} + \frac{1}{u_3} \right) \left[\left(\begin{array}{c} u_1 \\ u_2 \end{array} \right) + u_3 \left(\begin{array}{c} x' \\ y' \end{array} \right) \right] = 0,$$

die mit $\lambda = -p_3/u_3$ für $u_3 \neq 0$ immer zu erfüllen ist. Damit ist gezeigt, daß eine konsistente Lösung für beide Komponenten der Bestimmungsgleichung existiert, daß also alle Flußvektoren auf Geraden durch den Focus liegen. Die Länge der Flußvektoren hängt jedoch vom Abstand der abgebildeten Punkte ab.

Das Flußfeld auf der Kugelfläche zeigt Abb. 10.5c. Die Flußvektoren liegen hier auf Großkreisen („Meridiankreisen"), deren Schnittpunkt durch die Raumrichtung des Translationsvektors $\vec{u}$ gegeben sind.

Flußfeld einer Ebene unter Translationsbewegung

Während somit die Richtungen der Flußvektoren im Translationsfeld festliegen, hängt ihre Länge von der räumlichen Struktur der Umwelt, d.h. von den Abständen der abgebildeten Objekte, ab. Ist die sichtbare Umwelt etwa in Form einer Oberfläche gegeben, berechnet man $\vec{v}(x', y')$ in drei Schritten:

1. *Ray–Tracing:* Zu einem Bildpunkt (x', y') findet man den dort abgebildeten Raumpunkt $(p_1, p_2, p_3)^\top$ durch Schneiden des Sehstrahls $\lambda(x', y', -1)^\top$ mit der sichtbaren Oberfläche.

2. *Dreidimensionales Bewegungsfeld:* Zu $(p_1, p_2, p_3)^\top$ finde die dortige Relativgeschwindigkeit durch Auswerten von $\vec{w}$.

3. *Projektion:* Berechne $\vec{v}(x', y')$ als Projektion von $\vec{w}(\vec{p})$ nach Gl. 10.10.

Dieses Verfahren ist natürlich nicht auf Translationsbewegungen beschränkt. Wir betrachten hier aber lediglich ein Beispiel, nämlich Translationsbewegungen in einer ebenen Umwelt. Da das Rotationsfeld nicht von den Abständen der Objekte abhängt, kann man die Ergebnisse einfach dadurch auf allgemeine Bewegungen erweitern, indem man das jeweilige Rotationsfeld hinzuaddiert.

Wir erinnern zunächst an die Bezeichnungen aus Abschnitt 8.3.1, in dem bereits Ebenen im Raum und ihre Abbildungseigenschaften betrachtet wurden. Wie dort wird eine Ebene im Raum durch einen Normalenvektor $\vec{n}$ und ihren Abstand d zum Ursprung eindeutig bestimmt (Abb. 10.6). Alle Punkte $\vec{p}$ der Ebene erfüllen die Gleichung

$$\vec{p} \cdot \vec{n} = d \geq 0. \tag{10.18}$$

Sei nun $\vec{x'} := (x', y', -1)^\top$ ein Punkt auf der Bildebene in Weltkoordinaten. Alle Objektpunkte, die dorthin abgebildet werden, liegen auf der Halbgeraden

$$\vec{p} = \lambda \vec{x'} \text{ mit } \lambda < 0. \tag{10.19}$$

Wir konstruieren das Flußfeld nun in den o.a. Schritten:

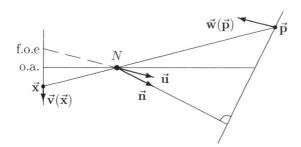

Abbildung 10.6: Geometrie des „Anflugs" auf eine Ebene. $\vec{\mathbf{n}}$: Ebenennormale; der Abstand der Ebene vom Kameraknotenpunkt N ist d. $\vec{\mathbf{u}}$: Translationsvektor der Eigenbewegung. Der zugehörige Fluchtpunkt ist der Expansionspunkt (f.o.e.). Ein Raumpunkt $\vec{\mathbf{p}}$ bewegt sich relativ zum Knotenpunkt mit $\vec{\mathbf{w}}(\vec{\mathbf{p}}) = -\vec{\mathbf{u}}$. Sein Bild $\vec{\mathbf{x}}$ bewegt sich in der Bildebene mit der Geschwindigkeit $\vec{\mathbf{v}}(\vec{\mathbf{x}})$.

1. *Ray–tracing:* Schneide die Ebene mit dem Sehstrahl durch $\vec{\mathbf{x}}$:

$$\lambda(\vec{\mathbf{x}'} \cdot \vec{\mathbf{n}}) = d \;\Rightarrow\; \lambda = \frac{d}{(\vec{\mathbf{x}'} \cdot \vec{\mathbf{n}})} = \frac{d}{x' n_1 + y' n_2 - n_3}. \tag{10.20}$$

Dies geht natürlich nur, falls $\vec{\mathbf{x}'}$ nicht senkrecht zu $\vec{\mathbf{n}}$ steht. Andernfalls ist der Sehstrahl parallel zur Ebene und schneidet sie entweder überhaupt nicht ($d \neq 0$), oder liegt ganz in ihr ($d = 0$). Ansonsten ist

$$\vec{\mathbf{p}} := \frac{d}{(\vec{\mathbf{x}'} \cdot \vec{\mathbf{n}})} \cdot \vec{\mathbf{x}'}. \tag{10.21}$$

der Schnittpunkt des Sehstrahls mit der sichtbaren Oberfläche.

2. *Bewegung des Raumpunktes $\vec{\mathbf{p}}$:* Wir betrachten eine reine Translationsbewegung mit $v\vec{\mathbf{u}} = v(u_1, u_2, u_3)^\top$. Dann ist $\vec{\mathbf{w}}(\vec{\mathbf{p}})$ konstant, d.h.: $\vec{\mathbf{w}}(\vec{\mathbf{p}}) = -v\vec{\mathbf{u}}$ für alle $\vec{\mathbf{p}}$.

3. *Projektion:* Durch Anwendung von Gl. 10.10 erhält man insgesamt die Beziehung:

$$\vec{\mathbf{v}}(x', y') = -\frac{v(\vec{\mathbf{x}'} \cdot \vec{\mathbf{n}})}{d} \left(\begin{pmatrix} u_1 \\ u_2 \end{pmatrix} + u_3 \begin{pmatrix} x' \\ y' \end{pmatrix} \right). \tag{10.22}$$

Spezialfälle:

1. $v\vec{\mathbf{u}} = (0, 0, 1); \vec{\mathbf{n}} = (0, -1, 0)$: Geradeausfahren auf einer horizontalen Ebene. Blickrichtung und Bewegungsrichtung stimmen überein.

$$\vec{\mathbf{v}}(x', y') = \frac{y'}{d} \begin{pmatrix} x' \\ y' \end{pmatrix}. \tag{10.23}$$

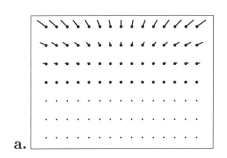

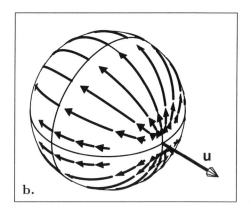

Abbildung 10.7: Optischer Fluß bei Translation auf horizontaler Ebene. **a.** Projektion auf die Bildebene. Die Länge der y'–Komponenten der Flußvektoren hängt von x' nicht ab (vgl. Gl. 10.23). Die kleinen Punkte im unteren Bildteil entsprechen Stellen, an denen die Ebene nicht abgebildet wird. **b.** Projektion auf die Kugelfläche. Zur besseren Sichtbarkeit ist der Fluß bei Translation zwischen zwei Ebenen gezeigt.

Für $y' < 0$ wird hierbei $\vec{\mathbf{x}}' \cdot \vec{\mathbf{n}}$ negativ, was formal der Abbildung eines hinter der Bildebene liegenden Punktes entspricht. Tatsächlich ist die Gerade $y' = 0$ der Horizont der Ebene und in dem (auf dem Kopf stehenden) Bild wird nur in dem darüber liegenden Teil die Ebene wirklich abgebildet. Abb. 10.7a zeigt daher nur diesen sinnvollen Teil des Vektorfeldes aus Gl. 10.23. Die Kugelprojektion in Abb. 10.7b zeigt den Fluß bei einer Fahrt zwischen zwei parallelen Ebenen, so daß das vollständige Feld sichtbar wird.

2. $v\vec{\mathbf{u}} = (0,0,1), \vec{\mathbf{n}} = (0,0,1)$: Frontale Bewegung auf eine Wand zu.

$$\vec{\mathbf{v}}(x',y') = \frac{1}{d} \left(\begin{array}{c} x' \\ y' \end{array} \right). \tag{10.24}$$

Diesmal entstehen im gesamten Gesichtsfeld Flußvektoren (radiales Feld). Eine Darstellung dieses Feldes ist bereits in Abb. 10.5a,b gezeigt worden. In diesem Fall hängt der Abstand der Ebene, d von der Zeit ab. Das Flußfeld ist daher nicht stationär; der Flußvektor, der zu einer Zeit t_o an einem gegebenen Bildpunkt entsteht, ist von dem zu einem anderen Zeitpunkt sichtbaren verschieden. Diese Verschiedenheit bezieht sich hier nur auf die Länge der Vektoren, nicht auf ihre Richtung.

10.3.3 Kurvenfahrt in der Ebene

Mischungen von Translationen und Rotationen treten z.B. bei Kurvenfahrten auf. Wir betrachten den Fall einer kreisförmigen Bewegung des Beobachters und benutzen dabei das Kamerakoordinatensystem zum Zeitpunkt $t = 0$ als Weltkoordinatensystem.

Der Kameraknotenpunkt bewege sich also auf einer Bahnkurve $\vec{\mathbf{k}}(t)$:

$$\vec{\mathbf{k}}(t) = R \begin{pmatrix} 1 - \cos 2\pi\omega t \\ 0 \\ \sin 2\pi\omega t \end{pmatrix}. \qquad (10.25)$$

Dabei ist R der Radius der Kreisbahn. Wir nehmen an, daß die Kamera starr mit dem bewegten Fahrzeug verbunden ist, so daß die Blickrichtung stets die momentane Translationsrichtung ist. Zum Zeitpunkt $t = 0$ ist das einfach die $\vec{z}$–Achse des Systems, $\vec{\mathbf{u}} = (0,0,1)^\top$, wobei die Translationsgeschwindigkeit $v = 2\pi\omega R$ beträgt. Die momentane Rotationsachse ist die Hochachse des Systems, $\vec{r} = (0,1,0)^\top$ und die Winkelgeschwindigkeit ist ω.

Diese Kurvenfahrt soll nun in einer Ebene ausgeführt werden, wobei der Abstand zwischen dem Kameraknotenpunkt und der Ebene konstant d beträgt; das Translationsfeld hat somit die Form der Gl. 10.23. Das Rotationsfeld ist in Gl. 10.15 ebenfalls schon berechnet worden. Durch Überlagerung erhält man:

$$\vec{\mathbf{v}}(x', y') = v\frac{y'}{d} \begin{pmatrix} x' \\ y' \end{pmatrix} + \omega \begin{pmatrix} 1 + x'^2 \\ x'y' \end{pmatrix}. \qquad (10.26)$$

Man überzeugt sich leicht davon, daß das Vektorfeld einer Kurvenfahrt in der Ebene keine Nullstelle hat. Dies gilt jedoch nur bei Projektion auf eine Bildebene senkrecht zur Bewegungsrichtung. Auf dieser Bildebene kann der Mittelpunkt der Kreisbahn, dessen Bild sich natürlich in Ruhe befindet, nicht abgebildet werden. Die vollständige Situation zeigt Abb. 10.8 anhand einer Projektion auf die Kugelfläche. Zur besseren Veranschaulichung ist hier nicht die Fahrt auf nur einer Ebene gezeigt, sondern zwischen zwei parallelen, äquidistanten Ebenen.

Bei Kurvenfahrten vor senkrechten Wänden treten auch Expansionspunkte auf, die im Vergleich zu dem in Abb. 10.5 gezeigten seitlich verschoben sind.

Bewegung entlang allgemeiner Bahnkurven

Wir stellen hier zur Behandlung allgemeiner Bahnkurven kurz einige Ergebnisse der Differentialgeometrie von Kurven zusammen. Dieser Abschnitt kann beim ersten Lesen ohne Schaden übersprungen werden.

Wir nehmen an, daß der Beobachter eine Bahnkurve $\vec{\mathbf{k}}(t)$ durchläuft. Dabei soll er immer in Bewegungsrichtung blicken und keine unnötigen Rollbewegungen um diese Blick– und Bewegungsachse vollführen. Anders gesagt, ist die Kamera starr mit dem Beobachter verbunden und die Bewegung hat wie die Bewegung eines Massepunktes nur noch drei Freiheitsgrade. In diesem Fall ist das Kamera–Koordinatensystem zum Zeitpunkt t durch das sog. „begleitende" oder „FRENETsche Dreibein" der Bahnkurve gegeben, das aus der Tangentenrichtung der Kurve, der Krümmungsrichtung, und der Normalen der von den beiden ersten Vektoren aufgespannten sog. Schmiegebene besteht (vgl. do Carmo 1983, Bronstein & Semendjajew 1996).

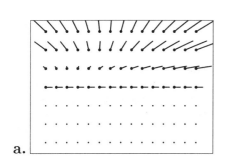

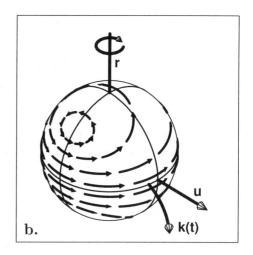

Abbildung 10.8: Flußfeld bei der Kurvenfahrt in der Ebene. **a.** Projektion auf die Bildebene. **b.** Projektion auf die Kugel. Zur besseren Sichtbarkeit ist in **b** wieder der Fall einer Bewegung zwischen zwei parallelen Ebenen gezeigt.

Man bestimmt dieses Koordinatensystem, indem man zunächst die Bahnkurve mit der Weglänge

$$s = \int_{t_o}^{t} \left\| \frac{d}{dt'}\vec{\mathbf{k}}(t') \right\| dt' \tag{10.27}$$

parametrisiert. Die Kurve $\vec{\mathbf{k}}(s)$ ist dann „regulär", d.h. sie hat die Eigenschaft

$$\|\frac{d}{ds}\vec{\mathbf{k}}(s)\| \equiv 1.$$

Die Parametrisierung mit der Weglänge kann entfallen, wenn die Bahnkurve mit der konstanten Geschwindigkeit 1 durchlaufen wird, da die Kurve dann bereits regulär ist.

Als ersten Vektor unseres lokalen Koordinatensystems haben wir somit $\vec{\mathbf{t}} = \vec{\mathbf{k}}_s(s)$, wobei der Index die Ableitung nach der Weglänge s bedeutet. $\vec{\mathbf{t}}$ ist der normierte Tangentenvektor der Bahnkurve, d.h. die momentane Translationsrichtung und entspricht dem $\vec{\mathbf{z}}$–Vektor des Kamerakoordinatensystems. Den zweiten Vektor des lokalen Koordinatensystem erhalten wir, indem wir die Gleichung $\vec{\mathbf{t}}^2(s) = 1$, die wegen der Parametrisierung mit der Weglänge stets erfüllt ist, nach s ableiten. Nach der Kettenregel folgt:

$$\vec{\mathbf{t}}\vec{\mathbf{t}}_s = \vec{\mathbf{k}}_s\vec{\mathbf{k}}_{ss} = 0,$$

d.h., die zweite Ableitung von $\vec{\mathbf{k}}$ steht auf der ersten senkrecht. Wir bezeichnen die normierte zweite Ableitung des Bahnvektors mit $\vec{\mathbf{n}}$. Sie markiert bis auf ein Vorzeichen die $\vec{\mathbf{x}}$–Achse des Kamerakoordinatensystems. Die von $\vec{\mathbf{t}}$ und $\vec{\mathbf{n}}$ aufgespannte Ebene heißt „Schmiegebene" der Bahnkurve; ist die Bahnkurve eben, so liegt die Kurve

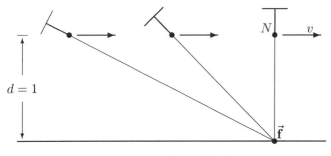

Abbildung 10.9: Eigenbewegung parallel zu einer Ebene mit gleichzeitiger Fixation eines Punktes $\vec{\mathbf{f}}$ in der Ebene. („Langsame Nystagmusphase")

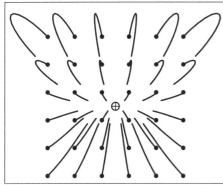

Abbildung 10.10: Nicht–stationärer optischer Fluß $\vec{\mathbf{v}}$ für die langsame Nystagmusphase (Gl. 10.30). Gezeigt sind die Bahnkurven einiger Punkte der fixierten Ebene auf der Bildebene für den Zeitraum $t < 0$ (d.h. während der Annäherung an F). Setzt man die Trajektorien für $t > 0$ fort, so erhält man ein an der horizontalen Achse gespiegeltes Bild. Das Symbol $\oplus$ markiert den Fixierpunkt.

ganz in dieser Ebene. Die Norm der zweiten Ableitung ist die lokale Krümmung der Bahnkurve, d.h. der Kehrwert des Radius R eines die Kurve hier berührenden Kreises.

Den dritten Vektor des begleitenden Koordinatensystems erhalten wir schließlich als Kreuzprodukt von $\vec{\mathbf{t}}$ und $\vec{\mathbf{n}}$. Er ist einfach dadurch definiert, daß er auf den beiden anderen Vektoren senkrecht steht und wird daher als „Binormalenvektor" $\vec{\mathbf{b}} = \vec{\mathbf{t}} \times \vec{\mathbf{n}}$ bezeichnet. Die Ableitung des Binormalenvektors ist parallel zu $\vec{\mathbf{n}}$; durch die Gleichung $\vec{\mathbf{b}}_s = -w\vec{\mathbf{n}}$ wird nach Betrag und Vorzeichen die sog. Windung (Torsion) w der Kurve definiert, die angibt, wie schnell und mit welchem Drehsinn sich die Kurve aus der Schmiegebene herausdreht. Für ebene Kurven gilt $w \equiv 0$.

Das so definierte Koordinatensystem ist, entgegen unserer bisherigen Konvention, rechtsdrehend, doch hat das für die weitere Diskussion keine Bedeutung.

Die mit der Bewegung verbundene Koordinatentransformation im Sinne von Gl. 10.1 erhält man, indem man die Basisvektoren als Spalten der Transformationsmatrix B benutzt, $\mathsf{B}(t) := [\vec{\mathbf{t}}(t), \vec{\mathbf{n}}(t), \vec{\mathbf{b}}(t)]$. Um die momentane Drehachse zu bestimmen, betrachten wir

$$\mathsf{B}^{-1}(0)\mathsf{B}'(s)\big|_{s=0} = \begin{pmatrix} 0 & -1/R & 0 \\ 1/R & 0 & -w \\ 0 & w & 0 \end{pmatrix}. \tag{10.28}$$

Der momentane optische Fluß wird also durch die Translation $v\vec{\mathbf{u}} = \vec{\mathbf{t}}$ und die Drehachse $\omega\vec{\mathbf{r}} = \vec{\mathbf{n}}/R + w\vec{\mathbf{u}}$ beschrieben.

10.3.4   Fixation bei Eigenbewegung

Ein Beobachter bewege sich mit Geschwindigkeit v im konstanten Abstand $d > 0$ über eine Grundebene mit Normalenvektor $\vec{\mathbf{n}} = (0, 1, 0)^\top$ hinweg. In der Ebene gebe es einen Fixierpunkt $\vec{\mathbf{f}}$, auf den die optische Achse während der ganzen Zeit ausgerichtet bleibt (Abb. 10.9). Der Einfachheit halber befinde sich der Beobachter zur Zeit $t = 0$ senkrecht über $\vec{\mathbf{f}}$. Der Ursprung des Weltkoordinatensystems sei in $\vec{\mathbf{f}}$, seine $\mathbf{z}$–Achse sei die Bewegungsrichtung des Beobachters und seine $\mathbf{y}$–Achse die Ebenennormale. Bezeichnet man mit $\mathbf{a}, \mathbf{b}, \mathbf{c}$ die Achsen des zeitvarianten Kamerakoordinatensystems, so hat man:

$$N = (0, d, vt)^\top; \qquad \vec{\mathbf{a}} = \begin{pmatrix} 1 \\ 0 \\ 0 \end{pmatrix} \tag{10.29}$$

$$\vec{\mathbf{b}} = \frac{1}{\sqrt{d^2 + (vt)^2}} \begin{pmatrix} 0 \\ vt \\ -d \end{pmatrix}; \qquad \vec{\mathbf{c}} = \frac{1}{\sqrt{d^2 + (vt)^2}} \begin{pmatrix} 0 \\ -d \\ -vt \end{pmatrix}.$$

Ist nun $(p, 0, q)^\top$ ein Punkt auf der Ebene, so beschreibt sein Bild $(p', q')^\top$ eine Kurve auf der Bildebene, die durch punktweise Anwendung der Projektionsformel für beliebige Kamerakoordinatensysteme (Gl. 2.18) berechnet werden kann. Man erhält:

$$\begin{pmatrix} p'(t) \\ q'(t) \end{pmatrix} = \frac{h}{d^2 + (vt)^2 - qvt} \begin{pmatrix} p\sqrt{d^2 + (vt)^2} \\ -qd \end{pmatrix}. \tag{10.30}$$

Abb. 10.10 zeigt die projizierte Bahnkurven für diesen Fall. Anders als die durch gleichförmige Translations– oder Rotationsbewegungen des Beobachters hervorgerufenen Felder ändert sich dieses Feld während des Anflugs, d.h. es handelt sich um ein nicht–stationäres Feld. In Abb. 10.10 werden z.B. an Punkten in der Bildebene, wo sich die Trajektorien schneiden, zu verschiedenen Zeiten unterschiedliche Bewegungsrichtungen auftreten. Der hier beschriebene Bewegungstyp, also das Fixieren eines Punktes, ist das häufigste Augenbewegungsmuster bei Eigenbewegungung. Ein bekannter Spezialfall ist die langsame Phase der nystagmischen Augenbewegung, also der abwechselnden Folge von Fixationen und Blicksprüngen, wie sie beim Blick aus dem Fenster eines Zuges zu beobachten ist.

10.3.5   Zusammenfassung

Am Ende dieses Abschnitts stellen wir die wichtigsten Ergebnisse über die Eigenschaften von Flußfeldern noch einmal zusammen.

Gleichung des Vektorfeldes. Jede Bewegung kann in eine Translation und eine Rotation zerlegt werden. Durch Einsetzen von Gl. 10.6 in Gl. 10.10 erhält man die allgemeine Gleichung für den optischen Fluß bei Eigenbewegung:

$$\vec{v}(x', y') = \frac{v}{z} \left(\left(\begin{array}{c} u_1 \\ u_2 \end{array} \right) + u_3 \left(\begin{array}{c} x' \\ y' \end{array} \right) \right) + \tag{10.31}$$
$$\omega \left(-r_1 \left(\begin{array}{c} x'y' \\ 1 + y'^2 \end{array} \right) + r_2 \left(\begin{array}{c} 1 + x'^2 \\ x'y' \end{array} \right) + r_3 \left(\begin{array}{c} y' \\ -x' \end{array} \right) \right).$$

Dabei ist $(u_1, u_2, u_3)^\top$ der Translationsanteil, $(r_1, r_2, r_3)^\top$ die momentane Drehachse und ω die Winkelgeschwindigkeit der Drehung um diese Achse. Wegen der Linearität der Projektionsformel 10.10 in $\vec{w}$ ergibt sich Gleichung 10.31 einfach als Summe der Gln. 10.17 und 10.13; Rotations– und Translationsanteil überlagern sich also additiv.

Abhängigkeit von der räumlichen Struktur der Umgebung. Reine Rotationsfelder, wie sie bei Drehungen um Achsen durch den Kameraknotenpunkt entstehen, hängen nicht von den Abständen der jeweils abgebildeten Objekte ab. Sie enthalten somit keine Information über die räumliche Struktur der Umgebung.

Singularitäten. Projiziert man den von Eigenbewegungen in einer Umwelt ohne Tiefensprünge und geknickte Flächen (differenzierbare Oberflächen) erzeugten optischen Fluß auf eine Kugel um den Kameraknotenpunkt, so enthält er stets mindestens zwei singuläre Punkte, an denen der Flußvektor verschwindet (Satz von POINCARÉ; vgl. do Carmo 1983). Die gezeigten Beispiele sind Wirbel oder Rotationspole (Abb. 10.4, 10.8) und als Nabel Kontraktions– und Expansionspunkt (Abb. 10.5, 10.7 und 10.9). Besteht die Umwelt aus mehreren, nicht glatt ineinander übergehenden Flächen, so ist der POINCARÉsche Satz nicht mehr anwendbar. Insbesondere gehört zu jedem Objekt, das sich auf den Betrachter zu bewegt, ein eigener Expansionspunkt.

Stationarität. Stationäre Flüsse sind solche mit zeitlich konstantem Flußfeld; es gilt die BEdingung $\vec{v}(x', y', t_1) = \vec{v}(x', y', t_2)$ für alle x', y', t_1, t_2. Beispiele, für die das streng erfüllt ist, sind die Rotation mit konstanter Geschwindigkeit und Achse sowie die Translation und kreisförmige Kurvenfahrt auf der Ebene. Im Fall der Translation auf eine Wand zu sind zwar die Flußlinien und damit die Richtungen der Flußvektoren konstant, nicht aber die Längen der Flußvektoren. Im Beispiel der Translation bei gleichzeitiger Fixierung eines Punktes schließlich ist die Stationarität vollständig verloren, an einem gegebenen Bildort treten zu verschiedenen Zeiten unterschiedliche Flußvektoren auf.

Grenzen der Flußanalogie. Die Analogie des optischen Flusses mit der Hydrodynamik ist in vielen Fällen sehr nützlich und soll auch im weiteren noch genutzt werden. Trotzdem sei hier auf zwei wesentliche Limitierungen hingewiesen: Zum einen entspricht die HORNsche Gleichung 9.13 nicht wirklich der Kontinuitätsgleichung der Hydrodynamik. So ändert sich bei der Bewegung eines Objektpunktes in der Regel seine Orientierung relativ zum Betrachter, und damit je nach Beleuchtung und Reflektion auch der Grauwert seines Bildes. Damit geht aber die Nicht–Komprimierbarkeit verloren, eine wichtige Eigenschaft von echten Flüssen. Zum zweiten ist der optische Fluß in aller Regel nicht im ganzen Bild differenzierbar oder auch nur stetig. An Tiefenkanten zwischen Objekten treten vielmehr Sprünge auf, so daß die Theorie differenzierbarer Vektorfelder global nicht mehr sinnvoll angewendet werden kann.

10.4   Schätzaufgaben

Von den eingangs erwähnten Informationen, die man ggf. aus dem optischen Fluß ermitteln will, betrachten wir hier nur drei Beispiele, nämlich die Rekontruktion der Eigenbewegung sowie als Kombinationen von Eigenbewegung und räumlicher Struktur der Umwelt die verbleibende Zeit bis zum Aufprall auf ein Ziel (*time–to–contact*) und einfache Hindernisvermeidung.

10.4.1   Rekonstruktion der Eigenbewegung

Direktes Verfahren

Wie in Abs. 10.2.2 dargestellt, ist die Eigenbewegung eines Beobachters im allgemeinen durch sechs Unbekannte gegeben, drei Freiheitsgrade der Translation und drei Freiheitsgrade der Rotation. Hat man nun einen optischen Fluß gemessen, so steht als Bestimmungsgleichung Gl. 10.31 zur Verfügung, die jedoch neben den sechs Unbekannten auch noch für jeden Flußvektor den Tiefenwert z des Angriffspunktes dieses Vektors enthält.

Hat man also n Vektoren des optischen Flusses, $\vec{v}(x_i', y_i'), i = 1, ..., n$ bestimmt, so hat man aus den beiden Vektorkomponenten von Gl. 10.31 $2n$ Bestimmungsgleichungen für die $6+n$ Unbekannten $vu_1, vu_2, vu_3, \omega r_1, \omega r_2, \omega r_3, z_1, ..., z_n$. Eine Lösung sollte somit möglich sein, wenn mindestens sechs Flußvektoren bestimmt worden sind. Wie eingangs schon erwähnt wurde, muß dabei ein Skalierungsfaktor unbestimmt bleiben, da sich das Flußfeld nicht ändert, wenn man mit p–facher Geschwindigkeit durch eine um den gleichen Faktor p vergrößerte Welt fliegt.

Das zu lösende Gleichungssystem ist nichtlinear und erlaubt keine geschlossene Lösung, doch lassen sich die Standardverfahren der numerischen Mathematik zur Anwendung bringen. Eine Übersicht geben Zhuang & Haralick (1993).

Tiefenvariation

Hat man statt weniger Flußvektoren an isolierten Punkten ein mehr oder weniger dichtes Flußfeld zur Verfügung, so kann man für die Rekonstruktion von Translation und Rotation die Tatsache ausnutzen, daß nur das Translationsfeld von den Abständen z_i der bewegten Bildelemente abhängt, das Rotationsfeld aber nicht. Betrachtet man nun den Fluß an zwei eng benachbarten Stellen im Bild, so kann man davon ausgehen, daß die Differenz der beiden Flußvektoren im wesentlichen auf die Tiefendifferenz der erzeugenden Objektpunkte zurückgeht. Da die Rotationsanteile nicht von der Tiefe abhängen, weist der Differenzvektor in Richtung auf den Expansionspunkt (oder, je nach Vorzeichen der Tiefendifferenz, den Kontraktionspunkt) des Translationsanteils. Aus vielen solchen Differenzvektoren kann man somit den Expansionspunkt bestimmen, indem man Geraden durch diese Vektoren zum Schnitt bringt. Als Verfahren zur Bestimmung des Schnittpunkts von Geradensegmenten bietet sich dabei z.B. die in Kapitel 8 (Abb. 8.3) eingeführte HOUGH–Transformation an. Stellen großer Tiefenvariation kann man z.B. als Diskontinuitäten im optischen Fluß selbst oder durch

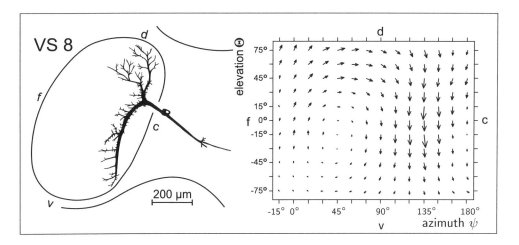

Abbildung 10.11: Verteilung der Bewegungsspezifitäten eines visuellen Neurons („VS8") der Fliege *Calliphora* im Gesichtsfeld. Das rezeptive Feld des Neurons umfaßt fast das ganze visuelle Feld. Die Vorausrichtung ist durch Azimuth $\psi = 0°$ und Elevation $\theta = 0°$ charakterisiert. Wenn die Fliege eine Rotation um eine Achse mit $\psi = 45°$ und $\theta = -15°$ ausführt, wird die Zelle überall im Gesichtsfeld mit ihrer jeweiligen Vorzugsrichtung gereizt. Diese Drehung führt daher zur maximalen Reaktion der Zelle. Die Einschaltfigur links zeigt die Lage des Neurons in der Lobula–Platte im Gehirn der Fliege. f: frontal; c: caudal; v: ventral; d: dorsal. (Aus Krapp & Hengstenberg, 1996; mit Genehmigung von *Nature*, ©1996 Macmillan Magazines Ltd.)

andere Verfahren (z.B. Stereopsis) ausfindig machen.

Im Wahrnehmungsexperiment mit Versuchspersonen zeigt sich, daß die Eigenbewegung in Feldern mit Tiefenvariation besser eingeschätzt werden kann, als in Feldern ohne solche Variationen (Hildreth 1992, Crowell & Banks 1996). Die genannten Arbeiten geben gleichzeitig einen Überblick über die Verfahren zur Ausnutzung der Tiefenvariation für die Eigenbewegungsschätzung.

Matched Filter

Während die Lösung der Bestimmungsgleichungen für die Eigenbewegung schwierig ist, kann man erwartete Flußfelder für beliebige Bewegungstypen nach Gl. 10.31 leicht angeben. Dies gilt insbesondere dann, wenn man verläßliche Annahmen über die Umgebung machen kann. Wolken am Himmel beispielsweise erzeugen einen optischen Fluß, in dem die Translationskomponente in guter Näherung vernachlässigt werden kann, da der Abstand und damit der Nenner der Flußgleichung sehr groß ist. Fliegt man in ausreichender Höhe über einem Terrain, so gilt dasselbe auch für den Untergrund.

In dieser Situation kann man die Eigenbewegung dadurch bestimmen, daß man eine Reihe erwarteter Flußfelder für bestimmte Bewegungsweisen ausrechnet und dann

nur noch abprüft, welches von ihnen am besten mit dem aktuell gemessenen Flußfeld übereinstimmt. Die Logik dieses Vorgehens entspricht der in Kapitel 8 schon
kurz erwähnten BAYESschen Schätztheorie: Die Rekonstruktion der Eigenbewegung
erfolgt nicht durch inverse Optik (wie im Fall der direkten Lösung, d.h. Inversion
der Flußgleichungen), sondern durch Abgleich mit einer erwarteten Nachbildung des
Reizmusters (vgl. Berger 1985).

In neurophysiologischen Experimenten mit Fliegen wurde eine Gruppe von visuellen Neuronen identifiziert, die spezifisch auf verschiedene optische Flußmuster reagieren (Krapp & Hengstenberg 1996). Abb. 10.11 zeigt die Verteilung der Bewegungs-
spezifität einer solchen Zelle über das Gesichtsfeld. Man erkennt deutlich die Struktur
eines Rotationsfeldes, d.h. diese Zelle wird dann maximal reagieren, wenn die Fliege
eine Rotation um eine bestimmte Achse ausführt. Die Zellen sind also gewissermaßen
Detektoren (*matched filter*; vgl. Horridge 1992) für bestimmte Flußmuster. Insgesamt
findet man zehn solcher Zellen für Rotationen um verschiedene Achsen sowie drei
auf Translationen spezialisierte Zellen. Beachtet man die relativen Erregungsstärken
der einzelnen Neurone, so kann man auch Eigenbewegungen messen, die nicht direkt
durch eine der Zellen repräsentiert sind (Populationskodierung).

Ähnliche rezeptive Felder, die auf bestimmte Flußmuster spezialisiert sind, sind
auch im Temporallappen der Großhirnrinde von Primaten gefunden worden. Diese
Felder sind jedoch wesentlich kleiner und scheinen eher Teilaspekte der Flußmuster
zu analysieren. Eine Übersicht geben Lappe et al. (1996).

10.4.2 Expansionsrate und „Time–to–Contact"

Wie bereits erläutert, kann man aus dem optischen Fluß die Eigengeschwindigkeit
und den Abstand der Objekte in der Umgebung jeweils nur bis auf einen Faktor
bestimmen. Betrachtet man aber das Verhältnis von Abstand und Geschwindigkeit,
d.h. die Zeit bis zum Aufprall auf einem abgebildeten Objekt, so kürzt sich dieser
Faktor heraus. Die Frage ist nun, ob diese *„Time–to–Contact"* aus dem Flußmuster
bestimmt werden kann. Wir bezeichnen sie mit τ_C.

Zunächst ist klar, daß bei einer reinen Translationsbewegung der Aufprall an dem
Punkt erfolgen wird, der im Expansionspunkt auf der Bildebene abgebildet wird. Das
Bild eines Gebietes um diesen Punkt wird sich dabei beständig vergrößern und zwar
umso schneller, je kürzer die verbleibende Zeit bis zum Aufprall ist. Im Grenzfall,
wenn der Knotenpunkt die abgebildete Fläche erreicht, wird das Bild dieses Gebietes
unendlich groß.

Beispiel: Wir betrachten zunächst einen Spezialfall, in dem die Bewegung in z–
Richtung des Kamerakoordinatensystems erfolgt. Vor dem Betrachter befinde sich im
Abstand d eine Ebene mit der Normalen $(0, 0, 1)^\top$, d.h. eine senkrechte Wand. Die
Aufprallzeit zum Zeitpunkt $t = 0$ beträgt in diesem Fall $\tau_C = d/v$. In Übereinstim-
mung mit Gl. 8.11 überlegt man sich leicht, daß die lokale Bildvergrößerung im Bereich
des Expansionspunktes $M = 1/d^2$ beträgt. Durch die Bewegung mit $v\vec{u} = (0, 0, v)^\top$

wird einerseits $\tau_C = (d - vt)/v$ und andererseits

$$M(t) = \frac{1}{(d - vt)^2}. \tag{10.32}$$

Die Änderung der Vergrößerung mit der Zeit ergibt sich zu:

$$\dot{M}(t) = \frac{2v}{(d - vt)^3}. \tag{10.33}$$

Als Expansionsrate bezeichnet man schließlich die relative Veränderung der Vergrößerung, bezogen auf die aktuelle Vergrößerung:

$$\left.\frac{\dot{M}(t)}{M(t)}\right|_{t=0} = \frac{2v}{d} = \frac{2}{\tau_C}. \tag{10.34}$$

Damit ist für dieses Beispiel gezeigt, daß die Zeit bis zum Aufprall aus der momentanen Expansionsrate am voraussichtlichen Aufprallpunkt abgelesen werden kann.

Im allgemeinen Fall zeigt man das gleiche Ergebnis mit Hilfe der sog. Divergenz des Vektorfeldes $\vec{v}$,

$$\text{div } \vec{v}(x', y') := \frac{\partial v_1}{\partial x'} + \frac{\partial v_2}{\partial y'}.$$

Nach dem Satz von LIOUVILLE (vgl. etwa Arrowsmith & Place, 1990) ist die Divergenz gleich der Expansionsrate $\dot{M}/M$. In der Hydrodynamik bezeichnet man die Divergenz auch als „Quelldichte", weil sie bei einem Strömungsfeld angibt, wieviel Flüssigkeit an jedem Punkt eines Quellgebietes austritt. Wir zeigen im folgenden den Zusammenhang zwischen Divergenz und Aufprallzeit rein formal.

Gl. 10.22 beschreibt den optischen Fluß beim Anflug auf eine Ebene. Im allgemeinen Fall ist $\tau_C = d/(v\vec{u} \cdot \vec{n})$. Dabei ist $(\vec{u} \cdot \vec{n})$ die Bewegungskomponente in Richtung des Normalenvektors der Ebene, $\vec{n}$, und d der Abstand in dieser Richtung. Wir berechnen nun die Divergenz des angeflogenen Musters durch Ableiten von Gl. 10.22 und erhalten:

$$\begin{aligned}
\text{div } \vec{v}(x', y') &= -\frac{v}{d}[n_1 u_1 + n_2 u_2 - 2n_3 u_3 + 3n_1 u_3 x' + 3n_2 u_3 y'] \\
&= -\frac{v}{d}(\vec{n} \cdot \vec{u}) + 3u_3(\vec{n} \cdot \vec{x}'),
\end{aligned} \tag{10.35}$$

wobei $\vec{x}' = (x', y', -1)^\top$ den Bildpunkt in Kamerakoordinaten bezeichnet. Wir betrachten nun die Divergenz am Bild des voraussichtlichen Landepunktes, d.h. am Expansionspunkt $(x', y') = -1/u_3(u_1, u_2)$. Durch Einsetzen folgt:

$$\text{div } \vec{v}(-\frac{u_1}{u_3}, -\frac{u_2}{u_3}) = \frac{2v}{d}(u_1 n_1 + u_2 n_2 + u_3 n_3) = \frac{2}{\tau_C}. \tag{10.36}$$

Die Divergenz des projizierten Vektorfeldes $\vec{v}$ im Expansionspunkt ist also ein absolutes Maß für die Zeit bis zum Auftreffen auf der Oberfläche.

In der Literatur wird die Expansionsrate häufig als *looming* bezeichnet. Es liegt nahe, „*Looming*–Detektoren" zu konstruieren, die die skalare Größe Divergenz ohne den Umweg über ein ohnehin unterbestimmtes zweidimensionales Bewegungsvektorfeld bestimmen. Leider funktioniert dieses Verfahren nur, wenn der Expansionspunkt bekannt ist. Er kann im allgemeinen nicht aus der Verteilung der Divergenz bestimmt werden, da diese z.B. im Fall einer ebenen Umwelt bis auf eine additive Konstante linear von den Bildkoordinaten (x', y') abhängt und somit am Expansionspunkt nicht etwa maximal ist.

Die Existenz von *Looming*–Detektoren, d.h. von Neuronen, die selektiv auf bestimmte Expansionsraten reagieren, ist umstritten. In psychophysischen Experimenten konnten Regan und Beverly (1978) zeigen, daß adaptierbare Kanäle für Tiefenbewegungen und die damit verbundenen Expansionen beim Menschen vorhanden sind (vgl. auch Regan & Vincent 1995). Dabei scheint jedoch das sternförmig auseinanderstrebende Muster der Flußvektoren eine große Rolle zu spielen, das für eine große Divergenz im Sinne der Gl. 10.35 nicht unbedingt erforderlich ist.

Eine Anwendung der Expansionsrate in der technischen Bildverarbeitung (Fahrerunterstützung bei Autobahnfahrten) geben Zielke et al. (1993).

10.4.3   Hindernisvermeidung

Eine wichtige Anwendung des optischen Flusses ist die Hindernisvermeidung. Hierbei handelt es sich wie bei der Aufprallzeit um eine kombinierte Größe aus Eigenbewegung und Umwelt, da Objekte ja erst dadurch zu Hindernissen werden, daß sie in der voraussichtlichen Bahn des Beobachters stehen.

Ein einfaches Prinzip der Hindernisvermeidung besteht darin, den optischen Fluß in der linken und rechten Hälfte des Gesichtsfeldes getrennt zu betrachten, und sich dann jeweils in die Richtung des kleineren optischen Flusses zu drehen. Da die Länge der Flußvektoren mit der Entfernung der Objekte abnimmt, dreht man sich dabei stets in die Richtung des größeren Freiraumes. Bei der Fahrt durch einen Korridor hat dieses Verhalten den Effekt, daß der Beobachter sich im Korridor zentriert. Dieses Verhalten ist z.B. bei Bienen gefunden worden; eine weitergehende Analyse zeigt, daß es tatsächlich auf dem skizzierten Mechanismus zur Hindernisvermeidung beruht (Srinivasan et al. 1996).

Im allgemeinen umfaßt Hindernisvermeidung eine einfache Form der Bildsegmentierung, d.h. es kann konkret angegeben werden, welche Bildregionen Hindernisse sind und welche freien Wegen entsprechen. Ein solches segmentierendes Verfahren ist die inverse Perspektive, die im Zusammenhang mit der Stereopsis besprochen wurde; Anwendungen auf den optischen Fluß findet man in Mallot et al. (1991). Ein ähnliches Verfahren schlagen etwa Campani et al. (1995) vor. Bei der Hindernisvermeidung durch Versuchspersonen spielt die Wechselwirkung von Körper– und Augenbewegung eine große Rolle, wobei mögliche Hindernisse häufig fixiert werden (vgl. Cutting et al., 1995). Dadurch entstehen Bewegungsmuster mit unterschiedlichem Vorzeichen für Bildanteile vor und hinter dem Hindernis.

Glossar mathematischer Begriffe*

Abbildung: Eine Abbildung ist eine Zuordnungsvorschrift zwischen den Elementen eines Definitionsbereichs und eines Wertebereichs. Man schreibt:

$$A : D \to W; \quad \text{und} \quad A(d) = w.$$

Dabei sind D und W (nicht notwendig verschiedene) Mengen und $d \in D$; $w \in W$. Handelt es sich z.B. bei D und W um die reellen Zahlen, so nennt man A meist *Funktion*. Der Begriff Abbildung wird hier z.B. auf den Fall mehrdimensionaler Definitions– und Wertebereiche angewandt.

Ableitung: Als Ableitung einer Funktion einer Variablen bezeichnet man den Grenzwert

$$f'(x) := \lim_{h \to 0} \frac{f(x+h) - f(x)}{h},$$

sofern dieser Grenzwert existiert. Die Funktion heißt dann in x differenzierbar. Der →Graph von f besitzt dann eine eindeutige Tangente in x, deren Steigung (Tangens des Steigungswinkels) gerade durch die Ableitung gegeben ist.

Funktionen mehrerer Variabler („Gebirge") können nach jeder dieser Variablen einzeln abgeleitet werden. Anschaulich bedeutet dies, daß man einen Schnitt durch das Gebirge in Richtung einer der Variablen legt und dann diesen Schnitt ableitet (Abb. 7.5). Man schreibt

$$\frac{\partial f(x,y)}{\partial x} = f_x(x,y) = \lim_{h \to 0} \frac{f(x+h,y) - f(x,y)}{h}.$$

Legt man den Schnitt in einer beliebigen Richtung $u = ax + by$, so spricht man von einer Richtungsableitung. Es gilt

$$f_u(x,y) = a f_x(x,y) + b f_y(x,y).$$

→Gradient; →Jacobi–Matrix.

---

*Dieses Glossar soll nur der ersten Orientierung dienen. Für weiterführende Fragen wird in vielen Fällen der „Bronstein" (Bronstein & Semendjajew 1996) genügen. In Fragen der Ingenieurmathematik hilft z.B. Korn & Korn (1968) weiter. Als Lehrbücher für Einzelgebiete seien empfohlen: Endl & Luh (1981; Analysis), Pareigis (1990; projektive Geometrie), do Carmo (1983; Differentialgeometrie).

Basis: →Koordinatensystem

Bayes–Formel: Wir betrachten zwei überlappende Ereignisse A, B aus derselben Grundgesamtheit Ω (→Wahrscheinlichkeit). Ist B bereits eingetreten, so bezeichnet man mit

$$P(A|B) = \frac{P(A)}{P(A \cap B)}$$

(ließ „P von A, gegeben B") die bedingte Wahrscheinlichkeit von A, gegeben B. Die Menge B übernimmt dabei gewissermaßen die Rolle der Grundgesamtheit Ω, innerhalb derer dann das Ereignis $A \cap B$ betrachet wird. Man kann elementar folgenden Zusammenhang ausrechnen (BAYES–Formel):

$$P(A|B) = \frac{P(B|A)P(A)}{P(B)} = \frac{P(B|A)P(A)}{P(B|A)P(A) + P(B|\neg A)P(\neg A)}.$$

Dabei ist $\neg A = \Omega \backslash A$ das Komplement von A. Für eine Anwendungen dieser Formel in unserem Zusammenhang vergleiche Abschnitt 8.4.3.

Cauchy–Schwarzsche Ungleichung: Ist in einem Vektorraum ein Skalarprodukt gegeben, so gilt für zwei beliebige Vektoren $\vec{a}, \vec{b}$

$$(\vec{a} \cdot \vec{b}) \leq \|\vec{a}\| \, \|\vec{b}\|.$$

Die Gleichheit gilt genau dann, wenn $\vec{a}$ und $\vec{b}$ parallel sind und die gleiche Richtung haben, d.h. wenn ein $\lambda \geq 0$ existiert, so daß $\vec{a} = \lambda \vec{b}$ gilt.

Die Projektion eines Vektors auf einen anderen wird also genau dann maximal, wenn die Vektoren parallel sind. In →Funktionenräumen folgt, daß die Kovarianz zweier Funktionen kleiner oder gleich dem Produkt der Standardabweichungen ist.

Determinante: Jeder quadratischen Matrix kann eine Determinante zugeordnet werden. Es handelt sich dabei um eine Zahl, die für 2×2–Matrizen nach folgendem Schema berechnet wird:

$$\begin{vmatrix} a_1 & a_2 \\ b_1 & b_2 \end{vmatrix} = a_1 b_2 - a_2 b_1.$$

Für 3×3–Matrizen gilt

$$\begin{vmatrix} a_1 & a_2 & a_3 \\ b_1 & b_2 & b_3 \\ c_1 & c_2 & c_3 \end{vmatrix} = a_1 \begin{vmatrix} b_2 & b_3 \\ c_2 & c_3 \end{vmatrix} - a_2 \begin{vmatrix} b_1 & b_3 \\ c_1 & c_3 \end{vmatrix} + a_3 \begin{vmatrix} b_1 & b_2 \\ c_1 & c_2 \end{vmatrix}.$$

Differentialgleichung: Eine Differentialgleichung (DGL) ist eine Bestimungsgleichung für Funktionen, die Beziehungen zwischen den Funktionswerten und den Ableitungen dieser Funktionen vorgibt. Dabei bezeichnet man die höchste auftretende Ableitung der gesuchten Funktion als Ordnung der DGL. Man unterscheidet gewöhnliche DGL, bei denen Funktionen einer Variablen gesucht werden, und partielle DGL, bei denen Funktionen mehrerer Variabler gesucht werden, so daß in der Gleichung partielle →Ableitungen auftreten.

Gewöhnliche DGL erster Ordnung können als sog. Richtungsfeld dargestellt und dann graphisch gelöst werden. Für eine Gleichung der Form

$$f'(x) = D(x, f(x))$$

trägt man in einem Koordinatensystem an der Stelle (x, y) eine Gerade mit der Steigung $D(x, y)$ ein. Lösungen der DGL müssen an jedem Punkt tangential zu der zugehörigen Geraden verlaufen. Ein Beispiel zeigt Abb. 7.9. Eine Verallgemeinerung des Richtungsfeldes auf partielle DGL sind die sog. MONGE–Kegel (Abb. 7.7).

Dimension (eines Vektorraums): Die größte Anzahl →linear unabhängiger Vektoren in einem Vektorraum ist seine Dimension. Betrachtet man Spaltenvektoren der Form

$$\vec{\mathbf{v}} = \begin{pmatrix} v_1 \\ \vdots \\ v_m \end{pmatrix},$$

so ist die Dimension m. Der dreidimensionale Raum $\mathbb{R}^3$ dient als Modell des geometrischen Anschauungsraumes.

Dirac–Impuls, δ: Der DIRAC–Impuls $\delta(x)$ wird auf Seite 61 eingeführt. Es handelt sich um eine Distribution oder verallgemeinerte Funktion im Sinne der Funktionalanalysis. Die wichtigste Eigenschaft des DIRAC–Impulses ist

$$\int g(x)\delta(x)dx = g(0).$$

Im Sinne der Funktionalanalysis bilden die $\delta(x - x_o)$ für $x_o \in \mathbb{R}$ eine orthonormale Basis des unendlich dimensionalen Vektorraumes aller Funktionen über $\mathbb{R}$. Sie ähneln damit den kanonischen Einheitsvektoren $(0, ...0, 1, 0, ...0)^\top$ eines endlich dimensionalen Vektorraumes.

Ebene im Raum: Ebenen im Raum können in Normalen- und in Parameterdarstellung gegeben sein. Im ersten Fall (Abb. G.1) definiert man sie als die Menge aller Punkte, deren Abstand zum Koordinatenursprung, gemessen in einer Richtung $\vec{\mathbf{n}}$ einen festen Wert d hat. Es sei $\vec{\mathbf{n}}$ ein Einheitsvektor und $\vec{\mathbf{x}}_0 = d\vec{\mathbf{n}}$ der Punkt der Ebene, der dem Ursprung am nächsten liegt (für $d = 0$ also der Ursprung selbst). Ist $\vec{\mathbf{x}}$ ein weiterer Punkt der Ebene, so ist $\vec{\mathbf{x}} - \vec{\mathbf{x}}_0$ ein ganz in der Ebene liegender Vektor, der nun senkrecht zu $\vec{\mathbf{n}}$ stehen soll. Man hat also $\vec{\mathbf{n}}(\vec{\mathbf{x}} - \vec{\mathbf{x}}_0) = 0$, d.h. $\vec{\mathbf{n}}\vec{\mathbf{x}} = \vec{\mathbf{n}}\vec{\mathbf{x}}_0$. Wegen $\vec{\mathbf{x}}_0 = d\vec{\mathbf{n}}$ und $\vec{\mathbf{n}}^2 = 1$ erhält man daraus die Normalendarstellung:

$$(\vec{\mathbf{n}} \cdot \vec{\mathbf{x}}) = d.$$

Fordert man noch $d \geq 0$, so ist die Normalendarstellung eindeutig.

Eine Parameterdarstellung der Ebene erhält man aus einem Aufpunkt und zwei Richtungsvektoren, die beide senkrecht auf $\vec{n}$ stehen:

$$\vec{x} = \vec{x}_0 + \lambda\vec{a} + \mu\vec{b} \quad \text{für } \lambda, \mu \in \mathbb{R}.$$

Jeder Punkt der Ebene ist hier durch zwei Zahlen λ, μ charakterisiert, so daß mit der Parameterdarstellung gleichzeitig ein Koordinatensystem in der Ebene gegeben ist. Die Parameterdarstellung der Ebene ist nicht eindeutig.

In Psychophysik und Computer Vision werden Ebenen häufig durch einen Aufpunkt und zwei Winkel charakterisiert. Der Neigungswinkel (englisch *slant*) ist der Winkel zwischen Oberflächennormale und Blickrichtung des Betrachters (Abb. 8.6). Der Kippwinkel (englisch *tilt*) gibt an, ob die Neigung z.B. nach hinten oder zur Seite gerichtet ist. Man definiert ihn als den Winkel zwischen der Projektion der Blickrichtung auf die Ebene einerseits und der Schnittgeraden der Horizontalebene des Kamerakoordinatensystems ((x, z)–Ebene) mit der Ebene andererseits.

Faltung: Für zwei integrierbare Funktionen f, g bezeichnet man die Funktion

$$h = f * g; \quad h(x) := \int f(x' - x)g(x')dx',$$

sofern das Integral existiert, als Faltung (oder Faltungprodukt) von f und g (vgl. Abschnitt 3.3.1). Neben den dort besprochenen Beispielen aus der Bildverarbeitung treten Faltungen z.B. auch in der mathematischen Statistik auf. So ist die →Verteilungsdichte der Summe zweier Zufallsvariabler die Faltung der einzelnen Verteilungsdichten. Durch die →FOURIER-Transformation geht die Faltung in ein Produkt über.

Ist eine der beiden Funktionen, z.B. f, fest vorgegeben, so ist durch

$$\varphi \to f * \varphi$$

ein →Operator definiert. Man bezeichnet f dann als Kern dieses Faltungsoperators.

Fourier–Transformation: Alle stetigen, integrierbaren Funktionen (und auch einige unstetige Funktionen) können als Grenzwert einer gewichteten Summe von Sinus- und Kosiunsfunktionen dargestellt werden. Die Koeffizienten bilden die FOURIER-Transformierte der Funktionen (vgl. Seite 62).

Im →Funktionenraum bildet die FOURIER-Transformation eine orthogonale Koordinatentransformation, d.h. eine Drehung.

Funktion: →Abbildung

Funktionenraum: Die Menge aller Funktionen $f : \mathbb{R} \to \mathbb{R}$ bildet einen →Vektorraum über dem Körper der Reellen Zahlen. Seine Dimension ist unendlich. Betrachtet man statt der Funktionen selbst abgetastete Versionen mit einer Anzahl m von Stützstellen, so erhält man einen m–dimensionalen Raum. Für $m \to \infty$ geht dieser Raum in den Funktionenraum über.

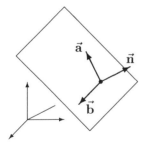
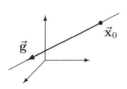

Abb. G.1: Ebene im Raum (Normalendarstellung)

Abb. G.2: Gerade im Raum

Gerade im Raum: Durch einen Aufpunkt $\vec{x}_0$ und einen Richtungsvektor $\vec{g}$ ist eine Gerade im Raum gegeben. Wir betrachten diese Gerade (wie andere geometrische Objekte auch) als Mengen von Punkten, die einer gewissen Gleichung genügen. In der Bestimmungsgleichung

$$\vec{x} = \vec{x}_0 + \lambda \vec{g} \quad \text{für } \lambda \in \mathbb{R}$$

durchläuft $\vec{x}$ in Abhängigkeit von dem reellen Parameter λ alle Punkte der Geraden. Offensichtlich ist diese Darstellung einer Geraden nicht eindeutig.

Gradient: Der Gradient einer Funktion mehrerer Variabler ist der Vektor der ersten partiellen →Ableitungen:

$$\text{grad} f(x,y) = \left(\frac{\partial f(x,y)}{\partial x}, \frac{\partial f(x,y)}{\partial y} \right).$$

In der mathematischen Physik schreibt man zuweilen $\text{grad} f = \nabla f$ (sprich: Nabla f). Stellt man sich die Funktion als Gebirge vor, so ist der Gradient die Richtung des steilsten Abstieges.

Graph einer Funktion: Als Graph einer Funktion $f : D \to W$ (→Abbildung) bezeichnet man die Punktmenge

$$\{(x, f(x)) | x \in D, f(x) \in W\}.$$

Für Funktionen einer Variablen ist der Graph gewissermaßen die Linie, die man in einem kartesischen Achsenkreuz zur Illustration der Funktionswerte zeichnet.

Der Graph einer Funktion von zwei Variablen ist eine Oberfläche ohne „Überhänge". Allgemeinere Oberflächen können nicht mehr als Graphen einer Funktion $\mathbb{R}^2 \to \mathbb{R}$ dargestellt werden, sondern erfordern eine →Parameterdarstellung.

Integral: Anschaulich ist das Integral einer eindimensionalen Funktion die Fläche unter dem →Graphen der Funktion, die man als Grenzwert einer Summe berechnet:

$$\int_0^1 f(x)dx = \lim_{n\to\infty} \frac{1}{n} \sum_{i=1}^n f(\frac{i}{n}).$$

Das Ergebnis ist eine Zahl (bestimmtes Integral). Sind keine Integrationsgrenzen angegeben, so ist in diesem Buch stets das sog. uneigentliche Integral mit den „Grenzen" $\pm\infty$ gemeint. Mehrdimensionale Integrale definiert man analog; so ist das Integral einer Funktion von zwei Variablen das Volumen unter dem Graphen.

Es gilt der sog. Grundsatz der Integral– und Differentialrechnung:

$$\int_a^b f'(x)dx = f(b) - f(a).$$

Jacobi–Matrix: Wir betrachten eine vektorwertige Funktion mehrer Variabler

$$g : \mathbb{R}^n \to \mathbb{R}^m$$

Jede der m Komponenten von g kann als Funktion von n Variablen aufgefaßt werden. Ist g differenzierbar, so kann man zu jeder Komponente g_i die n partiellen →Ableitungen

$$g_{i,x_j} = \frac{\partial g_i(x_1, ..., x_j, ...x_n)}{\partial x_j}$$

ausrechnen. Für jede Komponente von g bilden sie einen →Gradienten. Die Matrix aller partiellen Ableitungen von g heißt JACOBI–Matrix:

$$J_g(\vec{\mathbf{x}}) = \begin{pmatrix} g_{1,x_1}(\vec{\mathbf{x}}) & \cdots & g_{1,x_n}(\vec{\mathbf{x}}) \\ \vdots & & \vdots \\ g_{m,x_1}(\vec{\mathbf{x}}) & \cdots & g_{m,x_n}(\vec{\mathbf{x}}) \end{pmatrix}$$

Faßt man diese Matrix für ein festes $\vec{\mathbf{x}}_o$ als →lineare Abbildung auf, so erhält man eine Approximation von g in $\vec{\mathbf{x}}_o$ („Tangente"; vgl. Abb. 8.8).

Ist $n = m$, so ist J quadratisch. Die →Determinante von J ist dann der lokale Vergrößerungsfaktor der Koordinatentransformation g.

Kettenregel: Man betrachtet zwei Funktionen f, g mit der Eigenschaft, daß der Wertebereich von g eine Teilmenge des Definitionsbereichs von f ist. Dann kann man eine Funktion $h := f \circ g$ definieren, für die $h(x) = f(g(x))$ gilt. Für die Ableitung von h gilt:

$$h'(x) = f'(g(x))g'(x).$$

Ist $f : \mathbb{R}^n \to \mathbb{R}$ eine Funktion von n Variablen und $g : \mathbb{R}^m \to \mathbb{R}^n$ eine mehrdimensionale Transformation, so geht die Verkettung $h = f \circ g$ von $\mathbb{R}^m$ nach $\mathbb{R}$. Für den →Gradienten von h gilt:

$$\text{grad}h(x_1, ..., x_m) = \text{grad}f(g(x_1, ..., x_m))J_g(x_1, ..., x_m).$$

Dabei ist J_g die →JACOBI–Matrix von g; sie hat n Zeilen und m Spalten.

Komplexe Zahlen: sind Verallgemeinerungen reeller Zahlen, die bei der Lösung algebraischer Gleichungen auftreten. Sie bilden eine zweidimensionale Ebene (die komplexe Ebene), die durch die Achsen 1 und $i = \sqrt{-1}$ aufgespannt wird. Jede komplexe Zahl kann durch zwei reelle Zahlen dargestellt werden und zwar entweder kartesisch:

$$z = x + iy$$

oder polar

$$z = ae^{i\varphi} = a\cos\varphi + ia\sin\varphi.$$

(EULERsche Formel). Im ersten Fall heißen x und y Realteil bzw. Imaginärteil von z, im zweiten Fall heißt a Betrag (engl. *modulus*) und φ Phase von z. Addition und Multiplikation sind wie gewöhnlich erklärt, wobei im letzteren Fall $i^2 = -1$ zu beachten ist. Aus der Polardarstellung liest man ab, daß Multiplikationen mit komplexen Zahlen als Drehstreckungen in der komplexen Ebene aufgefaßt werden können.

Koordinatensystem: Wir betrachten als Beispiel den dreidimensionalen Anschauungsraum (Abb. G.3). Ein Koordinatensystem ist durch drei Basisvektoren $\vec{x}, \vec{y}, \vec{z}$ gegeben. Diese Vektoren haben die Länge 1 und stehen paarweise senkrecht aufeinander (Orthonormalsystem). Jeder Punkt im Raum ist durch drei Zahlen zu beschreiben:

$$\vec{p} = p_1\vec{x} + p_2\vec{y} + p_3\vec{z} =: \begin{pmatrix} p_1 \\ p_2 \\ p_3 \end{pmatrix}.$$

Wendet man die so eingeführte Spaltenschreibweise für Vektoren auf die Basisvektoren selbst an, so hat man:

$$\vec{x} = \begin{pmatrix} 1 \\ 0 \\ 0 \end{pmatrix}; \quad \vec{y} = \begin{pmatrix} 0 \\ 1 \\ 0 \end{pmatrix}; \quad \vec{z} = \begin{pmatrix} 0 \\ 0 \\ 1 \end{pmatrix}.$$

Korrelation: In der Statistik bezeichnet man als die Korrelation zweier Zufallsvariabler X, Y die Größe

$$cor(X, Y) := \frac{E((X - EX)(Y - EY))}{\sqrt{E((X - EX)^2)E((Y - EY)^2)}}.$$

Dabei ist $E(Z)$ der Erwartungswert der Zufallsvariablen Z („Mittelwert der Grundgesamtheit"). Den Zähler des Bruches bezeichnet man als Kovarianz.

In der Signaltheorie läßt man die Normierungen zumeist weg und definiert:

$$\varphi_{f,g} := \int f(x)g(x)dx.$$

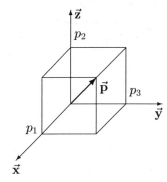

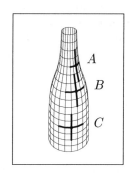

Abb. G.3: Koordinatensystem im   Abb. G.4: GAUSS-
dreidimensionalen Raum   sche Krümmung

Beide Definitionen sind identisch, wenn man annimmt, daß die Funktionen f und g mittelwertsfrei sind ($\int f(x)dx = 0$), daß das Intergal der Quadrate der Funktionswerte 1 ergibt ($\int f^2(x)dx = 1$), und daß an Stelle des Zufalls eine Orts– oder Zeitvariable x tritt. Die Funktion

$$\Phi_{f,g}(s) := \int f(x+s)g(x)dx$$

bezeichnet man als Kreuzkorrelation von f und g.

Krümmung: Als Krümmung einer ebenen Kurve bezeichnet man den Kehrwert des Radius eines Kreises, der die Kurve an einem gegebenen Punkt annähert. Der Mittelpunkt dieses Kreises heißt Krümmungsmittelpunkt. Die Krümmung von Flächen definiert man, indem man an einem Punkt zunächst die Oberflächennormale betrachtet. Jede Ebene durch einen Oberflächenpunkt und seine Normale schneidet aus der Fläche eine ebene Kurve aus, deren Krümmung wie oben definiert wird. Dabei erhalten Krümmungen positives Vorzeichen, wenn der Krümmungsmittelpunkt in Richtung der Normalen liegt und negatives Vorzeichen, wenn er in der entgegengesetzten Richtung liegt. Die größte und kleinste Krümmung (nach Betrag und Vorzeichen) sind die Hauptkrümmungen an einem Punkt; ihr Produkt ist die GAUSSsche Krümmung K.

Abb. G.4 zeigt drei Punkte mit unterschiedlicher GAUSSscher Krümmung. In A liegen die Krümmungsmittelpunkte der Hauptkrümmungsrichtungen auf verschiedenen Seiten der Oberfläche, K ist daher negativ (hyperbolischer Punkt oder Sattelpunkt). In B liegen beide Krümmungszentren auf der gleichen Seite der Fläche, die Krümmung ist positiv (elliptischer Punkt). In C ist die kleinste auftretende Krümmung 0, womit auch die GAUSSsche Krümmung verschwindet (parabolischer Punkt). Auf glatten Oberflächen sind benachbarte Gebiete mit negativer und positiver GAUSSscher Krümmung durch parabolische Linien getrennt.

Die GAUSSsche Krümmung ist eine sog. „intrinsische" Eigenschaft der Oberfläche, die nicht von der gewählten Parametrisierung abhängt. Jede Transformation, die die

GAUSSSsche Krümmung verändert, verändert auch die Abstandsverhältnisse auf der Oberfläche.

lineare Abbildung: Eine →Abbildung L heißt linear, wenn sie folgende Bedingungen erfüllt:

$$\begin{aligned} L(x + y) &= L(x) + L(y) \\ L(\lambda x) &= \lambda L(x). \end{aligned}$$

Dabei sind x und y beliebige Elemente aus dem Definitionsbreich von L und λ ist eine reelle Zahl.

In einem endlich dimensionalen →Vektorraum (z.B. $\mathbb{R}^n$) sind alle linearen Abbildungen des Raumes auf sich selbst durch quadratische →Matrizen mit n Zeilen und Spalten gegeben. Man identifiziert dann oft die Abbildung mit der Matrix und schreibt $L(\vec{x}) = L\vec{x}$, wobei die rechte Seite der Gl. eine Matrixmultiplikation meint. Alle linearen Abbildungen aus dem Raum auf den zugrundeliegenden Zahlenkörper (in diesem Buch meist der Körper der reellen Zahlen $\mathbb{R}$) sind durch →Skalarprodukte mit einem durch die Abbildung eindeutig bestimmten Vektorraumelement gegeben.

linearer Raum: →Vektorraum.

lineare Unabhängigkeit: n Vektoren $\vec{v}_1, ..., \vec{v}_n$ eines →Vektorraums, heißen linear unabhängig, wenn aus

$$\sum_{i=1}^{n} c_i \vec{v}_i = 0$$

folgt: $c_i = 0$ für alle i. Anschaulich heißt das, daß keiner der Vektoren als Linearkombination der anderen dargestellt werden kann.

Matrix: Eine $I \times J$ Matrix ist eine Anordnung von (reellen oder komplexen) Zahlen in I Zeilen und J Spalten. Man schreibt

$$M = \{m_{ij}\}_{i=1,...,I; j=1,...,J} = \begin{pmatrix} m_{1,1} & m_{1,2} & \cdots & m_{1,J} \\ m_{2,1} & m_{2,2} & \cdots & m_{2,J} \\ \vdots & \vdots & & \vdots \\ m_{I,1} & m_{I,2} & \cdots & m_{I,J} \end{pmatrix}.$$

Dabei ist m_{ij} die Komponente in Zeile i und Spalte j.

Ist M eine $I \times J$–Matrix und N eine $J \times K$–Matrix, so ist das Produkt $P = MN$ folgendermaßen definiert:

$$p_{ik} = \sum_{j=1}^{J} m_{ij} n_{jk} \quad \text{für} \quad i = 1, ..., I; j = 1, ..., J.$$

Die (i, k)–te Komponente von P erhält man also, indem man die i–te Zeile von M nach Art des →Skalarproduktes mit der j-ten Spalte von N multipliziert („Zeile mal Spalte"). Ist $K = 1$, so sind N und P Spaltenvektoren. Das Matrizenprodukt ist nicht kommutativ.

→Determinante; →lineare Abbildung

Norm (Länge) eines Vektors: Ist in einem Vektorraum ein →Skalarprodukt definiert, so berechnet man die Länge eines Vektors aus dem Satz des PYTHAGORAS:

$$\|\vec{\mathbf{a}}\| := \sqrt{a_1^2 + \ldots + a_n^2} = \sqrt{(\vec{\mathbf{a}} \cdot \vec{\mathbf{a}})}.$$

Man bezeichnet dies als die EUKLIDische Norm eines Vektors. Allgemeiner benötigt man zuweilen die sog. p-Norm,

$$\|\vec{\mathbf{a}}\|_p := \left(\sum_{i=1}^{n} |a_i|^p \right)^{1/p}.$$

Als Spezialfälle ergeben sich für $p = 1$ die Betragsnorm, für $p = 2$ die EUKLIDische Norm und für $p = \infty$ die Maximumsnorm, $\|\vec{\mathbf{a}}\|_\infty = \max_i |a_i|$.

Operator: Ein Operator ist eine →Abbildung zwischen →Funktionenräumen. Ein einfaches Beispiel ist der Differentialoperator, der jeder Funktion ihre Ableitung zuordnet. Ein weiteres Beispiel ist der Verschiebungsoperator, der eine Funktion um einen festen Betrag verschiebt. Zur Linearität eines Operators vergleiche →lineare Abbildungen. Translationsinvariante Operatoren sind solche, die mit dem Verschiebungsoperator vertauscht werden können. Alle linearen, translationsinvarianten Operatoren können als →Faltungen geschrieben werden, wenn man den →DIRAC–Impuls als Faltungskern zuläßt. In diesem Sinne bezeichnet man zuweilen auch den Kern eines Faltungsintegrals als Operator.

Orthogonalität: Zwei Vektoren heißen orthogonal, wenn ihr →Skalarprodukt verschwindet.

Orthonormalität: Ein →Koordinatensystem $(\vec{\mathbf{x}}_1, \ldots, \vec{\mathbf{x}}_n)$ eines →Vektorraums heißt orthonormal, wenn die →Norm der Basisvektoren 1 beträgt und die Basisvektoren paarweise aufeinander senkrecht stehen. Im endlich dimensionalen Fall muß somit gelten:

$$(\vec{\mathbf{x}}_i \cdot \vec{\mathbf{x}}_j) = \begin{cases} 1 \text{ für } i = j \\ 0 \text{ für } i \neq j \end{cases}.$$

Ortsfrequenz: Eine ortsabhängige Sinus–Funktion (ebene Welle) der Form

$$f(x, y) = \sin(\omega_x x + \omega_y y)$$

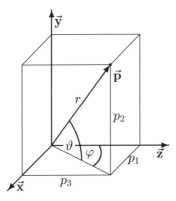

Abb. G.5: Sphärische Polarkoordinaten

hat die Ortsfrequenz $\vec{\omega} = (\omega_1, \omega_2)^\top$. Es handelt sich um einen Vektor, der auf der Wellenfront senkrecht steht. Spricht man von der Größe der Ortsfrequenz, so ist die →Norm von $\vec{\omega}$ gemeint.

Mit Hilfe der FOURIER–Transformation (Gl. 3.20) kann jede hinreichend stetige Funktion als Summe (Überlagerung) von Sinus– und Kosinus–Funktionen verschiedener Frequenz und Amplitude dargestellt werden. Man bezeichnet dann das Betragsquadrat (→komplexe Zahlen) der FOURIER–Transformierten $\tilde{g}(\omega)$ aus Gl. 3.20 als Leistungsdichtespektrum von g. Es gibt für jede Ortsfrequenz $\vec{\omega}$ den Ortsfrequenzgehalt der Ausgangsfunktion g an.

Scharfe und detailreiche Bilder weisen mehr hohe Ortsfrequenzen auf, als unscharfe und detailarme.

Parameterdarstellung einer Oberfläche: Eine stetige und differenzierbare Abbildung von der Ebene in den Raum kann folgendermaßen interpretiert werden: Für jeden Punkt (u, v) der Ebene ist der Bildpunkt $F(u, v) = (x, y, z)^\top$ ein Punkt im Raum. Die Menge aller Bildpunkte ist eine Oberfläche, für die durch die Parameter u und v ein Koordinatensystem gegeben ist. Eigenschaften solcher parametrisierter Flächen beschreibt die Differentialgeometrie.

→Ebene im Raum

Polarkoordinaten: Man wählt zunächst eine Achse, zum Beispiel die $\vec{y}$–Achse des kartesischen Koordinatensystems. Zu einem Punkt $\vec{p} = (p_1, p_2, p_3)^\top$ berechnet man dann die drei polaren Größen (Abb. G.5).

$$
\begin{aligned}
\text{Abstand} \qquad r &= \sqrt{p_1^2 + p_2^2 + p_3^2} = \|\vec{p}\| \\[2mm]
\text{Azimuth} \qquad \varphi &= \arctan\frac{p_1}{p_3} \\[2mm]
\text{Elevation} \qquad \vartheta &= \arctan\frac{p_2}{\sqrt{p_1^2 + p_3^2}}.
\end{aligned}
$$

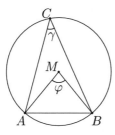

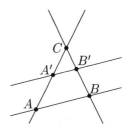

Abb. G.6: Satz des   Abb. G.7: Strahlen-
THALES   satz

Umgekehrt gilt:

$$\begin{pmatrix} p_1 \\ p_2 \\ p_3 \end{pmatrix} = \begin{pmatrix} r\cos\vartheta\cos\varphi \\ r\sin\vartheta \\ r\cos\vartheta\sin\varphi \end{pmatrix}.$$

Wählt man eine andere Achse, so muß man die Komponenten sinngemäß vertauschen bzw. die o.a. Formeln mit entsprechenden Drehungen kombinieren.

Produktregel: Man betrachtet zwei Funktionen f, g mit dem gleichen Definitionsbereich. Dann kann man eine Funktion $h := f \cdot g$ definieren, für die $h(x) = f(x) \cdot g(x)$ gilt. Für die Ableitung der Produktfunktion h gilt:

$$h'(x) = f'(x)g(x) + f(x)g'(x).$$

Quotientenregel: Man betrachtet zwei Funktionen f, g mit dem gleichen Definitionsbereich. Für $g(x) \neq 0$ kann man dann eine Funktion $h := f/g$ definieren, für die $h(x) = f(x)/g(x)$ gilt. Für die Ableitung der Quotientenfunktion h gilt:

$$h'(x) = \frac{f'(x)g(x) - f(x)g'(x)}{g^2(x)}$$

reelle Zahl: Die reellen Zahlen $\mathbb{R}$ enthalten zunächst die ganzen Zahlen und die daraus gebildeten Brüche (rationale Zahlen), dann die daraus gebildeten Wurzeln (Lösungen algebraischer Gleichungen rationaler Zahlen), sowie schließlich die Grenzwerte aller Folgen, deren Glieder zu den bereits genannten Zahlen gehören.

Die reellen Zahlen modellieren das eindimensionale Kontinuum. So liegt zwischen zwei beliebigen reellen Zahlen immer noch eine (und damit unendlich viele) weitere reelle Zahlen. Ist $a \in \mathbb{R}$, so besitzt die Menge $\{x \in \mathbb{R} | x < a\}$ kein größtes Element.

Satz des Thales: Man betrachte einen Kreis mit einer Sehne AB (Abb. G.6). Der Scheitelwinkel $\gamma = \angle ACB$ beträgt die Hälfte des Mittelpunktswinkels $\varphi = \angle AMB$.

Man beweist diesen Satz elementar, indem man den Winkel γ mit Hilfe der Linie MC zerlegt und die Winkelsummen der dabei entstehenden gleichschenkligen Dreiecke betrachtet. Ist die Sehne AB ein Durchmesser des Kreises, so erhält man als Spezialfall die Aussage: der Winkel im Halbkreis ist ein Rechter.

Skalar: Eine Zahl (im Gegensatz zu einem Vektor). Allgemeiner ein Element des Körpers, über dem der →Vektorraum definiert ist.

Skalarprodukt: Das Skalarprodukt ist eine Rechenvorschrift, die zwei →Vektoren ein →Skalar zuordnet. Mit orthonormalen Koordinaten $\vec{\mathbf{x}} = (x_1, x_2, ..., x_n)^\top$, $\vec{\mathbf{y}} = (y_1, y_2, ..., y_n)^\top$ gilt

$$(\vec{\mathbf{x}} \cdot \vec{\mathbf{y}}) = \sum_{i=1}^{n} x_i y_i.$$

In Analogie zu dieser Gleichung bezeichnet man in der Funktionalanalysis die Größe

$$\int f(x) g(x) dx$$

als das Skalarprodukt der Funktionen f und g.

Das Skalarprodukt ist kommutativ $((\vec{\mathbf{x}} \cdot \vec{\mathbf{y}}) = (\vec{\mathbf{y}} \cdot \vec{\mathbf{x}}))$ und distributiv, aber nicht assoziativ.

Haben beide an einem Skalarprodukt beteiligten Vektoren die Länge (→Norm) 1, so ist das Skalarprodukt gerade die Länge der senkrechten Projektion des einen Vektors auf den anderen. Vergleiche hierzu →Winkel und die zugehörige Abb. G.8.

→Orthogonalität; →Winkel

Stetigkeit: Eine Funktion heißt stetig an einem Punkt x_o, wenn für jede Folge im Definitionsbereich, die gegen x_o konvergiert, die Folge der zugehörigen Funktionswerte gegen $f(x_o)$ konvergiert. Anschaulich heißt das, daß man den →Graphen der Funktion zeichnen kann, „ohne den Stift abzusetzen".

Strahlensatz: Gegeben sind zwei Geraden, die sich in C schneiden (Abb. G.7). Wir betrachten zwei paralle Geraden mit den Schnittpunkten A, B bzw. A', B'. Die entstehenden Dreiecke $\triangle ABC$ und $\triangle A'B'C$ sind ähnlich, d.h. es gilt:

$$\frac{\overline{CA}}{\overline{CA'}} = \frac{\overline{CB}}{\overline{CB'}} = \frac{\overline{AB}}{\overline{A'B'}}.$$

Tiefpaß: Ein lineares Filter, das die tiefen (kleinen) →Ortsfrequenzen eines Bildes erhält, die höheren jedoch eliminiert, heißt Tiefpaß. Ein Beispiel ist die lokale Mittelung aus Gl. 3.7. Entsprechend spricht man von Hochpaßfiltern, wenn die tiefen Ortsfrequenzen elimiert werden, wie dies z.B. bei der Kontrastverschärfung geschieht. Filter, die sowohl im tiefen als auch im hohen Ortsfrequenzbereich greifen, dazwischen aber ein „Frequenzband" durchlassen, heißen Bandpaßfilter.

Transposition: Die Vertauschung von Spalten und Zeilen einer →Matrix bezeichnet man als Transposition:

$$\left(\begin{array}{cc} a_1 & a_2 \\ b_1 & b_2 \end{array} \right)^{\top} = \left(\begin{array}{cc} a_1 & b_1 \\ a_2 & b_2 \end{array} \right)^{\top}.$$

Die Transponierte eines Spaltenvektors ist dementsprechend ein Zeilenvektor.

Unterraum: Eine (echte) Teilmenge eines Vektorraums, die selbst wieder ein Vektorraum ist, heißt Unterraum. Hat man z.B. den dreidimensionalen Vektorraum $\mathbb{R}^3$, so ist jede Ebene durch den Ursprung ein (zweidimensionaler) Unterraum. Die Geraden durch den Ursprung sind eindimensionale Unterräume. Die Dimension eines Unterraums ist stets kleiner als die des Raumes selbst. Zu einem n–dimensionalen Vektorraum nennt man $n - 1$–dimensionale Unterräume zuweilen Hyperebenen.

Vektor: Jedes Element eines →Vektorraums ist ein Vektor. Im Anschauungsraum ($\mathbb{R}^3$) wird nicht zwischen Punkten im Raum und Vektoren vom Koordinatenursprung zu diesen Punkten unterschieden. Beispiele für Vektorräume sind die n-Tupel reeller Zahlen, wobei für $n = 3$ der Anschauungsraum entsteht. Wir bezeichnen diese Räume mit $\mathbb{R}^n$; ihre →Dimension ist n.

Die Addition zweier Vektoren und die Multiplikation mit einer Zahl sind komponentenweise erklärt. Sei z.B. $\vec{p}, \vec{q} \in \mathbb{R}^3, \lambda \in$ Reell, so gilt:

$$\vec{p} + \vec{q} := \left(\begin{array}{c} p_1 + q_1 \\ p_2 + q_2 \\ p_3 + q_3 \end{array} \right) \in \mathbb{R}^3$$

und

$$\lambda \cdot \vec{p} := \left(\begin{array}{c} \lambda p_1 \\ \lambda p_2 \\ \lambda p_3 \end{array} \right) \in \mathbb{R}^3.$$

Für weitere Rechenregeln, →Skalarprodukt, →Vektorprodukt.

Vektorprodukt: In dreidimensionalen Vektorraum kann man ein vektorwertiges Produkt definieren. Seien $\vec{p}, \vec{q} \in \mathbb{R}^3$ und $\vec{x}, \vec{y}, \vec{z}$ die Basisvektoren, so gilt

$$\vec{p} \times \vec{q} := \left| \begin{array}{ccc} \mathbf{x} & \mathbf{y} & \mathbf{z} \\ p_1 & p_2 & p_3 \\ q_1 & q_2 & q_3 \end{array} \right| = \left(\begin{array}{c} p_2 q_3 - p_3 q_2 \\ p_3 q_1 - p_1 q_3 \\ p_1 q_2 - p_2 q_1 \end{array} \right) \in \mathbb{R}^3.$$

Der Vektor $\vec{p} \times \vec{q}$ steht auf beiden Faktoren senkrecht. Seine Länge entspricht der Fläche des von $\vec{p}$ und $\vec{q}$ aufgespannten Parallelogramms, $\|\vec{p} \times \vec{q}\| = \|\vec{p}\| \|\vec{q}\| \sin(\angle \vec{p}, \vec{q})$. Die Richtung ergibt sich aus der „Dreifingerregel". Das Vektorprodukt ist *nicht* kommutativ: $\vec{p} \times \vec{q} = -\vec{q} \times \vec{p}$.

Vektorraum: Ein Vektorraum ist eine Menge V von Elementen $\vec{v}$, die zwei Gruppen von Eigenschaften erfüllt. Zunächst muß auf V eine Addition erklärt sein mit den Eigenschaften:

1. *Abgeschlossenheit:* Für alle $\vec{v}, \vec{w} \in V$ ist $\vec{v} + \vec{w} \in V$.

2. *Assoziativität:* Für alle $\vec{u}, \vec{v}, \vec{w} \in V$ gilt $(\vec{u} + \vec{v}) + \vec{w} = \vec{u} + (\vec{v} + \vec{w})$.

3. *Neutrales Element:* Es gibt ein Element $\vec{0} \in V$ mit der Eigenschaft $\vec{0} + \vec{v} = \vec{v}$ für alle $\vec{v} \in V$.

4. *Inverses Element:* Zu jedem Element $\vec{v} \in V$ gibt es ein Element $(-\vec{v}) \in V$, so daß $\vec{v} + (-\vec{v}) = \vec{0}$.

5. *Kommutativität:* Für alle $\vec{v}, \vec{w} \in V$ gilt $\vec{v} + \vec{w} = \vec{w} + \vec{v}$.

Weiterhin muß mit den Elementen eines Körpers K (bei uns stets die reellen Zahlen $\mathbb{R}$) eine Multiplikation erklärt sein mit den Eigenschaften:

1. *Abgeschlossenheit:* Für alle $\vec{v} \in V$ und $k \in \mathbb{R}$ ist $k\vec{v} \in V$.

2. *Assoziativität:* Für alle $\vec{v} \in V$ und $k, l \in \mathbb{R}$ gilt $k(l\vec{v}) = (kl)\vec{v}$.

3. *Neutrales Element:* Für alle $\vec{v} \in V$ ist $1\vec{v} = \vec{v}$.

4. *Distributivität des Skalars:* Für alle $\vec{v} \in V$ und $k, l \in \mathbb{R}$ gilt $(k + l)\vec{v} = k\vec{v} + l\vec{v}$.

5. *Distributivität des Vektors:* Für alle $\vec{v}, \vec{w} \in V$ und $k \in \mathbb{R}$ gilt $k(\vec{v} + \vec{w}) = k\vec{v} + k\vec{w}$.

Verteilungsdichte: Die Dichte p der →Wahrscheinlichkeitsverteilung einer kontinuierlichen →Zufallsvariablen gibt an, welchen Beitrag ein kleines Intervall („Ereignis") der Länge dz zur Wahrscheinlichkeit leistet. Es gilt:

$$F(z) = \mathrm{P}(Z < z) = \int_{-\infty}^{z} p(z)dz.$$

Die Verteilungsdichte ist also die Ableitung der Verteilungsfunktion, sofern diese existiert. Ein bekanntes Beispiel für eine Verteilungsdichte ist die Dichte der Normalverteilung mit Mittelwert μ und Streuung σ,

$$p(z) = \frac{1}{\sqrt{2\pi}\sigma} \exp(-\frac{(z - \mu)^2}{2\sigma^2}).$$

Wahrscheinlichkeit: Für ein gegebenes Experiment, z.B. das Werfen eines Wurfpfeiles auf eine Zielscheibe mit der Fläche 1, betrachten wir die Menge Ω aller möglichen Ausgänge; im Beispiel ist $\Omega = \{(x, y) | x^2 + y^2 < 1/\pi\}$. Jede (meßbare) Teilmenge von $A \subset \Omega$ heißt Ereignis; jedes Element von Ω Elementarereignis. Bei ungezieltem Wurf ist die Wahrscheinlichkeit eines Ereignisses gerade die Fläche der entsprechenden Teilmenge. Man schreibt für die Wahrscheinlichkeit $\mathrm{P}(A)$. Es gilt $\mathrm{P}(\Omega) = 1$ und $\mathrm{P}(\{\}) = 0$.

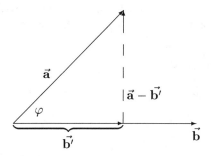

Abb. G.8: Zur Definiton des Winkels

Wahrscheinlichkeitsverteilung: Für eine →Zufallsvariable Z betrachten wir das Ereignis, daß der Wert von Z kleiner als eine Zahl z ist:

$$A_z = \{\omega \in \Omega | Z(\omega) < z\}.$$

Die →Wahrscheinlichkeiten von A_z bilden in Abhängigkeit von z eine Funktion:

$$F(z) := \mathrm{P}(A_z) = \mathrm{P}(Z < z).$$

Diese Funktion heißt Verteilungsfunktion von Z. Dabei ist der Ausdruck $(Z < z)$ eine Abkürzung für A_z.

Winkel: Für den von zwei Vektoren $\vec{a}, \vec{b}$ eingeschlossenen Winkel φ gilt:

$$\cos \varphi = \frac{(\vec{a} \cdot \vec{b})}{\|\vec{a}\| \cdot \|\vec{b}\|}.$$

Wegen $\cos \frac{\pi}{2} = 0$ stimmt die Formel mit der Definition der →Orthogonalität überein.

Eine geometrische Rechtfertigung gibt Abb. G.8. Es sei $\vec{b}'$ die senkrechte Projektion des Vektors $\vec{a}$ auf den Vektor $\vec{b}$. Da $\vec{b}'$ parallel zu $\vec{b}$ ist, gilt offenbar

$$\vec{b}' = \frac{\|\vec{b}'\|}{\|\vec{b}\|} \cdot \vec{b}.$$

Da wir den Kosinus von φ berechnen wollen, soll die Projektion natürlich so vorgenommen werden, daß $\vec{b}'$ und damit $\vec{b}$ senkrecht auf $\vec{a} - \vec{b}'$ steht. Also:

$$\vec{b} \cdot (\vec{a} - \frac{\|\vec{b}'\|}{\|\vec{b}\|} \cdot \vec{b}) = 0 \quad \text{und weiter} \quad \vec{b} \cdot \vec{a} = \frac{\|\vec{b}'\|}{\|\vec{b}\|}(\vec{b} \cdot \vec{b}).$$

Wegen $\|\vec{b}\|^2 = \vec{b} \cdot \vec{b}$ folgt $\|\vec{b}'\| = \vec{a} \cdot \vec{b}/\|\vec{b}\|$ und damit aus $\cos\varphi = \|\vec{b}'\|/\|\vec{a}\|$ die Behauptung.

Zufallsvariable: Man betrachtet eine Menge von möglichen Ereignissen, die zufällig eintreten können. Eine Zufallsvariable ist eine Abbildung von der Menge der möglichen Ergebnisse eines solchen Experimentes in die Menge der reellen Zahlen. Ist das Ergebnis des Experimentes selbst schon eine Zahl (z.B. bei der Messung der Körpergröße von Personen), so ist es zugleich eine Zufallsvariable. Ein Beispiel für eine abgeleitete Zufallsvariable ist die Summe der Augenzahl beim Wurf zweier Würfel.

Mathematische Symbole und Maßeinheiten

$\angle\,\vec{\mathbf{x}}, \vec{\mathbf{y}}$	Winkel zwischen den Vektoren $\vec{\mathbf{x}}$ und $\vec{\mathbf{y}}$.
°	(hochgestellt) Winkelgrade
′	Bogenminuten (1/60 Grad)
″	Bogensekunden (1/60 Bogenminute)
rad	Radiant. Bogenmaß für Winkel; Vollwinkel $= 2\pi\ rad = 360°$
sr	Steradiant. Einheit des Raumwinkels; Vollwinkel $= 4\pi\ sr$
∘	(Verknüpfung): Verkettung von Funktionen; Öffnungsoperation der mathematischen Morphologie
:= oder =:	Definition. Der Ausdruck auf der Seite des Doppelpunktes wird durch den Ausdruck auf der anderen Seite definiert.
≡	Äquivalenz zweier Funktionen. $f \equiv g$ bedeutet $f(x) = g(x)$ für alle x.
$\|\vec{\mathbf{v}}\|$	Norm eines Vektors $\vec{\mathbf{v}}$
⊤	(hochgestellt) Transposition eines Vektors oder einer Matrix
∇	(sprich: Nabla): Gradient in Operatorschreibweise
f_x	partielle Ableitung einer Funktion f nach der Variablen x
$\vec{\mathbf{v}}_x$	x–Komponente eines Vektors $\vec{\mathbf{v}}$
det	Determinante einer Matrix
grad f	Gradient von f
exp	Exponentialfunktion: $\exp(x) = e^x$; dabei ist $e \approx 2.718$ die Basis des natürlichen Logarithmus
$\mathbb{N}$	Menge der natürlichen Zahlen $\{1, 2, 3, ...\}$
$\mathbb{Z}$	Menge der ganzen Zahlen $\{... -2, -1, 0, 1, 2, ...\}$
$\mathbb{R}$	Menge der reellen Zahlen

Literaturverzeichnis

Adelson, E. H. und Bergen, J. R. (1985). Spatiotemporal energy models for the perception of motion. *Journal of the Optical Society of America A*, 2:284 – 299.

Adelson, E. H. und Movshon, J. A. (1982). Phenomenal coherence of moving visual patterns. *Nature*, 300:523 – 525.

Albright, T. D. und Stoner, G. R. (1995). Visual motion perception. *Proceedings of the National Academy of Sciences, USA*, 92:2433 – 2440.

Aloimonos, J. (1988). Shape from texture. *Biological Cybernetics*, 58:345 – 360.

Anderson, B. L. und Nakayama, K. (1994). Toward a general theory of stereopsis: Binocular matching, occluding contours, and fusion. *Psychological Review*, 101:414 – 445.

Arbib, M. A., Hrsg. (1995). *The Handbook of Brain Theory and Neural Networks*. The MIT Press, Cambridge, Ma., USA.

Arditi, A. (1986). Binocular vision. In Boff, K. R., Kaufmann, L. und Thomas, J. P., Hrsg., *Handbook of Perception and Human Performance, Bd. 1: Sensory Processes and Perception*. John Wiley & Sons, New York.

Arndt, P. A., Mallot, H. A. und Bülthoff, H. H. (1995). Human stereovision without localized image–features. *Biological Cybernetics*, 72:279 – 293.

Arrowsmith, D. K. und Place, C. M. (1990). *An Introduction to Dynamical Systems*. Cambridge University Press, Cambridge.

Ballard, D. und Brown, J. (1985). *Computer Vision*. Prentice Hall.

Barron, J. L., Fleet, D. J. und Beauchemin, S. S. (1994). Performance of optical flow techniques. *International Journal of Computer Vision*, 12:43 – 77.

Barrow, H. G. und Tenenbaum, J. M. (1981). Interpreting line drawings as three–dimensional surfaces. *Artificial Intelligence*, 17:75 – 116.

Die Namen der meisten Zeitschriften sind vollständig ausgeschrieben. Die Abkürzung *IEEE* steht für *Institute of Electrical and Electronics Engineers*.

Barth, E., Caelli, T. und Zetzsche, C. (1993). Image encoding, labelling and reconstruction from differential geometry. *Computer Vision Graphics and Image Processing: Graphical Models and Image Processing*, 55:428 – 446.

Berger, J. O. (1985). *Statistical Decision Theory and Bayesian Analysis*. Springer Verlag, New York etc., 2. Auflage.

Biederman, I. (1990). Higher–level vision. In Osherson, D. N., Kosslyn, S. M. und Hollerbach, J. M., Hrsg., *Visual Cognition and Action. An Invitation to Cognitive Science Bd. 2*. The MIT Press, Cambridge, Ma., USA.

Blake, A. und Bülthoff, H. H. (1990). Does the brain know the physics of specular reflection? *Nature*, 343:165 – 168.

Blake, A. und Bülthoff, H. H. (1991). Shape from specularities: Computation and psychophysics. *Philosophical Transactions of the Royal Society London B*, 331:237 – 252.

Blake, A., Bülthoff, H. H. und Sheinberg, D. (1993). An ideal observer model for inference of shape from texture. *Vision Research*, 33:1723 – 1737.

Blake, A. und Marinos, C. (1990). Shape from texture: Estimation, isotropy and moments. *Artificial Intelligence*, 45:323 – 380.

Blake, A. und Zisserman, A. (1987). *Visual Reconstruction*. The MIT Press, Cambridge, Ma.

Blake, R. und Wilson, H. R. (1991). Neural models of stereoscopic vision. *Trends in Neurosciences*, 14:445 – 452.

Blakemore, C. und Campbell, F. W. (1969). On the existence of neurons in the human visual system selectively sensitive to the orientation and size of retinal images. *Journal of Physiology (London)*, 203:237 – 260.

Boff, K. R., Kaufmann, L. und Thomas, J. P., Hrsg. (1986). *Sensory Processes and Perception, Handbook of Perception and Human Performance Bd. 1*. John Wiley & Sons, New York.

Borst, A., Egelhaaf, M. und Seung, H. S. (1993). Two–dimensional motion perception in flies. *Neural Computation*, 5:856 – 868.

Braddick, O., Campbell, F. W. und Atkinson, J. (1978). Channels in vision: Basic aspects. In Held, R., Leibowitz, H. W. und Teuber, H.-L., Hrsg., *Perception. Handbook of Sensory Physiology VIII*. Springer Verlag, Berlin.

Brainard, D. H. und Wandell, B. A. (1986). Analysis of the retinex theory of color vision. *Journal of the Optical Society of America A*, 3:1651 – 1661.

Braitenberg, V. (1984). *Vehicles. Experiments in Synthetic Psychology*. The MIT Press, Cambridge, Ma., USA.

Bressan, P., Tomat, L. und Vallortigara, G. (1992). Motion aftereffects with rotating ellipses. *Psychological Research*, 54:240 – 245.

Bronstein, N. I., Semendjajew [Begr.], K. A., Grosche, G., Ziegler, V., Ziegler [Bearb.], D. und Zeidler [Hrsg.], E. (1996). *Teubner–Taschenbuch der Mathematik, Teil I*. B. G. Teubner, Stuttgart, Leipzig.

Brooks, M. J., Chojnacki, W. und Kozera, R. (1992). Impossible and ambiguous shading patterns. *International Journal of Computer Vision*, 7:119 – 126.

Brooks, R. A. (1981). Symbolic reasoning among 3-D models and 2-D images. *Artificial Intelligence*, 17:285 – 348.

Brooks, R. A. (1986). A robust layered control system for a mobile robot. *IEEE Journal of Robotics and Automation*, 2:14 – 23.

Buchsbaum, G. und Gottschalk, A. (1983). Trichromacy, opponent colours coding and optimum colour information transmission in the retina. *Proceedings of the Royal Society (London) B*, 220:89 – 113.

Bülthoff, H. H., Little, J. J. und Poggio, T. (1989). A parallel algorithm for real–time computation of optical flow. *Nature*, 337:549.

Bülthoff, H. H. und Mallot, H. A. (1988). Integration of depth modules: Stereo and shading. *Journal of the Optical Society of America A*, 5:1749 – 1758.

Bülthoff, H. H. und Yuille, A. (1991). Bayesian models for seeing shapes and depth. *Comments on Theoretical Biology*, 2:283 – 314.

Burt, P. J. und Adelson, E. H. (1983). The Laplacian pyramid as a compact image code. *IEEE Transactions on Communications*, 31:532 – 540.

Cagenello, R. und Rogers, B. (1993). Anisotropies in the perception of stereoscopic surfaces: the role of orientation disparity. *Vision Research*, 33:2189 – 2201.

Campani, M., Giachetti, A. und Torre, V. (1995). Optic flow and autonomous navigation. *Perception*, 24:253 – 267.

Campenhausen, C. v. (1993). *Die Sinne des Menschen*. G. Thieme Verlag, Stuttgart, 2. Auflage.

Canny, J. F. (1986). A computational approach to edge detection. *IEEE Transactions on Pattern Analysis and Machine Intelligence*, 8:679 – 698.

Carmo, M. P. do (1983). *Differentialgeometrie von Kurven und Flächen*. Friedrich Vieweg & Sohn, Braunschweig, Wiesbaden.

Chubb, C. und Sperling, G. (1988). Drift–balanced random stimuli: a general basis for studying non–Fourier motion perception. *Journal of the Optical Society of America A*, 5:1986 – 2007.

Cornsweet, T. N. (1970). *Visual Perception*. Academic Press, New York.

Cover, T. M. und Thomas, J. A. (1991). *Elements of Information Theory*. Wiley Series in Telecommunications. John Wiley & Sons, Inc., New York.

Coxeter, H. S. M. (1987). *Projective geometry*. Springer Verlag, New York, 2. Auflage.

Crowell, J. A. und Banks, M. S. (1996). Ideal observer for heading judgements. *Vision Research*, 36:471 – 490.

Cutting, J. E., Vishton, P. M. und Braren, P. A. (1995). How we avoid collisions with stationary and moving obstacles. *Psychological Review*, 102:627 – 651.

Dacey, D. M. (1996). Circuitry for color coding in the primate retina. *Proceedings of the National Academy of Sciences, USA*, 93:582 – 588.

Dartnall, H. J. A., Bowmaker, J. K. und Mollon, J. D. (1983). Microspectrophotometry of human photoreceptors. In Mollon, J. D. und Sharpe, L. T., Hrsg., *Colour Vision. Physiology and Psychophysics*, Seite 69 – 80. Academic Press, London.

De Valois, R. L. und De Valois, K. K. (1988). *Spatial Vision*. Oxford Psychology Series No. 14. Oxford University Press, Oxford.

DeAngelis, G. C., Ohzawa, I. und Freeman, R. D. (1995). Neuronal mechanisms underlying stereopsis: how do simple cells in the visual cortex encode binocular disparity? *Perception*, 24:3 – 31.

Dhond, U. R. und Aggarwal, J. K. (1989). Structure from stereo – a review. *IEEE Transactions on Systems, Man, and Cybernetics*, 19:1489 – 1510.

Duda, R. O. und Hart, P. E. (1973). *Pattern classification and scene analysis*. John Wiley & Sons, New York.

Dusenbery, D. B. (1992). *Sensory Ecology. How Organisms Acquire and Respond to Information*. W. H. Freeman and Co., New York.

Eastwood, M. (1995). Some remarks on shape from shading. *Advances in Applied Mathematics*, 16:259 – 268.

Egelhaaf, M., Hausen, K., Reichardt, W. und Wehrhahn, C. (1988). Visual course control in flies relies on neuronal computation of object and background motion. *Trends in Neurosciences*, 11:351–358.

Endl, K. und Luh, W. (1981). *Analysis I – III. Eine integrierte Darstellung*. Akademische Verlagsgesellschaft, Wiesbaden, 5. Auflage. 3 Bände.

Ernst, B. (1982). *Der Zauberspiegel des M. C. Escher*. Deutscher Taschenbuch Verlag, München.

Fahle, M. und Poggio, T. (1981). Visual hyperacuity: Spatiotemporal interpolation in human vision. *Proceedings of the Royal Society (London) B*, 231:451 – 477.

Faugeras, O. (1993). *Three–dimensional computer vision. A geometric viewpoint.* The MIT Press, Cambridge, Ma., USA.

Feitelson, D. G. (1988). *Optical Computing.* The MIT Press, Cambridge, Ma., USA.

Finlayson, G. D. (1996). Color in perspective. *IEEE Transactions on Pattern Analysis and Machine Intelligence*, 18:1034 – 1038.

Fischer, B. (1973). Overlap of receptive field centers and representation of the visual field in the cat's optic tract. *Vision Research*, 13:2113 – 2120.

Flocon, A. und Barre, A. (1983). *Die Kurvenlineare Perspektive: vom gesehenen Raum zum konstruierten Bild.* Medusa–Verlag, Berlin und Wien.

Foley, J. D., Dam, A. v., Feiner, S. K. und Hughes, J. F. (1990). *Computer Graphics. Principles and Practice.* Addison–Wesley, Reading, MA, 2. Auflage.

Förstner, W. (1993). Image matching. Kapitel 16 von R. M. Haralick und L. G. Shapiro: *Computer and Robot Vision.* Bd. 2. Reading, MA: Addison Wesley.

Forsyth, D. A. (1990). A novel approach to colour constancy. *International Journal of Computer Vision*, 5:5 – 36.

Freeman, W. T. (1996). Exploiting the generic viewpoint assumption. *International Journal of Computer Vision*, 20:243 – 261.

Gegenfurtner, K. R. und Hawken, M. J. (1996). Interaction of motion and color in the visual pathways. *Trends in Neurosciences*, 19:394 – 401.

Geman, S. und Geman, D. (1984). Stochastic relaxation, Gibbs distribution, and the Bayesian restoration of images. *IEEE Transactions on Pattern Analysis and Machine Intelligence*, 6:721 – 741.

Gerthsen, C., Kneser, H. O. und Vogel, H. (1982). *Physik.* Springer Verlag, Berlin, Heidelberg, New York, 14. Auflage..

Gibson, J. J. (1950). *The Perception of the Visual World.* Houghton Mifflin, Boston.

Gillner, W., Bohrer, S. und Vetter, V. (1993). Objektverfolgung mit pyramidenbasierten optischen Flußfeldern. In *3. Symposium, Bildverarbeitung '93*, Seite 189–220, Esslingen. Technische Akademie Esslingen.

Goldsmith, T. H. (1990). Optimization, constraint, and the history in the evolution of eyes. *The Quaterly Review of Biology*, 65:281 – 322.

Goldstein, H. (1991). *Klassische Mechanik.* Aula/VVA, 11. Auflage.

Görz, G., Hrsg. (1995). *Einführung in die künstliche Intelligenz.* Addison Wesley, Bonn, 2. Auflage.

Greenberg, D. P. (1989). Light reflection models for computer graphics. *Science,* 244:166 – 173.

Grimson, W. E. L. (1982). A computational theory of visual surface interpolation. *Philosophical Transactions Royal Society London B,* 298:395 – 427.

Grossberg, S. und Mingolla, E. (1985). Neural dynamics of perceptual grouping: Textures, boundaries, and emergent segmentation. *Perception & Psychophysics,* 38:141 – 171.

Halder, G., Callerts, P. und Gehring, W. J. (1995). New perspectives on eye evolution. *Current opinion in Genetics & Development,* 5:602 – 609.

Hallett, P. E. (1986). Eye movements. In Boff, K. R., Kaufman, L. und Thomas, J. P., Hrsg., *Handbook of Perception and Human Performance. Bd. I: Sensory Processes and Perception,* Kapitel 10. John Wiley and Sons, Chichester.

Haralick, R. M. und Shapiro, L. G. (1992). *Computer and Robot Vision,* Addison Wesley, Reading MA. 2 Bände.

Hassenstein, B. und Reichardt, W. (1956). Reihenfolgen-Vorzeichenauswertung bei der Bewegungsperzeption des Rüsselkäfers Chlorophanus. *Zeitschrift für Natur-forschung, Teil B,* 11:513 – 524.

Heeger, D. J. (1987). Optical flow from spatiotemporal filters. In *Proc. First Inter-national Conference on Computer Vision,* Washington, D.C. Computer Society Press of the IEEE.

Heeger, D. J., Simoncelli, E. P. und Movshon, J. A. (1996). Computational models of cortical visual processing. *Proceedings of the National Academy of Sciences, USA,* 93:623 – 627.

Heijmans, H. J. A. M. (1995). Mathematical morphology: a modern approach in image processing based on algebra and geometry. *SIAM Review,* 37:1 – 36.

Heitger, F., Rosenthaler, L., von der Heydt, R., Peterhans, E. und Kübler, O. (1992). Simulation of neural contour mechanisms: from simple to end-stopped cells. *Vi-sion Research,* 32:963 – 981.

Hershberger, W. (1970). Attached–shadow orientation perceived as depth by chickens reared in an environment illuminated from below. *Journal of Comparative and Physiological Psychology,* 73:407 – 411.

Hildreth, E. C. (1984). Computations underlying the measurement of visual motion. *Artificial Intelligence,* 23:309 – 354.

Hildreth, E. C. (1992). Recovering heading for visually–guided navigation. *Vision Research*, 32:1177 – 1192.

Hildreth, E. C. und Koch, C. (1987). The analysis of visual motion: From computational theory to neuronal mechanisms. *Annual Review of Neuroscience*, 10:477 –533.

Hine, T. J., Cook, M. und Rogers, G. T. (1995). An illusion of relative motion dependent upon spatial frequency and orientation. *Vision Research*, 35:3093 – 3102.

Horn, B. K. P. (1974). Determining lightness form an image. *Computer Graphics and Image Processing*, 3:277 – 299.

Horn, B. K. P. (1986). *Robot Vision.* The MIT Press, Cambridge, Ma., USA.

Horn, B. K. P. und Brooks, M. J., Hrsg. (1989). *Shape from Shading.* The MIT Press, Cambridge, Ma., USA.

Horn, B. K. P. und Schunk, B. G. (1981). Determining optical flow. *Artificial Intelligence*, 17:185 – 203.

Horridge, G. A. (1987). The evolution of visual processing and the construction of seeing systems. *Proceedings of the Royal Society (London) B*, 230:279 – 292.

Horridge, G. A. (1992). What can engineers learn from insect vision? *Philosophical Transactions of the Royal Society (London) B*, 337:271 – 282.

Howard, I. P. und Rogers, B. J. (1995). *Bionocular Vision and Stereopsis.* Number 29 in Oxford Psychology Series. Oxford University Press, New York, Oxford.

Hubel, D. H. und Wiesel, T. N. (1962). Receptive fields, binocular interaction and functional architecture in the cat's visual cortex. *Journal of Physiology (London)*, 160:106 – 154.

Ikeuchi, K. und Horn, B. K. P. (1981). Numerical shape from shading and occluding boundaries. *Artifical Intelligence*, 17:141 – 184.

Jacobs, G. H. (1993). The distribution and nature of colour vision among the mammals. *Biological Reviews*, 68:413 – 471.

Jähne, B. (1993). *Digitale Bildverarbeitung.* Springer Verlag, Berlin, Heidelberg, New York, 3. Auflage.

Janfeld, B. und Mallot, H. A. (1992). Exact shape from shading and integrability. In Fuchs, S. und Hoffmann, R., Hrsg., *Mustererkennung 1992*, Seite 199 – 205, Berlin. Springer-Verlag.

Jenkin, M. R. M., Jepson, A. D. und Tsotsos, J. K. (1991). Techniques for disparity measurement. *Computer Vision, Graphics and Image Processing: Image Understanding*, 53:14 – 30.

Jobson, D. J., Rahman, Z. und Woodell, G. A. (1997). Properties and performance of a center/surround retinex. *IEEE Transactions of Image Processing*, 6:451 – 462.

Jordan III, J. R., Geisler, W. S. und Bovik, A. C. (1990). Color as a source of information in the stereo correspondence process. *Vision Research*, 30:1955 – 1970.

Julesz, B. (1971). *Foundations of Cyclopean Perception*. Chicago University Press, Chicago und London.

Kandel, E. R., Schwartz, J. H. und Jessell, T. M., Hrsg. (1991). *Principles of Neural Science*. Elsevier, New York, 3. Auflage.

Kanizsa, G. (1979). *Organization in Vision*. Praeger Publishers, New York.

Kirschfeld, K. (1996). Photorezeption (periphere sehorgane). In Dudel, J., Menzel, R. und Schmidt, R. F., Hrsg., *Neurowissenschaft. Vom Molekül zur Kognition*, Kapitel 17. Springer Verlag, Berlin.

Klein, M. V. und Furtak, T. E. (1988). *Optik*. Springer Verlag, Berlin, Heidelberg, New York.

Koenderink, J. J. (1986). Optic flow. *Vision Research*, 26:161 – 180.

Koenderink, J. J., van Doorn, A. J. und Kappers, A. M. L. (1996). Pictorial surface attitude and local depth comparisons. *Perception & Psychophysics*, 58:163 – 173.

Korn, G. A. und Korn, T. M. (1968). *Mathematical Handbook for Scientists and Engineers*. McGraw–Hill, New York.

Košecka, J., Christensen, H. I. und Bajcsy, R. (1995). Discrete event modeling of visually guided behaviors. *International Journal of Computer Vision*, 14:179 – 191.

Krapp, H. G. und Hengstenberg, R. (1996). Estimation of self–motion by optic flow processing in single visual interneurons. *Nature*, 384:463 – 466.

Krol, J. D. und Grind, W. A. v. d. (1980). The double-nail illusion: Experiments on binocular vision with nails, needles, and pins. *Perception*, 9:651 – 669.

Land, E. H. und McCann, J. J. (1971). Lightness and retinex theory. *Journal of the Optical Society of America*, 61:1 – 11.

Land, M. F. und Fernald, R. D. (1992). The evolution of eyes. *Annual Review of Neuroscience*, 15:1 – 29.

Landy, M. S. und Movshon, J. A., Hrsg. (1991). *Computational Models of Visual Processing*. The MIT Press, Cambridge, Ma., USA.

Langer, M. S. und Zucker, S. W. (1994). Shape–from–shading on a cloudy day. *Journal of the Optical Society of America A*, 11:467 – 478.

Langton, C. G., Hrsg. (1995). *Artificial Life: an overview*. The MIT Press, Cambridge, Ma., USA.

Lappe, M., Bremmer, F., Thiele, A. und Hoffmann, K.-P. (1996). Optic flow processing in monkey STS: A theoretical and experimental approach. *The Journal of Neuroscience*, 16:6265 – 6285.

Le Grand, Y. und El Hage, S. G. (1980). *Physiological Optics*. Springer Verlag, Berlin.

Lindeberg, T. (1994). *Scale-Space Theory in Computer Vision*. Kluwer Academic Publishers, Boston, London, Dordrecht.

Ludwig, K.-O., Neumann, H. und Neumann, B. (1994). Local stereoscopic depth estimation. *Image and Vision Computing*, 12:16 – 35.

Luong, Q.-T., Weber, J., Koller, D. und Malik, J. (1995). An integrated stereo–based approach to automatic vehicle guidance. In *5th International Conference on Computer Vision*, Seite 52 – 57, Los Alamitos, CA. IEEE, Computer Society Press.

Mallat, S. G. (1989). A theory for multiresolution signal decomposition: The wavelet representation. *IEEE Transactions on Pattern Analysis and Machine Intelligence*, 11:674 – 693.

Mallot, H. A. (1985). An overall description of retinotopic mapping in the cat's visual cortex areas 17, 18, and 19. *Biological Cybernetics*, 52:45 – 51.

Mallot, H. A. (1995). Neuronale Netze. In Görz, G., Hrsg., *Einführung in die Künstliche Intelligenz*. Addison Wesley, Bonn, 2. Auflage.

Mallot, H. A. (1997a). Behavior–oriented approaches to cognition: theoretical perspectives. *Theory in Biosciences*, 116:116 – 220.

Mallot, H. A. (1997b). Binokulares Tiefensehen: Informationsquellen, Mechanismen und Aufgaben. *Neuroforum*, 3:50 – 61.

Mallot, H. A. (1997c). Spatial scale in stereo and shape–from–shading: Image input, mechanisms, and tasks. *Perception*, 26:1137 – 1146.

Mallot, H. A., Arndt, P. A. und Bülthoff, H. H. (1996a). A psychophysical and computational analysis of intensity–based stereo. *Biological Cybernetics*, 75:187 – 198.

Mallot, H. A. und Bideau, H. (1990). Binocular vergence influences the assignment of stereo correspondences. *Vision Research*, 30:1521 – 1523.

Mallot, H. A., Bülthoff, H. H., Little, J. J. und Bohrer, S. (1991). Inverse perspective mapping simplifies optical flow computation and obstacle detection. *Biological Cybernetics*, 64:177 – 185.

Mallot, H. A. und Giannakopoulos, F. (1996). Population networks: A large scale framework for modelling cortical neural networks. *Biological Cybernetics*, 75:441 – 452.

Mallot, H. A., Gillner, S. und Arndt, P. A. (1996b). Is correspondence search in human stereo vision a coarse–to–fine process? *Biological Cybernetics*, 74:95 – 106.

Mallot, H. A., Kopecz, J. und von Seelen, W. (1992). Neuroinformatik als empirische Wissenschaft. *Kognitionswissenschaft*, 3:12 – 23.

Mallot, H. A., Roll, A. und Arndt, P. A. (1996c). Disparity–evoked vergence is driven by interocular correlation. *Vision Research*, 36:2925 – 2937.

Mallot, H. A., Schulze, E. und Storjohann, K. (1989). Neural network strategies for robot navigation. In Personnaz, L. und Dreyfus, G., Hrsg., *Neural Networks from Models to Applications*, Seite 560 – 569, Paris. I.D.S.E.T.

Mallot, H. A., von Seelen, W. und Giannakopoulos, F. (1990). Neural mapping and space–variant image processing. *Neural Networks*, 3:245 – 263.

Maloney, L. T. und Wandell, B. A. (1986). Color constancy: a method for recovering surface spectral reflectance. *Journal of the Optical Society of America A*, 3:29 – 33.

Mamassian, P. und Kersten, D. (1996). Illumination, shading and the perception of local orientation. *Vision Research*, 36:2351 – 2367.

Mamassian, P., Kersten, D. und Knill, D. C. (1996). Categorical local-shape perception. *Perception*, 25:95 – 107.

Marr, D. (1976). Early processing of visual information. *Proceedings of the Royal Society (London) B*, 275:483 – 519.

Marr, D. (1982). *Vision*. W. H. Freeman, San Francisco.

Marr, D. und Hildreth, E. (1980). Theory of edge detection. *Proceedings of the Royal Society (London) B*, 207:187 – 217.

Marr, D. und Poggio, T. (1976). Cooperative computation of stereo disparity. *Science*, 194:283 – 287.

Marr, D. und Poggio, T. (1979). A computational theory of human stereo vision. *Proceedings of the Royal Society (London) B*, 204:301 – 328.

Marr, D. und Ullman, S. (1981). Directional selectivity und its use in early visual processing. *Proceedings of the Royal Society (London) B*, 211:151 – 180.

Mayhew, J. E. W. und Frisby, J. P. (1981). Psychophysical and computational studies towards a theory of human stereopsis. *Artificial Intelligence*, 17:349 – 385.

McKee, S. P. und Mitchison, G. J. (1988). The role of retinal correspondance in stereoscopic matching. *Vision Research*, 28:1001 – 1012.

McKee, S. P., Welch, L., Taylor, D. G. und Bowne, S. F. (1990). Finding the common bond: Stereoacuity and other hyperacuities. *Vision Research*, 30:879 – 891.

Mester, R., Hötter, M. und Pöchmüller, W. (1996). Umwelterfassung mit bewegten Kameras. In Mertsching, B., Hrsg., *Aktives Sehen in technischen und biologischen Systemen*, Seite 117 – 126. Infix, Sankt Augustin.

Metzger, W. (1975). *Gesetze des Sehens.* Senckenberg-Buch 53. Verlag Waldemar Kramer, Frankfurt am Main.

Mingolla, E. und Todd, J. T. (1986). Perception of solid shape from shading. *Biological Cybernetics*, 53:137 – 151.

Mowforth, P., Mayhew, J. E. W. und Frisby, J. P. (1981). Vergence eye movements made in response to spatial–frequency–filtered random–dot stereograms. *Perception*, 10:299 – 304.

Murray, D. W., Du, F., McLauchlan, P. F., Reid, I. D., Sharkey, P. M., und Brady, M. (1992). Design of stereo heads. In Blake, A. und Yuille, A., Hrsg., *Active Vision*. The MIT Press, Cambridge, Ma., USA.

Nagel, H.-H. (1995). Optical flow estimation and the interaction between measurement errors at adjacent pixel positions. *International Journal of Computer Vision*, 15:271 – 288.

Nakayama, K. (1985). Biological image motion processing: A review. *Vision Research*, 25:625 – 660.

Nakayama, K. (1996). Binocular visual surface perception. *Proceedings of the National Academy of Sciences, USA*, 93:634 – 639.

Nayar, S. K., Ikeuchi, K. und Kanade, T. (1991). Surface reflection: Physical and geometrical perspectives. *IEEE Transactions on Pattern Analysis and Machine Intelligence*, 7:611 – 634.

Neumann, H. (1996). Mechanisms of neural architecture for visual contrast and brightness perception. *Neural Networks*, 9:921 – 936.

Oliensis, J. (1991). Uniqueness in shape from shading. *International Journal of Computer Vision*, 6:75 – 104.

Olshausen, B. A. und Field, D. J. (1996). Natural image statistics and efficient coding. *Network: Computation in Neural Systems*, 7:333 – 337.

Olzak, L. A. und Thomas, J. P. (1986). Seeing spatial patterns. In Boff, K. R., Kaufman, L. und Thomas, J. P., Hrsg., *Handbook of Perception and Human Performance. Bd. I: Sensory Processes and Perception*, Kapitel 7. John Wiley and Sons, Chichester.

Osorio, D. und Vorobyev, M. (1996). Colour vision as an adaptation to frugivory in primates. *Proceedings of the Royal Society (London) B*, 263:593 – 599.

Papoulis, A. (1968). *Systems and Transforms with Applications in Optics*. McGraw-Hill, New York.

Pareigis, B. (1990). *Analytische und projektive Geometrie für die Computer–Graphik*. B. G. Teubner, Stuttgart.

Penna, M. A. und Patterson, R. R. (1986). *Projective Geometry and its Applications to Computer Graphics*. Prentice-Hall.

Pessoa, L. (1996). Mach bands: How many models are possible? Recent experimental findings and modeling attempts. *Vision Research*, 36:3205 – 3227.

Poggio, G. F. (1995). Mechanisms of stereopsis in monkey visual cortex. *Cerebral Cortex*, 5:193 – 204.

Poggio, T., Torre, V. und Koch, C. (1985). Computational vision and regularization theory. *Nature*, 317:314 – 319.

Pokorny, J. und Smith, V. C. (1986). Colorimetry and color discrimination. In Boff, K. R., Kaufmann, L. und Thomas, J. P., Hrsg., *Handbook of Perception and Human Performance, Bd. 1: Sensory Processes and Perception*. John Wiley & Sons, New York.

Pollen, D. A. und Ronner, S. F. (1983). Visual cortical neurons as localized spatial frequency filters. *IEEE Transactions on Systems, Man, and Cybernetics*, 13:907 – 916.

Pratt, W. K. (1978). *Digital Image Processing*. John Wiley & Sons, New York. Zweite Auflage 1991.

Press, W. H., Flannery, B. P., Teukolsky, S. A. und Vetterling, W. T. (1986). *Numerical Recipes. The Art of Scientific Computing*. Cambridge University Press, Cambridge.

Pridmore, T. P., Mayhew, J. E. W. und Frisby, J. P. (1990). Exploiting image-plane data in the interpretation of edge-based binocular disparity. *Computer Vision, Graphics and Image Processing*, 52:1 – 25.

Ramachandran, V. S. (1988). Perception of shape from shading. *Nature*, 331:163 – 166.

Ramul, K. (1938). Psychologische Schulversuche. *Acta et Commentationes Universitatis Tartuensis (Dorpatensis). B Humaniora*, 34.

Ratliff, F. (1965). *Mach Bands: Quantitative Studies on Neural Networks in the Retina.* Holden–Day, San Francisco, London.

Regan, D. und Beverly, K. I. (1978). Looming detectors in the human visual pathway. *Vision Research*, 18:415 – 421.

Regan, D., Frisby, J. P., Poggio, G. F., Schor, C. M. und Tyler, C. W. (1990). The perception of stereodepth and stereo–motion: Cortical mechanisms. In Spillmann, L. und Werner, J. S., Hrsg., *Visual Perception. The Neurophysiological Foundations.* Academic Press, San Diego etc.

Regan, D. und Vincent, A. (1995). Visual processing of looming and time to contact throughout the visual field. *Vision Research*, 35:1845 – 1857.

Reichardt, W. und Schlögl, R. W. (1988). A two dimensional field theory for motion computation. First order approximation; translatory motion of rigid patterns. *Biological Cybernetics*, 60:23 – 35.

Richards, W. A. (1971). Anomalous stereoscopic depth perception. *Journal of the Optical Society of America*, 61:410 – 414.

Richter, M. (1980). *Einführung in die Farbmetrik.* de Gruyter, Berlin, 2. Auflage.

Rock, I. (1984). *Perception.* Scientific American Books, Inc., (W. H. Freeman), New York.

Rogers, B. J. und Bradshaw, M. F. (1993). Vertical disparities, differential perspective and binocular stereopsis. *Nature*, 361:253 – 255.

Rosenfeld, A. und Kak, A. C. (1982). *Digital Picture Processing.* 2 Bände, Academic Press, Orlando, Florida, und London, 2. Auflage.

Russel, S. J. und Norvig, P. (1995). *Artificial Intelligence. A Modern Approach.* Prentice Hall, Englewood Cliffs, New Jersey.

Sanger, T. (1988). Stereo disparity computation using Gabor filters. *Biological Cybernetics*, 59:405 – 418.

Schor, C. M. und Wood, I. (1983). Disparity range for local stereopsis as a function of luminance spatial frequency. *Vision Research*, 23:1649 – 1654.

Schwartz, E. L. (1980). Computational anatomy and functional architecture of striate cortex: A spatial mapping approach to perceptual coding. *Vision Research*, 20:645 – 669.

Seelen, W. v. (1970). Zur Informationsverarbeitung im visuellen System der Wirbeltiere. I. *Kybernetik*, 7:43 – 60.

Serra, J. (1982). *Image Analysis and Mathematical Morphology*. Academic Press, London.

Shannon, C. E. (1948). A mathematical theory of communication. *Bell Syst. techn. J.*, Seite 379 – 423.

Snippe, H. P. (1996). Parameter extraction from population codes: A critical assessment. *Neural Computation*, 8:511 – 529.

Solomons, H. (1975). Derivation of the space horopter. *British Journal of Physiological Optics*, 30:56 – 90.

Spillmann, L. und Werner, J. S., Hrsg. (1990). *Visual Perception. The Neurophysiological Foundations*. Academic Press, San Diego etc.

Srinivasan, M. V., Laughlin, S. B. und Dubbs, A. (1982). Predictive coding: a fresh view of inhibition in the retina. *Proceedings of the Royal Society (London) B*, 216:427 – 459.

Srinivasan, M. V., Zhang, S. W., Lehrer, M. und Collett, T. S. (1996). Honeybee navigation *en route* to the goal: visual flight control and odometry. *The Journal of Experimental Biology*, 199:237 – 244.

Stoer, J. (1989). *Numerische Mathematik*, Bd. 1. Springer Verlag, Berlin, 5. Auflage.

Tembrock, G. (1992). *Verhaltensbiologie*. UTB (Gustav Fischer Verlag), Jena, 2. Auflage.

Theimer, W. und Mallot, H. A. (1994). Phase–based binocular vergence control and depth reconstruction using active vision. *Computer Vision Graphics and Image Processing: Image Understanding*, 60:343 – 358.

Thompson, P. (1993). Motion psychophysics. In Miles, F. A. und Wallman, J., Hrsg., *Visual Motion and its Role in the Stabilization of Gaze*, Reviews in Oculomotor Research, Kapitel 2, Seite 29 – 52. Elsevier Science Publishers.

Tistarelli, M. und Sandini, G. (1992). Dynamic aspects of active vision. *Computer Vision Graphics and Image Processing: Image Understanding*, 56:108 – 129.

Todd, J. T. und Akerstrom, R. A. (1987). Perception of three-dimensional form from patterns of optical texture. *Journal of Experimental Psychology: Human Perception and Performance*, 13:242 – 255.

Todd, J. T. und Mingolla, E. (1983). Perception of surface curvature and direction of illumination from patterns of shading. *Journal of Experimental Psychology: Human Perception and Performance*, 9:583 – 595.

Torre, V. und Poggio, T. (1986). On edge detection. *IEEE Transactions on Pattern Analysis and Machine Intelligence*, 8:147 – 163.

Treisman, A. (1986). Properties, parts, and objects. In Boff, K. R., Kaufman, L. und Thomas, J. P., Hrsg., *Handbook of Perception and Human Performance. Bd. II: Cognitive Processes and Performance*, Kapitel 35. John Wiley and Sons, Chichester.

Tusa, R. J., Rosenquist, A. C. und Palmer, L. A. (1979). Retinotopic organization of areas 18 and 19 in the cat. *The Journal of Comparative Neurology*, 185:657 – 678.

Tyler, C. W. (1974). Depth perception in disparity gratings. *Nature*, 251:140 – 142.

Tyler, C. W. und Clarke, M. B. (1990). The autostereogram. *SPIE Stereoscopic Displays and Applications*, 1258:182 – 196.

Uras, S., Girosi, F., Verri, A. und Torre, V. (1988). A computational approach to motion perception. *Biological Cybernetics*, 60:79 – 87.

van Santen, J. P. H. und Sperling, G. (1985). Elaborated Reichardt detectors. *Journal of the Optical Society of America A*, 2:300 – 321.

Verri, A. und Poggio, T. (1989). Motion field and optical flow: Quantitative properties. *IEEE Transactions on Pattern Analysis and Machine Intelligence*, 11:490 – 498.

Warren, W. H. und Kurtz, K. J. (1992). The role of central and peripheral vision in perceiving the direction of self–motion. *Perception & Psychophysics*, 51:443 – 454.

Wässle, H. und Boycott, B. B. (1991). Functional architecture of the mammalian retina. *Physiological Reviews*, 71:447 – 480.

Wässle, H., Grünert, U., Röhrenbeck, J. und Boycott, B. B. (1990). Retinal ganglion cell density and cortical magnification factor in the primate. *Vision Research*, 30:1897 – 1911.

Watt, R. J. (1990). The primal sketch in human vision. In Blake, A. und Troscianko, T., Hrsg., *AI and the Eye*, Seite 147 – 180. John Wiley & Sons, Chichester.

Westheimer, G. (1994). The Ferrier lecture, 1992. Seeing depth with two eyes: stereopsis. *Proceedings of the Royal Society (London) B*, 257:205 – 214.

Wheatstone, C. (1838). Some remarkable phenomena of vision. I. *Philosophical Transactions of the Royal Society*, 13:371 – 395.

Wilson, H. R. (1994). The role of second–order motion signals in coherence and transparency. In *Higher–Order Processing in the Visual System, Ciba Foundation Symposium* Bd. 184, Seite 227 – 244.

Wilson, H. R., McFarlane, D. K. und Phillips, G. C. (1983). Spatial frequency tuning of orientation selective units estimated by oblique masking. *Vision Research*, 23:873 – 882.

Witkin, A. P. (1981). Recovering surface shape and orientation from texture. *Artificial Intelligence*, 17:17 – 45.

Wyszecki, G. und Stiles, W. S. (1982). *Color Science.* Wiley, New York, 2. Auflage.

Yeshurun, Y. und Schwartz, E. L. (1989). Cepstral filtering on a columnar image architecture: A fast algorithm for binocular stereo segmentation. *IEEE Transactions on Pattern Analysis and Machine Intelligence*, 11:759 – 767.

Yuille, A. L. und Poggio, T. (1986). Scaling theorems for zero crossings. *IEEE Transactions on Pattern Analysis and Machine Intelligence*, 8:15 – 25.

Zhuang, X. und Haralick, R. M. (1993). Motion and surface structure from time–varying image sequences. Kapitel 15 von R. M. Haralick und L. G. Shapiro: *Computer and Robot Vision.* Bd. 2. Reading, MA: Addison Wesley.

Zielke, T., Brauckmann, M. und Seelen, W. v. (1993). Intensity and edge–based symmetry detection with application to car–following. *Computer Vision Graphics and Image Processing: Image Understanding*, 58:177 – 190.

Zielke, T., Storjohann, K., Mallot, H. A. und Seelen, W. v. (1990). Adapting computer vision systems to the visual environment: Topographic mapping. In Faugeras, O., Hrsg., *Computer Vision – ECCV 90 (Lecture Notes in Computer Science 427)*, Berlin. INRIA, Springer Verlag.

Zrenner, E. (1983). *Neurophysiological studies on simian retinal ganglion cells and the human visual system, Studies in Brain Function* Bd. 9. Springer Verlag, Berlin.

Sachwortverzeichnis

Neuronale Netze
und Fuzzy-Systeme
Grundlagen des Konnektionismus,
Neuronaler Fuzzy-Systeme und der Kopplung
mit wissensbasierten Methoden

von D. Nauck, F. Klawonn und R. Kruse

2., überarb. u. erw. Aufl. 1996. XII, 472 S.
(Computational Intelligence) Kart. DM 59,–
ISBN 3-528-15265-6

Aus dem Inhalt: Grundlagen neuronaler Netze - Generisches Modell - Vorwärtsbetriebene Netze (Perceptrons, Lineare Modelle, Multilayer-Perceptrons) - Rückgekoppelte Netze (Hopfield, Boltzmann-Maschine, Kohonen-Feature-Map) - Neuronale Netze in der KI - Hybride Expertensysteme - Konnektionistische Expertensysteme - Neuronale Netze und Fuzzy-Logik - Lernende Fuzzy Controller - Neuronale Fuzzy Logic Programme.

Neuronale Netze und Subjektivität
Lernen, Bedeutung und die Grenzen
der Neuro-Informatik

von Anita Lenz und Stefan Meretz

1995. IV, 191 S. (Theorie der Informatik; hrsg. von Coy, Wolfgang)
Kart. DM 98,–
ISBN 3-528-05504-9

Aus dem Inhalt: Neuronale Netze und Psychologie - Funktionsweise Neuronaler Netze - Ursprung der Bedeutungen - Die Entwicklung des Lernens - Reichweite und Grenzen der Theorie Neuronaler Netze

Abraham-Lincoln-Str. 46, Postfach 1547, 65005 Wiesbaden
Fax: (06 11) 78 78-4 00, http://www.vieweg.de

Stand 1.12.97
Änderungen vorbehalten.
Erhältlich im Buchhandel
oder beim Verlag.

vieweg

Grundlagen zur Neuroinformatik und Neurobiologie

von Patricia S. Churchland und Terrence J. Sejnowski
Aus dem Amerik. übers. von Hölldobler, Claudia und Steffen.

1997. XII, 702 S. (Computational Intelligence) Geb. DM 78,–
ISBN 3-528-05428-X

Aus dem Inhalt: Neurowissenschaftliche Grundlagen - Berechnungsgrundlagen - Die Repräsentation der Welt - Plastizität: Zellen, Schaltkreise, Gehirne und Verhalten - Sensomotorische Integration

Medical Imaging
Digitale Bildanalyse und -kommunikation
in der Medizin

von Hans-Heino Ehricke

1997. X, 205 S. Geb. DM 128,–
ISBN 3-528-05572-3

Aus dem Inhalt: Bildverarbeitung und Mustererkennung - Dreidimensionale Rekonstruktion von Organoberflächen - Direkte 3D-Visualisierung - Bildarchivierungs- und Kommunikationssysteme - Chirurgische Navigationssysteme - Operationssimulation

Abraham-Lincoln-Str. 46, Postfach 1547, 65005 Wiesbaden
Fax: (06 11) 78 78-4 00, http://www.vieweg.de

Stand 1.12.97
Änderungen vorbehalten.
Erhältlich im Buchhandel
oder beim Verlag.

vieweg